U0662329

大 学 问

始 于 问 而 终 于 明

克尔凯郭尔的《恐惧与颤栗》

〔英〕约翰·利皮特 著

郝苑 译

The Routledge Guidebook to

Kierkegaard's
Fear and Trembling

GUANGXI NORMAL UNIVERSITY PRESS
广西师范大学出版社
·桂林·

克尔凯郭尔的《恐惧与颤栗》
KE 'ERKAIGUO 'ER DE KONGJU YU ZHANLI

**The Routledge Guidebook to Kierkegaard's Fear and Trembling 1st Edition /
by John Lippitt / ISBN: 978-0-415-70720-6**

Copyright © 2016 by Routledge
Authorized translation from the English language edition published by Routledge, a member of the
Taylor & Francis Group. All Rights Reserved.
本书原版由 Taylor & Francis 出版集团旗下,Routledge 出版公司出版，并经其授权翻译出版。版
权所有，侵权必究。

Guangxi Normal University Press is authorized to publish and distribute exclusively the **Chinese
(Simplified Characters)** language edition. This edition is authorized for sale throughout **Mainland
of China**. No part of the publication may be reproduced or distributed by any means, or stored in a
database or retrieval system, without the prior written permission of the publisher.
本书中文简体翻译版授权由广西师范大学出版社独家出版并仅限在中国大陆地区销售，未经出
版者书面许可，不得以任何方式复制或发行本书的任何部分。

Copies of this book sold without a Taylor & Francis sticker on the cover are unauthorized and illegal.
本书贴有 Taylor & Francis 公司防伪标签，无标签者不得销售。
著作权合同登记号桂图登字：20-2022-083 号

图书在版编目（CIP）数据

克尔凯郭尔的《恐惧与颤栗》 / （英）约翰·利皮特
著；郝苑译. -- 桂林：广西师范大学出版社，2022.8
（劳特利奇哲学经典导读丛书）
书名原文: The Routledge Guidebook to Kierkegaard's
Fear and Trembling
ISBN 978-7-5598-5158-1

Ⅰ. ①克… Ⅱ. ①约… ②郝… Ⅲ. ①伦理学—丹麦
—近代 Ⅳ. ①B82-095.34

中国版本图书馆 CIP 数据核字（2022）第 111741 号

广西师范大学出版社出版发行

（广西桂林市五里店路9号　邮政编码：541004）
网址：http://www.bbtpress.com
出版人：黄轩庄
全国新华书店经销
广西民族印刷包装集团有限公司印刷
（南宁市高新区高新三路1号　邮政编码：530007）
开本：889 mm×1 194 mm　1/32
印张：14.5　字数：337 千
2022 年 8 月第 1 版　　2022 年 8 月第 1 次印刷
印数：0 001~6 000 册　　定价：98.00 元

如发现印装质量问题，影响阅读，请与出版社发行部门联系调换。

出版说明

"劳特利奇哲学经典导读丛书"精选自劳特利奇出版社两个经典导读系列。其中《维特根斯坦的〈哲学研究〉》《海德格尔的〈存在与时间〉》《黑格尔的〈精神现象学〉》《笛卡尔的〈第一哲学的沉思〉》《克尔凯郭尔的〈恐惧与颤栗〉》等选自 Routledge Guides to the Great Books 系列，而《维特根斯坦与〈逻辑哲学论〉》《胡塞尔与〈笛卡尔式的沉思〉》《德里达的解构主义》《后期海德格尔》等著作出自稍早的 Routledge Philosophy Guidebook 系列。

本丛书书名并未做统一调整，均直译自原书书名，方便读者查找原文。

为统一体例、方便阅读，本丛书将原书尾注形式改为脚注，后索引页码也做出相应调整。

献给与我拥有共同期望的西尔维

目　录

第二版序言

回到一本在十二年前完成的论著，并为之撰写第二版，这不仅是一种不寻常的经验，而且显然是一种复杂的经验：我发现了这样一种混合体，对于其中的某些东西，我仍然认为多少是正确的，而对于其中的另一些东西，我现在明显并不这么认为。我认真抱持的一个想法是，这是一本已经存在的论著的修订版，而不是一本全新的书。因此，我试图做的是修正与扩充第一版，而不是要求我自己按照这样的方式来处理这项工作，就好像我如今是在从头开始撰写第一版。

劳特利奇出版社征集的五位读者对第一版的评述都是有用的，其中的某些评述非常有用，它们极大地有助于我构建改写这部作品的框架。这些读者对于第一版的评价是积极的、令人鼓舞的，他们都一致同意，这本书拥有良好的基本结构与布局安排，不应该改变它们。我已经接受了这个建议，保留了与先前版本相同的章节结构，仅仅对每个章节的内容做出各种变更。这些读者对于诸多章节应当添加什么内容，给出了多方面的建议，然而倘若我要采纳所有建议，那就会让这本书的篇幅至少比原先多出两倍：对于这套哲学经典导读丛书来说，这种做法几乎是不可行的。因此，我采纳的仅仅是其中的某些建议。我做出的多半是以下两种变更：第一，遍及本书的是这样一些修订的素材，自本书第一版在2003年出版以来，在二手文献（与其他各种思想观念）中出现了某些重要的发展动态，我的目的就是想要用这些素材来与这些重要的发展动态进行对话。第二，有一部分是全新的素材，它们主要集中在第3章与第6章中。第3章解释了为什么我对于"信仰"与"无限弃绝"之关系的看法会发生变化。尤其与之相关的是得到巨大扩充的第6章，我在那里添加了一节新的文字，其中我将信仰当作"末世的信任"（eschatological trust，这是约翰·达文波特［John Davenport］的用语）与"极端的希望"（radical hope，我在这里吸收了乔纳森·利尔［Jonathan Lear］的这个用语，并将其与克尔凯郭尔在1843年撰写的"陶冶性"讲演《信仰的期待》联系在一起，它是在《恐惧与颤栗》问世前五个月发表的）。在第6章中，我不仅添加了一节新的内容来论述与《恐惧与颤栗》有关的"神令伦理学"（divine command ethics），而且还在这章开头添加了一节简短的文字，在某种意义上给出了《恐惧与颤栗》这个文本的"接受史"，对诸如卡夫卡、萨特和卢卡奇这样的形形色色的人物做出了篇幅不长的评述，并强调了他们解读这个文本的各种完全不同的方式。最后，对于那个在第7章中出现的争论，我略微改变了自己的立场，就某种程度而言，我的这种改变在恰当的地方将有明显的表现。

这个新版本的篇幅总体上仍然比第一版要多出四分之一。然而，劳特利奇出版社明智地设置了篇幅的上限，这让我必须做出某些艰辛的选择。倘若篇幅允许，我就会更多地介绍新近二手文献（虽然我也确实认为，对于这种不仅期望多少唤起更有经验的学者的兴趣，而且还试图引导不熟悉这个文本的读者的论著来说，它的篇幅长度应当是有所限定的）。某些注释的目的是向读者指明方向，让他们可以进一步去寻找那些可能有帮助的读物。虽然我并没有削减第一版的重要章节的内容，但我还是（从原本的第6章中）删除了一些评论过第一版的读者所喜爱的论述美德伦理学的内容。不过，我用来替代这种对于美德伦理学的较为笼统的讨论的内容是，对于诸如信仰生活中的信任与希望这样的美德术语所进行的更为具体的讨论，我希望这种讨论能够更好地弥补我删减内容所造成的损失。

考虑到读者要求我保持这本书的基本结构原状的建议，我认为，有必要在结尾处进一步添加一个章节来论述"《恐惧与颤栗》这本书的持久重要性"。在我看来，这种重要性主要可以从整个讨论中推断出来（尽管这或许尤其可以根据第6章的内容推断出来）。事实上，我的研究进路的典型特征是，我的主要兴趣在于"将过去的思想作为鲜活的论证"，尽管我也不希望自己没有留意到克尔凯郭尔重要的历史语境。

对于克尔凯郭尔论著的诸多翻译版本的评论，请参见位于第vii页的关于克尔凯郭尔文本的关键参考文献。

致　谢

在我回顾第一版的致谢文字时，我突然想到，在我那时表示感谢的人们之中，许多人如今已经成为了我多年的对话伙伴。因此，我特别希望再次感谢布兰登·拉莫尔（Brendan Larvor）、休·派珀（Hugh Pyper）与安东尼·鲁德（Anthony Rudd）。在出版这两个版本之间的那段岁月里，出现了诸多谈论克尔凯郭尔主题的新对话者，我无法在这里提到所有这些对话者的名字——其中包括了许多学生，在超过二十年的时间里，这些学生经常提醒我，让我意识到，《恐惧与颤栗》能够对想象力发挥作用。而在这些对话者中，我必须特别提到的是尼尔斯·扬·凯普伦（Niels Jørgen Cappelørn）、克莱尔·卡莱尔（Clare Carlisle）、丹·康威（Dan Conway）、约翰·达文波特（John Davenport）、史蒂夫·埃文斯（Steve Evans）和简·埃文斯（Jan Evans）、杰米·费雷拉（Jamie Ferreira）、里克·富尔塔多（Rick Furtak）、莎伦·克瑞夏科（Sharon Krishek）、艾德·穆尼（Ed Mooney）、保罗·明奇（Paul Muench）、杰克·米尔德（Jack Mulder）、乔治·帕蒂森

（George Pattison）、凯尔·罗伯茨（Kyle Roberts）、史蒂夫·莎士比亚（Steve Shakespeare）与帕特里克·斯托克斯（Patrick Stokes）。我还想要感谢阿拉斯泰尔·汉内（Alastair Hannay）与西尔维娅·沃什（Sylvia Walsh），对于我在选择他们各自的译文时提出的各种琐碎问题，他们都提供了有益的帮助。

感谢劳特利奇出版社的所有帮助本书第一版与第二版出版发行的工作人员，感谢我在序言中已经提到的那五位评论者，他们对于本书的第一版提出了有帮助的评论意见（按照官方的说法，这些评论者都是匿名的，但人们通常可以猜到他们究竟是谁）。

我还要感谢赫特福德大学允许我在一段时间内离开研究工作，这让我能够从事修订这份手稿的工作，我也要感谢位于德文郡的玛丽与玛莎社区教会，我在这个鼓舞人心的环境中完成了某些最终阶段的工作。

在第一版中，我感谢了洪氏克尔凯郭尔图书馆的戈登·马里诺（Gordon Marino）与辛西娅·伦德（Cynthia Lund），这座图书馆坐落于明尼苏达州诺斯菲尔德市的圣奥拉夫学院，研究克尔凯郭尔的访问学者都可以在这个机构中获得极好的支持。本书计划在辛西娅完全退休时正式出版。就像许多其他人一样，我完全无法想象一个没有她存在的克尔凯郭尔的学术研究领域。

第6章的某些材料是根据我的论文《学会期望：期望在〈恐惧与颤栗〉中的作用》（*Learning to Hope: The Role of Hope in Fear and Trembling*）发展而来的，这篇论文被收录于丹尼尔·康威（Daniel Conway）主编的《克尔凯郭尔的〈恐惧与颤栗〉：批判性导读》（*Kierkegaard's Fear and Trembling: A Critical Guide*, Cambridge University

Press, 2015）。我要感谢编辑与出版社友好地允许我将这些材料纳入这本书中。我还要感谢丹与我分享这个论文集的校稿，因此我就能将在这卷有价值的论文集中被我提到的某些论文的内容，吸收到我在这里的讨论之中。

正如我在第一版中所作的注释所言，第3章的某些材料是根据我的《尼采、克尔凯郭尔与信仰的叙事》（*Nietzsche, Kierkegaard and the Narratives of Faith*）这篇论文的部分内容发展而来的，这篇论文被收录于约翰·利皮特与吉姆·吾尔佩斯（Jim Urpeth）主编的《尼采与上帝》（*Nietzsche and the Divine*, Manchester: Clinamen, 2000）——编辑与出版社同样友好地允许我在这里使用这些材料。

最后，我要再次感谢我的父母帕特（Pat）与肯恩（Ken），以及永远支持我的塞尔维（Sylvie），在这本书出版之际，她将成为我的妻子，而她确实有能力去期待那种战胜了经验的胜利。

克尔凯郭尔文本的关键参考文献

如今，克尔凯郭尔作品的丹麦语标准版本是这套系列丛书：《索伦·克尔凯郭尔》(*Søren Kierkegaard's Skrifter*［SKS］, vols. I-XXVIII and K1-28, edited by Niels Jørgen Cappelørn et al., Copenhagen: Gads Forlag, 1997-2014)。《恐惧与颤栗》［*Frygt og Bæven*］是第 IV 卷的一部分。人们也可以在以下网址中找到这套丛书：www.sks.dk。

现在经常被人们使用的是《恐惧与颤栗》的某些英译本。在本书中，我的引文主要（但并非仅仅）来自阿拉斯泰尔·汉内的翻译版本，这个版本被收录于人们广泛使用的企鹅经典文库之中（Harmondsworth: Penguin, 1985），它或许仍然是人们在教学活动中最经常使用的一个版本。我的这些引文的页码指的就是这个版本的页码。然而，在这套经典导读丛书的第一版出版之后，《恐惧与颤栗》的另一个精译版本也出版了，它的译者是西尔维娅·沃什（Cambridge: Cambridge University Press, 2006），C. 斯蒂芬·埃文斯（C. Stephen Evans）为之撰写了一个具有实用价值的导言，并为这个文本提供了一个有帮助的概述。沃什的译本还在脚注中做出了非常精彩的注释，而对于那些有可能不理解约翰尼斯对于圣经典故的附带暗示的读者来说，这些注释特别有帮助。除了SKS，我还大量参考查阅的就是这个翻译版本。我偶尔会修正汉内的翻译，有时则会在尾注中做出评论，表明这是在我看来特别重要的翻译问题（或仅仅是由于某些原因让我感兴趣的翻译问题）。

另一个或许最经常被人们使用的英译本是由霍华德·V. 洪（Howard V. Hong）与埃德娜·H. 洪（Edna H. Hong）翻译的版本，它被收录于一部包含了《恐惧与颤栗》与《重复》这两个文本的作品（Princeton, NJ: Princeton University Press, 1983）之中。汉内的译作被再次出版，并被收录于"伟大的思想"这套企鹅系列丛书之中，这个翻译版本没有包括译者撰写的那个有帮助的导言，因此这个翻译版本的页码也就有所不同，这就使得翻译版本问题进一步复杂化。尽管当代有关克尔凯郭尔的学术研究的标准规范是，不仅要给出作者所使用译本的页码，还要给出SKS的页码，但考虑到这套丛书的性质，我尊重劳特利奇出版社的要求，仅仅指出了SKS这个英译本的页码。尽管如此，考虑到某些翻译版本被人们广泛使用，我在本书中列了一个"常用版本检索表"，在这个表格中，人们不仅可以查找《恐惧与颤栗》这个文本的诸多章节名称的不同翻译方式（以及原本的丹麦语标题），而且还可以查找SKS以及与之对应的不同译本的页码。由于《恐惧与颤栗》的绝大多数章节篇幅都比较短（显著的例外是"疑问III"这个章节），我希望这个检索表对那些想要在不同翻译版本中查找某些特殊文本的读者有所帮助。

《恐惧与颤栗》被引用为FT。此外，我使用的英语翻译多半来自《克尔凯郭尔作品集》（*Kierkegaard's Writings*）这套系列丛书。我在参考克尔凯郭尔文本时所标注的数字是相关的页码。我明确引用的文本以及相应的缩写具体罗列如下：

CUP *Concluding Unscientific Postscript*, trans. Howard V. Hong and Edna H. Hong, 2 vols., Princeton, NJ: Princeton University Press, 1992. 除非特别说明，本书所有的引文均来自第一卷。

EO *Either/Or*, trans. Alastair Hannay, Harmondsworth: Penguin, 1992.

EUD *Eighteen Upbuilding Discourses*, trans. Howard V. Hong and Edna H. Hong, Princeton, NJ: Princeton University Press, 1990.

FSE *For Self–Examination*, trans. Howard V. Hong and Edna H. Hong, Princeton, NJ: Princeton University Press, 1987.

PC *Practice in Christianity*, trans. Howard V. Hong and Edna H. Hong, Princeton, NJ: Princeton University Press, 1991.

PF/JC *Philosophical Fragments and Johannes Climacus*, trans. Howard V. Hong and Edna H. Hong, Princeton, NJ: Princeton University Press, 1985.

PV *The Point of View*, trans. Howard V. Hong and Edna H. Hong, Princeton, NJ: Princeton University Press, 1998.

R *Repetition*, trans. Howard V. Hong and Edna H. Hong, Princeton, NJ: Princeton University Press, 1983.

SUD *The Sickness unto Death*, trans. Howard V. Hong and Edna H. Hong, Princeton, NJ: Princeton University Press, 1980.

TA *Two Ages*, trans. Howard V. Hong and Edna H. Hong, Princeton, NJ: Princeton University Press, 1978.

TDIO *Three Discourses on Imagined Occasions*, trans. Howard V. Hong and Edna H. Hong, Princeton, NJ: Princeton University Press, 1993.

UDVS *Upbuilding Discourses in Various Spirits*, trans. Howard V. Hong and Edna H. Hong, Princeton, NJ: Princeton University Press, 1993.

WA *Without Authority*, trans. Howard V. Hong and Edna H. Hong, Princeton, NJ: Princeton University Press, 1997.

WL *Works of Love*, trans. Howard V. Hong and Edna H. Hong, Princeton, NJ: Princeton University Press, 1995.

我在参考克尔凯郭尔的日记与笔记时，引用的是如下这个正在翻译的十一卷本：

KJN *Kierkegaard's Journals and Notebooks*, Princeton, NJ: Princeton University Press, 2007-.

我还引用了那个七卷的版本，克尔凯郭尔的英语读者多年来都知道这个版本：

JP *Søren Kierkegaard's Journals and Papers*, ed. and trans. Howard V. Hong and Edna H. Hong, Bloomington, Ind.: Indiana University Press, 1967-1978.

我在这里同时给出了卷次与编号，例如，JP 6: 6491。

本书中所有与《圣经》有关的引文都来自英王钦定版，具体版本为 *The King James Study Bible*, Nashville, Tenn.: Thomas Nelson, 1988。

《恐惧与颤栗》常用版本检索表

第一章

导 论

《恐惧与颤栗》[*Frygt og Bæven*]或许是克尔凯郭尔最为知名与被阅读得最多的作品，克尔凯郭尔自己似乎已经预料到了这种趋势。在克尔凯郭尔成年后的大部分时间里都保存着的一部日记中，他声称："在我死后，仅凭《恐惧与颤栗》就足以赢得不朽的作家之名。接下来它不仅会被人们阅读，而且还会被翻译成外语。读者几乎都将在这本书所蕴含的可怕不幸面前退缩。"（JP 6: 6491）[1]但这本书的名声既有好处，也有坏处。罗伯特·L. 铂金斯（Robert L. Perkins）断言，《恐惧与颤栗》是"在大学课程中被研究得最多的克尔凯郭尔作品"，但这也相应地付出了代价[2]，而他的这个论断或许仍然是正确的。就那些将克尔凯郭尔列入某些思想家之中的课程来说，它们有时仅仅把《恐惧与颤栗》这个文本纳入自己的教学内容，这种情况带来了双重的危害。第一，《恐惧与颤栗》在表面上持有的论点，经常被人们归于"克尔凯郭尔"。然而，就像克尔凯郭尔的许多作品一样，《恐惧与颤栗》并不是以克尔凯郭尔的真名撰写的作品，而是以他的假名撰写的作品，克尔凯郭尔在撰写这部作品时用了"沉默的约翰尼斯"（Johannes de silentio）这个神秘的笔名，它标志着对这个文本的"沉默态度"的重要性。我们不应该忘记这个事实，我们很快就会来思考这个事实的重要性。第二，人

1　克尔凯郭尔的著作确实已经被翻译成了多国的语言，《恐惧与颤栗》通常是第一批被翻译的著作——有时则是第一部被翻译的著作。只需举两个这方面的例证，参见王齐（Qi 2009: 105）与特福芬－斯特安诺娃（Töpfer–Stoyanova 2009: 285）的相关论文，这两位作者在论文中分别对克尔凯郭尔著作在中国与保加利亚的翻译情况做出了介绍。

2　Perkins 1993: 3.

们有时会错误地认为，《恐惧与颤栗》表达了"克尔凯郭尔"对于信仰的本质以及伦理与宗教的关系的确切看法。只要提到《最后的、非科学性的附言》《致死的疾病》与《爱的作为》这三个克尔凯郭尔随后创作的文本，就可以向任何严谨的读者表明实际情况并非如此。但第二个问题并不仅仅是第一个问题导致的结果。也就是说，这个文本是克尔凯郭尔以假名发表的著作。除了这个事实之外，在将《恐惧与颤栗》所传递的信息归于克尔凯郭尔时，还存在着一个相当明显的问题，这个问题是，"《恐惧与颤栗》真正传递的信息"远非显而易见。《恐惧与颤栗》或许确实让克尔凯郭尔获得了不朽的名声，然而它是这样一个文本，它既有可能获得人们的赞赏，但也有可能让人们感到困惑乃至彻头彻尾的恼怒。这本书经常被解读为是在强硬地要求人们服从上帝，甚至当上帝的命令践踏了伦理的要求时也是如此。然而，我们将在一个恰当的过程中看到，这个问题所讲述的东西实际上更为复杂，它与上述解读有着细微的差别。此外，倘若对于这个文本的范围广泛的解释无论如何都证明了它的丰富性，那么《恐惧与颤栗》就确实是一个内容丰富的文本。

克尔凯郭尔的生平与著作

在思考这本书的相关内容之前，我们应当致力于思考这本书的作者——或更确切地说，由于这本书的作者是用假名写作的，我们就应当致力于思考它的作者的创造者。在这套系列丛书中相当常见的做法是，以相关思想家的个人简介作为开头。但是，就克尔凯郭尔的情况来说，这么做会产生一个特殊的问题。霍华德·V. 洪与埃德娜·H. 洪相当有道理地断言："没有任何思想家与作家像克尔凯郭尔那样，试图仅仅把自己的著作留给读者。"[1]也就是说，克尔凯郭尔试图切割他的生平与他的思想之间的关系，以确保人们不会仅仅根据后者来解释前者，克尔凯郭尔的这种关切已经达到了非同寻常的程度。（正如我们将看到的，他以假名写作的部分目的就在于此。）他的这个尝试远远没有获得彻底的成功：人们总是无法避免那种想要根据他的生平来对他的论著做出"解释"的尝试。例

---

1 参见马兰切克所著的《克尔凯郭尔的思想》（*Kierkegaard's Thought*）的译者序言，Malantschuk 1971: viii。

如，某些人会认为，克尔凯郭尔毁弃了与少女雷吉娜·奥尔森的婚约，这是"解释"《恐惧与颤栗》所传达的"隐秘信息"的关键，而我们随后就有必要讨论这个问题（尽管我并不接受这个结论）。因此，在阅读如下这段对克尔凯郭尔生平的简要描述时，读者应当在头脑中记住的告诫恰恰是，纯粹按照"传记"的方式来解读克尔凯郭尔，这会带来诸多危害。

1813年5月5日，索伦·奥比·克尔凯郭尔出生于丹麦的哥本哈根，他在这个城市中几乎度过了他的整个人生。索伦是他父母的七个子女中最年幼的孩子。他的父亲米凯尔·皮特森·克尔凯郭尔（Michael Pedersen Kierkegaard）是一个白手起家的成功商人，这位父亲对年轻的索伦产生了巨大的影响。他施加的那部分重要影响导源于他抚养子女的过程所具备的强烈宗教氛围。不过，这种宗教信仰充满了米凯尔的个人忧郁。索伦似乎在他父亲的影响下，确信他自己将会早逝，但这种明显古怪的执念并非没有根据。到1834年底，索伦的母亲和他的五个兄弟姐妹都已经去世。此外，他的兄弟姐妹在那时都没有活过三十四岁，克尔凯郭尔的父亲似乎已经把他的一个信念传给了他的两个仍然幸存的儿子（彼得与索伦）：他将比自己所有的子女都活得更长，而这就是降临到他身上的悲剧。然而，后来的事实证明，克尔凯郭尔父亲的这个信念是不正确的。这位老人死于1838年，索伦作为米凯尔在其去世时仍然活着的仅有的两个儿子之一，继承了相当丰厚的财产。索伦自1830年起，就已经在名义上成为了哥本哈根大学神学专业的学生，尽管如此，索伦在那段时期里却过着相当放纵不羁的生活，他更多地去阅读文学著作与哲学著作，而不是为了通过他的神学考试努力学习。¹父亲之死似乎刺激了索伦，促使他将自己的努力重新投入正式的学业，这也表明了索伦对他父亲的尊重。（米凯尔是一个完全自学成才的聪明人，对他来说，他的儿子们的正规教育是一个极为重要的问题。）索伦终于在1840年，即与雷吉娜订婚后不久，参加了他的神学考试（此后又参加了更多这样的考试）。索伦通过了这些考试并获得了体面的成绩，但这些成绩并不是值得赞扬的［*laudibilis*］优异成绩。在此之后，索伦继续留在这所大学里，并在1841年提交了一篇冗长的博士论文，它就是如今被称为《论反讽概念》的作品。同年，在与雷吉娜解除婚约之后，索伦以聆听谢林讲座的名义前往柏林，从这一段时间开始，索伦出产作品的数量相当惊人，这与他在学生年代的绝大多数时间里，在表面上显现的懒散态度形成了鲜明的对比。

4

在接下来的几年时间里，克尔凯郭尔出版了他最著名的几部著作：1843年出版了《非此即彼》《恐惧与颤栗》与《重复》（后面两部著作是在那一年的同一天，即10月16日出版的）；1844年

1　以下这则日记条目为研究年轻的克尔凯郭尔的性格与态度带来了一些便利："我的评论仅仅是，我为了获得神学学位而开始学习，就此而言几乎没有什么令人兴奋的东西，这项工作并没有给我带来丝毫乐趣，因此我在这方面的进展并不特别迅速。我总是更喜欢自由的，因而或许也是内容不确定的研究，而不是像供应食物的私人餐厅那样的研究，在私人餐厅中，人们预先就知道将要招待的顾客是谁，以及在一周内的每一天所供应的食物是什么"（KJN 1 AA: 12/JP 5: 5092）。尽管如此，部分地是为了取悦于他的父亲，克尔凯郭尔下决心开始认真从事神学研究，因为他的父亲"认为，真正的迦南位于神学学位的另一面"（KJN 1 AA: 12/JP 5: 5092）。

出版了《哲学片段》《焦虑的概念》与《序言集》；1845年出版了《人生道路》，1846年则出版了《最后的、非科学性的附言》（后文简称为《附言》）。所有这些著作都是用假名写作的，但与这些著作一起出版的还有各种更为明确地具有宗教性质的《陶冶性讲演》（它们是以克尔凯郭尔的真名发表的）与其他的各种短文，其中的某些讲演与某些以假名写作的著作也是在同一天出版的：就《恐惧与颤栗》的情况而言，就有三篇这样的讲演，其中两篇讲演的标题是《爱能遮掩许多罪》，而另一篇讲演的标题是《刚强内心》（这三篇讲演都被收录于EUD）。《附言》被认为是"结论性的"，正是在这种意义上，克尔凯郭尔似乎计划停止他的写作，此后他或许会接受一个乡村牧师的职位。然而，他的这个生活方向在某种程度上由于两个冲突而发生了改变，其中的第一个是与《海盗报》（The Corsair）的冲突，这是一份在哥本哈根传播各种丑闻而又颇具影响力的报纸。克尔凯郭尔用他的一个假名"沉默的兄弟"（Frater Taciturnus）对《海盗报》发起了挑战，而这导致克尔凯郭尔在《海盗报》上遭到了无情的嘲笑，《海盗报》专注于嘲讽的是诸如他轻微驼背的外表和他长短不一的裤腿这样的问题。这次口角造成的一个最重要的结果或许是，它让克尔凯郭尔下决心继续写作。由此，克尔凯郭尔开启了他的众所周知的"第二段写作生涯"，在这段时期里，他创作的著作包括诸如《爱的作为》（1847）、《致死的疾病》（1849年出版）与《基督教中的实践》（Practice in Christianity，1850年出版）这样的重要作品。克尔凯郭尔成为了公众嘲笑的受害者，这必定也让克尔凯郭尔的观点变得更加强硬，在他的《文评一篇》（A Literary Review, 1846）中就可以明显看出，克尔凯郭尔对

"乌合之众"或"群氓"所具备的危险提出了他自己的见解。[1]

第二个重大的冲突来自路德教派建立的国家教会。克尔凯郭尔长期关注"真正的"基督教与他通过讲坛布道听到的东西之间的不一致，在他看来，后者回避了新约的根本教义。这成为他在19世纪50年代发表的作品的一个主要观点。在《基督教中的实践》《自我反省》（*For Self-Examination*）与《你要自己做出判断！》（*Judge for Yourself !*）中，克尔凯郭尔将他对于基督教新约的见解与被他归为"基督教世界"（Christendom）的那些已经得到确立的虚伪信仰进行了对比，并公然宣告了一个著名的主张，即需要"将基督教重新引入基督教世界"。[2] 在他生命最后两年的时间里，这种"对基督教世界的攻击"变得恶毒起来。在一系列的文章中，克尔凯郭尔谴责了高高在上的教会虚伪地背叛了福音书所传达的使命，他的谴责特别针对的是西兰岛的主教与丹麦国家教会（后改为丹麦人民教会）的大主教——雅各布·彼得·明斯特（Jakob Peter Mynster）。在这种激愤的情绪中，克尔凯郭尔在街上散步时昏倒，随后被送去医院治疗，并在住院数周后于1855年11月11日去世，克尔凯郭尔在去世时年仅四十二岁。在克尔凯郭尔的葬礼上，他的外甥亨利克·隆德（当时还是一名学生）抗议道，埋葬他舅父的方式似乎表明，他舅父仍然是这个教会的成员，而这也正是他舅父花费了自己生命最后几年时间去尽力揭露的虚伪立场。但人们怀

5

1　这个文本更为人所知的标题或许是《两个时代》（*Two Ages*），这是它意在评论的那篇小说的名字。

2　关于克尔凯郭尔对在他的同时代人中被当作基督教的东西的批判意见，有一个优秀的简要概述，参见 Walsh 2009：第7章。

疑，克尔凯郭尔在生前就已经认可了这种做法。根据克尔凯郭尔的朋友埃米尔·波厄森（Emil Boesen，克尔凯郭尔在住院时，仅仅允许这位神父来拜访自己）的回忆，当克尔凯郭尔被问及是否想要接受临终祈祷时，克尔凯郭尔表示了同意，但他想要接受的是一般信徒主持的临终祈祷，而不是由神父主持的临终祈祷，因为"神父是王室的公职人员，[他们]与基督教无关"[1]。尽管在克尔凯郭尔去世时，他已经花光了自己的绝大多数财产，但克尔凯郭尔在自己的遗嘱（人们相信，这份遗嘱是克尔凯郭尔在1849年撰写的）中表示，他要将自己的一切都留给雷吉娜。然而，或许是由于弗利兹·施莱格尔（Fritz Schlegel）——雷吉娜后来与之结婚的那个男人的干预，雷吉娜拒绝了这个馈赠，而仅仅索回了她写给索伦的书信与少数几件私人物品。[2]

1 参见 Hannay 2001: 416。

2 参见 Hannay 2001: 419。

索伦与雷吉娜

在上文中，我已经概述了克尔凯郭尔最著名的那部分生平事迹，而某些人认为，对《恐惧与颤栗》来说至关重要的是：那个有关他与雷吉娜婚约破裂的故事。接下来，我将在这里讲述这件事的基本细节。索伦与雷吉娜订婚13个月之后，索伦才在1841年与雷吉娜解除了婚约。他为什么要这么做呢？根据克尔凯郭尔的日记，他深深地思考了让自己结婚并过一种传统的世俗生活的可能性，但他得出的结论是，他的"忧郁与悲伤"让他不可能过这种结婚的生活。在一段回顾往事的文字中，克尔凯郭尔写道： 6

> 在半年或少于半年的时间里，她会处于崩溃的状态。在我身上既有美好的品质又有恶劣的品质——某种幽灵般的东西纠缠着我，它们让人们无法每天都容忍我，让人们无法与我建立起真正的关系。是的，我出现时通常都会披着轻便的伪装，这是另一回事。但当我无拘无束时，我显然就基本生活在一个精神世界之中，我已经与她订婚了一年之久，但她

并不真正了解我。[1]

克尔凯郭尔断定，雷吉娜无法看到，他的忧郁并不仅仅是一种性格上的怪癖：在这种忧郁背后的是一种"宗教的冲突"。阿拉斯泰尔·汉内提出，这个术语曾经被黑格尔用来描述那些成为悲剧素材的动机冲突，它具有重要的意义。按照汉内的观点，"克尔凯郭尔至少是在回顾往事时，将他自己的处境视为一种悲剧性的处境"。[2]这就难以在克尔凯郭尔那时的想法中去除他回顾往事时做出的自我辩解，而汉内进一步做出的猜测是，克尔凯郭尔通过写作让自己"进入一种现实生活的戏剧"[3]，这个猜测可能具有某种真实性。

事实上，克尔凯郭尔解除婚约的方式几乎算得上是戏剧性的。他将结婚戒指退还给雷吉娜的那封信中写道："首先请忘掉写这封信的人：请原谅这个人，尽管他在其他方面无所不能，却无法让一个女孩变得幸福。"[4]（克尔凯郭尔随后将这封信作为《人生道路诸阶段》这本书的最长章节——"不知姓名者的日记"的部分内容，在克尔凯郭尔出版的作品中，关于他对这场破裂婚约的看法，这个章节告诉我们的相关信息或许最多。[5]）然而，倘若克尔凯郭尔希望以这种方式让雷吉娜坦然接受他们无法结婚这个事实，那么克尔凯

1　引自 Hannay 2001: 157，这是他自己的翻译；也可参见 KJN 6 NB 12: 138。

2　Hannay 2001: 157.

3　Hannay 2001: 157.

4　引自 Hannay 2001: 155。

5　克尔凯郭尔的日记与笔记的多个条目对此做出了更多的阐述，特别是 KJN 3 Not. 15。

郭尔将会感到失望。雷吉娜不屈不挠地决心要通过斗争来说服克尔凯郭尔改变自己的心意，而克尔凯郭尔后来将雷吉娜当时的这种态度比作母狮般的决意。根据他事后的辩解（倘若这些文字可以算得上是辩解的话），克尔凯郭尔承认自己有必要改变策略。在这场婚约最终破裂的前两个月里，他试图冷淡地对待雷吉娜，以便于让她亲自做出最终解除婚约的决定，或至少接受这样的结论，即相较于让她自己在余生中与这样的男人相伴，解除婚约是一个不那么糟糕的选择。克尔凯郭尔在这里所主张的推论似乎是，对雷吉娜来说，与其让她觉得自己被克尔凯郭尔拒绝，不如让她觉得自己想要摆脱克尔凯郭尔。这种状态持续了两个月，在此之后，克尔凯郭尔于1841年10月到雷吉娜那里彻底解除了婚约。他后来在日记中对这件事的描述看起来甚至具有更多的戏剧性。（汉内不恰当地将这个描述评判为就仿佛是"电视肥皂剧的悲伤怀旧"[1]。）根据这个描述，克尔凯郭尔在拜访了雷吉娜之后，立即前往剧院：

> 我将在那里与埃米尔·波厄森会面（正是根据这一点，产生了以下这个在城镇中四处流传的故事，当我取出我的怀表时，人们以为我对雷吉娜的家庭说过这样的话：倘若他们没有更多要说的，他们最好抓紧时间，因为我接下来就要去剧院）。当表演已经结束，我将要离开后排座位时，那位律师［雷吉娜的父亲］从前排座位向我走来，并对我说：我可以与你谈一谈吗？我就陪他一起回家。他告诉我说，雷吉娜正处

1　Hannay 2001: 158.

于绝望之中，这会让她心碎而死，她已经彻底绝望了。我说：我会试图让她冷静下来，而这个问题就会解决的。他说：我是一个傲慢的男人，尽管对你来说很难做到，但我仍然恳求你不要与她断绝关系。他是一位真正有雅量的人；他让我产生了强烈的动摇。不过我还是要坚持贯彻我的计划。我与这个家庭共进晚餐，我离开时与她交谈了一会儿。第二天早上我收到了一封来自她父亲的信件，她父亲说，她昨晚一直没有入睡，我必须去他家里看她。我前往他家并让她恢复了理性。她问我：你永远都不会结婚了吗？我的回答是：是的，在十年的时间里，我都会尽情地寻欢作乐，而在我寻欢作乐时，我需要精力充沛的女孩来让我更有活力。这是一种必要的残忍态度。然后她对我说：请原谅我对你所做的一切。我回应她说：归根到底，我才是应当向你请求原谅的那个人。她说：请答应我，你会不时地想念我。我答应了。她说：请你再吻我一次。我吻了她——但没有任何激情——愿上帝怜悯我！[1]

在得知克尔凯郭尔做出了这种行径之后，人们很容易对雷吉娜的哥哥产生同情，他在写给克尔凯郭尔的一封信中说，已经发生的这些事"让他憎恶克尔凯郭尔，而他先前从未对其他任何人产生

---

[1] 引自 Hannay 2001: 158，这是他自己的翻译。也可参见 KJN 3 Not. 15: 4（p. 434）以及 Kirmmse 1996: 46。

过这样的憎恶之情"[1]。尽管本研究并不想判定克尔凯郭尔的性格与他解除婚约的关系，但实际情况确实有可能是，克尔凯郭尔正确地认为，他没有能力来让雷吉娜获得幸福。对于我们的研究目的来说，重要的是克尔凯郭尔用来让雷吉娜放弃他的诸多策略，如保密、隐瞒、想要避免某人陷入最糟糕状态的愿望，以及某种或许超越了"伦理"要求的东西——所有这些都是《恐惧与颤栗》的重要主题。

8

1　引自 Hannay 2001: 158。然而，在几十年后雷吉娜试图直接建立相关的文字记录时，她似乎想要否认克尔凯郭尔曾"错误地利用"她的爱来"折磨"她或对她"进行精神实验"的谣言（参见 Kirmmse 1996: 33-54，特别是 pp. 33, 53）。也可比较雷吉娜的哥哥对雷吉娜的姐姐考尔内丽娅（Cornelia）的颇为不同的反应所做的评论（KJN 3 Not. 15: 12; Kirmmse 1996: 46）。

克尔凯郭尔的方法论：间接交流与假名作者

不过，在回到《恐惧与颤栗》这本书的内容之前，我们应当回过头来谈谈这个事实：它是一个用假名来撰写的文本。为什么克尔凯郭尔会用假名来发表他的这部如此重要的作品呢？

运用假名是克尔凯郭尔方法论的一个重要组成部分，他将之称为"间接交流"。这里的篇幅只允许我们对之做出最简要的论述。"直接"交流与"间接"交流之间的基本差别，与将自身关联于观念的两种可能方式之间的区别有关。对于某些观念（如数学证明），我能够完全恰当地以一种客观超然的方式将自己关联于这种观念。但对于某些其他的观念（如我应当成为哪种类型的人，或我很快将死去这个事实），这种超脱的反应就完全是不恰当的。事实上，倘若将我自己必死的命运转化为这样一种冷漠的反思，即反对必死命运的哲学家是如何构想死亡的，那么这对我来说，恰恰就是一种逃避即将到来的死亡对我的意义的手段。类似地，倘若我的伦理反思仅仅止步于学习功利主义与康德主义有何不同之处，以便于让我自己能够通过"伦理学理论"的考试，那按照克尔凯郭尔的说法，我的这种做法就是在以"非伦理的方式"将自己关联于"那些伦理的事物之上"（JP 1: 649, §10）。要将自己恰当地关联于某些观念，这意味着要以第一人称的方式将自己关联于这些观念。克尔凯郭尔坚称，伦理关切与宗教关切都应当被归于后面这种范畴。在这种情况下要成功地进行交流，就需要有一种精妙的交流"艺术"。

支持克尔凯郭尔这么认为的部分理由在于他的这个见解：人们生存于各种混淆的状态或"幻觉"之中。此外他还认为，"消除"这种幻觉的途径只能是说服人们承认，由于他们自己的内在经验，他们或许无意识地接受了一种特定的世界观与生活方式。反过来说，只有以想象的方式进入他们的观点之中，展示对他们的观点所依赖的情感基础的共鸣，才有可能消除他们的幻觉。在《关于我作为作者的工作的观点》（*The Point of View for My Work as an Author*）这部遗作中，克尔凯郭尔用他自己的声音说出了这样的论断："一种幻觉永远不可能直接被清除，它基本上只能间接地被清除……对于一个处于幻觉之中的人，必须要从背后去接近他"（PV 43），人们必须开始"按照表面的价值来考虑其他人的幻想"（PV 54）。这至少是克尔凯郭尔用假名书写所要达到的部分目的。因此至少就某些假名著作来说，可以认为，进入读者心中的是诸多相关的角色。正如爱德华·F.穆尼（Edward F. Mooney）所言，

使用假名是一种教学的策略。它的运作方式是，首先让读者逐个卷入一种人生观。这种策略意在通过诉诸内心来理解这种人生观，就仿佛它是自己的人生观一样。在与读者建

立了这种共情的纽带之后，假名著作接下来就能够在这种亲密的关系中揭露这种人生观的局限性与不恰当之处。[1]

克尔凯郭尔在谈论中将间接交流当作一种"助产术"，它是让交流者撤离的关键。交流者的性格与相关事实会对交流造成障碍，带来巨大的风险：我们已经提过，某些评论家试图根据克尔凯郭尔自己的生平来"解释"《恐惧与颤栗》，这就是此种情况的一个例证。但倘若认真对待假名，那么假名在这里就有助于避免这些障碍和风险，因为除了这些文本所揭示的相关情况之外，我们对于克尔凯郭尔的诸多假名一无所知，于是假名就成为了让交流者撤离的一种方式。

因此，进行间接交流的人不仅应当关注交流者试图交流的内容，而且还必须密切关注交流者为了交流而采纳的形式（对立于"内容"的"方式"或"方法"）。最重要的是，他必须弄明白，这种交流不应当按照抽象的或客观的方式来进行理解。这就是沉默的约翰尼斯似乎学到的深刻见解：正如我们将要看到的，在讲述亚伯拉罕故事的过程中，他极大地强调了他感受到的"忧惧"，以及他自己试图理解亚伯拉罕的艰辛尝试。在后面这个关注的意义上，就像其他的某些假名一样（如《附言》中的约翰尼斯·克利马克斯），约翰尼斯也是他自己的叙事所塑造的一个角色。

由此我们就可以看到，假名写作以及克尔凯郭尔的其他写作方式，并不仅仅是他在体裁或传记形式选用上的古怪癖好。我的建

10

---

1 Mooney 1991: 6.

议是，我们应当认真对待克尔凯郭尔对于人们应当如何理解他的著作所提出的"愿望"与"恳请"。在以他自己的名义添加到《附言》结尾的那段简短而又重要的文本《最初和最后的说明》中，克尔凯郭尔做出了如下的辩解：

> 我的假名或多重假名在我的**人格**中并无**偶然的**根据……而是**在本质上以创作**本身为根据……我是非人格的或以第三者出现的人格化的**提词人**［*souffleur*］，我以诗化的方式创作出了这些作者，他们的**前言**相应的就是他们的作品，他们的**名字**也是如此……我是谁，我怎么样都无关紧要……因此，倘若有谁突然想到要援引这些书中的某段特定的文字，那么我的愿望与恳请恰恰是，请他行行好，分别引用假名作者的名字，而不是引用我的名字。

（CUP 625-626）

在本研究中，我将尊重克尔凯郭尔的这个愿望。我并不将《恐惧与颤栗》归于克尔凯郭尔，倘若将《恐惧与颤栗》归于克尔凯郭尔，就会带来这样的危险：我们或许就会将这个文本视为克尔凯郭尔（明确地）论述"信仰"本质的话语。而我将把它的这些话语归于沉默的约翰尼斯。正如C. 斯蒂芬·埃文斯（C. Stephen Evans）所说，"认真对待假名的做法为读者提供了保护措施，让读者意识到了一些重要的可能性，而不会让他们预先就排除任何这样的可能性"[1]。通过这种做法，我们暂未判定的一种可能性是，对于约翰尼斯向我们讲述的主题，他并不是一个完全可靠的向导。（我们将在第7章中重新回到这个问题。）也就是说，约翰尼斯否认他理解了信仰，这个事实并不意味着克尔凯郭尔否认自己能够理解信仰。此外请注意，克尔凯郭尔在以上引用的那段文字中将我们的注意力转向了假名作者的名字。我们将如何理解约翰尼斯名字中的"沉默"这个词呢？某些评论者仓促地得出了这样的结论：对于一个拥有这种名字的人来说，在他对我们书写或说出的文字当中，显然会有某些无效的东西。例如，杰里·吉尔（Jerry Gill）就断定，事实上，拥有这种名字的作者撰写了整本书，而这本书体现的是"克尔凯郭尔最喜爱的概念策略……反讽"[2]。然而，这样的结论实在是太仓促了。吉尔忽略了这样一种可能性：约翰尼斯拥有这个名字是因为《恐惧与颤栗》这本书在很大程度上与沉默有关。正如我们将看到的，它的第三个篇幅最长的"疑问"探究的是沉默与隐瞒的审美形式与宗教形式。不过，将沉默的约翰尼斯置于我们阐述的中心位置，这种做法带来的额外好处是，它可以提醒我们关注他的名字与这样一种可能性：这种聚焦于沉默的做法，甚至比我们在目前所处的立场上所能意识到的更为重要[3]——我将在第7章中论证这种可能性。

11

1　Evans 1992: 7.

2　Gill 2000: 64.

3　对于"我们是否应当在约翰尼斯所谓的喋喋不休中看出某种可疑的东西"这个问题，诸多评论者产生了分歧。例如，可以参见 Conway 2008 与 Hannay 2008 在这个问题上形成的极为不同的观点。

那么,《恐惧与颤栗》论述的主题是什么？我们已经暗示过了这个简单的答案:"信仰。"[1] 约翰尼斯旨在理解信仰的方式是，卷入一个被他认为是信仰典范的个体的生存之中，这个人就是《圣经》中记载的那位族长亚伯拉罕，《创世纪》这本书讲述了亚伯拉罕的故事。[2] 不过，约翰尼斯聚焦于亚伯拉罕生平的一段特殊的经历:在这段经历中，上帝为了考验亚伯拉罕的信仰，命令他献祭以撒，而以撒是亚伯拉罕经过漫长时间等待才盼来的心爱的儿子与继承人。我们应当为那些并不熟悉这个故事的读者简要地概述这个故事以及它在《创世纪》中的背景。

---

1 tro这个丹麦语词语既可以意指"信仰"，又可以意指"信念"。因此Abraham troede既有可能被译为"亚伯拉罕拥有信仰"，又有可能被译为"亚伯拉罕相信"，而且已经有人分别做出了这样的翻译。通常而言，汉内更青睐于前一种译法，沃什则更青睐于后一种译法。

2 在犹太教、基督教与伊斯兰教中，它们各自强调了亚伯拉罕这个典范的颇为不同的面貌，对此所做的一个颇具启发性的概述，参见Levenson 2012，特别是第5章与第6章。

亚伯拉罕与以撒

　　亚伯拉罕在《创世纪》这本书中的重要性是难以低估的。在《圣经》第一卷的55章经文中，最后39章都与亚伯拉罕和他的家族有关。[1]在第12章中，上帝向亚伯拉罕承诺，他将为"[他]造就一个大国"[2]。（亚伯兰是亚伯拉罕的原名：亚伯兰意味着"崇高的[或高尚的]父亲"；亚伯拉罕则意味着"多国之父"。）然而，亚伯拉罕与他的妻子撒莱在很长一段时期内没有子嗣，直到撒莱（根据那个时代的法典与婚姻契约）建议，让亚伯拉罕与她的女仆，即一个埃及女奴夏甲生下一个孩子。因此，亚伯拉罕将夏甲纳为自己的姜室，当亚伯拉罕在86岁的高龄时，他的第一个儿子以实玛利出生了。[3]当亚伯拉罕已经是99岁的老人时，上帝告诉他，从此以

1　正在理解《恐惧与颤栗》的读者可以回顾《创世纪》这本书，他们首先应当阅读《圣经》第一卷第25章之前的所有内容（包括第25章在内），特别是第12—22章。第22章所包含的内容就是约翰尼斯专注的那部分有关亚伯拉罕的故事。

2　Genesis 12: 2.

3　Genesis 16: 16.

后他的名字应该改为亚伯拉罕，"因为你将成为我为你造就的多国之父"[1]，并与他订立了如下的圣约：

> 我要与你并你世世代代的后裔坚立我的约，作永远的约，是要作你和你后裔的上帝。我要将你现在寄居的地，就是迦南全地，赐给你和你的后裔永远为业，我也必作他们的神。[2]

12

上帝反过来要求亚伯拉罕与他的同族施行割礼，作为他们献身于上帝的一个肉体标志。上帝还将撒莱重新命名为"撒拉"（意为"多国之母"），他再次承诺，她将为亚伯拉罕生下一个儿子。亚伯拉罕伏在地上感到好笑。"心里说，一百岁的人还能得孩子吗？撒拉已经九十岁了，还能生养吗？"[3]上帝命令亚伯拉罕，为撒拉所生的孩子起名"以撒"（意为"他在发笑"），[4]或许这是在提醒亚伯拉罕对上帝的这个许诺的怀疑反应。（尽管如此，上帝还做出许诺，以实玛利也会拥有"大国"，而根据穆斯林的传统，以实玛利甚至是阿拉伯人的祖先。[5]）不管亚伯拉罕最初的反应是什么，他

1　Genesis 17: 5.

2　Genesis 17: 7-8.

3　Genesis 17: 17.

4　以撒的希伯来名Yitshak，导源于tsahak这个动词，它的意思是发笑。

5　Genesis 17: 20. 在《可兰经》所给出的那个明显不同而又颇为简要的描述中，亚伯拉罕的儿子自始至终都是无名的。因此，伊斯兰教早期的诠释者对于"亚伯拉罕被要求献祭的儿子究竟是以撒，还是以实玛利"这个问题产生了分歧。大概直到公元十世纪，他们才达成这样的共识：亚伯拉罕献祭的是以实玛利。对这个问题的更多论述，参见Levenson 2012: 104-106。

还是表明了自己的信仰，让他自己、以实玛利以及"他家里的所有男子"[1]都行了割礼，这就是在上帝与亚伯拉罕之间订立圣约的一个标志。[2]撒拉在得知这个消息时也在心里暗笑，[3]上帝对她做出的回应是："耶和华岂有难成的事吗?"[4]上帝接下来的行动是，摧毁了索多玛与蛾摩拉这两座城市（"因为它们的罪恶甚重"[5]），上帝向亚伯拉罕揭示了自己的意图，这表明了亚伯拉罕的特权地位。[6]亚伯拉罕试图代表这两座城市向上帝求情，他请求上帝回答，上帝的正义是否不仅会毁灭罪人，也会毁灭义人？[7]但亚伯拉罕向上帝求情的努力最终还是失败了，虽然上帝确实饶恕了亚伯拉罕的侄子罗得（但并没有饶恕罗得的妻子，众所周知，他的妻子变成了一根盐柱）。[8]

上帝实现了自己的许诺，在撒拉九十岁，亚伯拉罕一百岁的时候，她生下了以撒。就在以撒断奶的时候，亚伯拉罕设摆了丰盛

1　Genesis 17. 27.

2　Genesis 17: 9-14.

3　Genesis 18: 12.

4　Genesis 18: 14.

5　Genesis 18: 20.

6　Genesis 18: 17-21.

7　Genesis 18: 22-32. 利文森认为，这可以被解读为亚伯拉罕承认这些罪过的严重性，但他还是向上帝祈求宽恕这些罪人（Levenson 2012: 62-63）。

8　Genesis 19: 26. 根据基督教的传统说法，她无法逃避这个灾难，是由于她转过身来渴望照管自己的财产：参见 Luke 17: 29-31。

的筵席，[1] 在这个筵席上，以实玛利想要继承产业的希望似乎已经落空了，[2] 而撒拉看到以实玛利在发出嘲笑。由此导致的结果是，撒拉要求亚伯拉罕"驱逐"夏甲和以实玛利，亚伯拉罕就这么做了（这种做法明显得到了上帝的批准）。[3] 不过，上帝当时对亚伯拉罕，[4] 以及后来在别是巴荒野中对夏甲，都重申了他关于以实玛利的许诺，上帝告诉他们，他将为以实玛利造就"一个大国"[5]。

现在我们已经来到了让沉默的约翰尼斯如此着迷的那部分故事。在经过一段时间之后，上帝就要在如今被称为"捆绑以撒"（*akedah*）的事件中"考验"亚伯拉罕。[6] 以撒是上帝实现"让亚伯拉罕与撒拉有孩子"这个许诺的结果，令人惊讶的是，上帝如今却对亚伯拉罕发布了如下命令："你带着你的儿子，就是你独生［原文如此］的儿子，你所爱的以撒，往摩利亚地去，在我所要指示你

₁₃

1　Genesis 21: 8. 断奶在"定调"这个章节中具有重要的地位，我们将在第2章中讨论这一点。

2　这是亚伯拉罕第三次变更可能继承他产业的人。在以实玛利出生以前，亚伯拉罕曾经提到（Genesis 15: 1–4），他的管家以利以谢位于他的产业继承者之列，或许这是作为交换的代价，以便于让以利以谢照顾年老的亚伯拉罕与撒拉。

3　Genesis 21: 12.

4　Genesis 21: 13.

5　Genesis 21: 18.

6　关于犹太教传统对此做出的各种解释的概述，参见Jacobs 1981; Gellman 2003; Levenson 2012，特别是第3章。犹太教传统并没有明确指出这个事件发生的时段，这导致了对以撒在这个事件发生时的年龄缺乏一个清晰的定论。根据围绕着这些人物而逐渐形成的部分犹太教、基督教与伊斯兰教的传统，以撒在那个时候已经是成年人，而根据其他的某些相关传统，以撒在那个时候还是一个孩子。

的山上，把他献为燔祭。"[1]这就是让约翰尼斯如此着迷的那次对信仰的考验。亚伯拉罕等待了如此漫长的时间才由他的妻子生下了一个儿子，但他现在却面临这样一种处境，上帝好像在命令他杀死那个期待已久的心爱的儿子，并将之作为祭品献祭。不过，根据《创世纪》的叙事，亚伯拉罕对此的反应是顺从的："亚伯拉罕清早起来，备上驴，带着两个仆人和儿子以撒，也劈好了献祭的柴，就起身往上帝所指示他的地方去了。"[2]

在前往摩利亚的旅途的第三天，亚伯拉罕对身边的年轻人（大概是他的仆从）说："你们和驴在此等候，我与童子往那里去拜一拜，就回到你们这里来。"[3]这个明显的欺骗，就是约翰尼斯提到的亚伯拉罕的"沉默"的一个组成部分：正如在疑问III中所说的，他"隐瞒了自己的目的"（FT 109）。以撒显然不知道将要发生什么，他亲自携带着那些用来献祭的木柴，[4]并向他的父亲提问："燔祭的羊羔在哪里呢？"[5]亚伯拉罕的回答是模棱两可的（我随后将论证，这一点很重要）："我儿，神必自己预备作燔祭的羊羔。"[6]于是他们来到了指定地点，亚伯拉罕筑好了祭坛，把木柴放在上面，并捆绑了以撒准备献祭。亚伯拉罕取出了刀，就在他将要杀死以撒时，他听到了"耶和华使者"的声音正在呼叫他的名字，"亚伯拉

1　Genesis 22: 2.

2　Genesis 22: 3.

3　Genesis 22: 5.

4　Genesis 22: 6.

5　Genesis 22: 7.

6　Genesis 22: 7.

罕，亚伯拉罕，我在这里"[1]，于是亚伯拉罕做出了回应。接下来亚伯拉罕听到了这些话语："你不可在这童子身上下手，一点不可害他。现在我知道你是敬畏神的了，因为你没有将你的儿子，就是你独生的儿子，留下不给我。"[2]然后亚伯拉罕就看到了一只公羊，它的双角扣在稠密的小树中，于是他就以之代替了他的儿子，献祭了这只公羊。亚伯拉罕通过了这次对信仰的考验，上帝因此再次确认了他的许诺：

> 你既行了这事，不留下你的儿子，就是你独生的儿子，我便指着自己起誓说，论福，我必赐大福给你，论子孙，我必叫你的子孙多起来，如同天上的星、海边的沙，你的子孙必得着仇敌的城门，并且地上万国都必因你的后裔得福，因为你听从了我的话。[3]

14

这些就是让约翰尼斯感兴趣的事件。在传统上，人们赞颂亚伯拉罕，因为他愿意服从这个命令，这证明了他对上帝的信仰。而约翰尼斯极力想要理解的正是这一点。在某种程度上，《恐惧与颤栗》似乎花费了漫长的篇幅，试图进入某个看来准备完成这种事情的人的头脑之中去理解他。倘若亚伯拉罕代表了信仰，这种事情是

---

1 Genesis 22: 11. 利文森认为，这句话（在希伯来语中的这个词语是hinneni）意指的是"准备就绪的状态、注意力与回应力"（Levenson, 2012: 67, 79）。

2 Genesis 22: 12. 根据利文森的观点，"恐惧"['yere']在这里指的并不是惊恐的情绪，而是神圣盟约所要求的服务（Levenson, 2012: 80）。

3 Genesis 22: 16–18.

否真正与信仰有关呢？

沉默的约翰尼斯几乎算不上是第一个为捆绑以撒这个故事所吸引的作者。正如先前的注释所表明的，这个戏剧性的故事（以及《古兰经》第37章对之做出的不那么具有戏剧性的叙述）不仅在犹太教、基督教和伊斯兰教的传统中广泛发挥了重要的作用，而且还以多样的方式出现于流行文化之中。[1] 考虑到克尔凯郭尔归属于基督教传统的某个部分，概括这个故事的这些作用就已经超出了本书应该涉及的范围，但仍然值得注意的是《新约》的某几段关键文字。关于亚伯拉罕的一般论述，保罗的《罗马书》（特别是第4章）是关键。通过援引《创世纪》15: 6（"亚伯兰信耶和华，耶和华就以此为他的义"）可知，保罗将亚伯拉罕称为义人的根据是他忠实地信奉上帝，而不是他施行割礼。[2] 保罗在这些信件中并没有特别提到捆绑以撒，但在保罗的《希伯来书》与《雅各书》中，亚伯拉罕献祭以撒的意愿在让他成为信仰典范的过程中发挥了更为主要的作用。我们在这里看到了在"信仰"与"行动"之间的潜在张力：请比较那些专注于亚伯拉罕信仰的文字（如《加拉太书》3: 6-9）与那些专注于亚伯拉罕行动的文字（《约翰福音》8: 39）。但这或许是一种错误的两分法：在《雅各书》（这是克尔凯郭尔颇为

1　鲍勃·迪伦（Bob Dylan, 1941— ，美国著名摇滚乐歌手，词曲创作人。2016年，鲍勃·迪伦获得诺贝尔文学奖，成为第一位获得该奖项的作曲家。——译者注）的《重访61号高速公路》（*Highway 61 Revisited*）或许就是后面这种情况的一个最著名的例证。

2　Romans 4: 3, 9-13. 利文森还发现了Romans 8: 28-32对基督教传统的重要性（Levenson, 2012: 101-102）。

喜爱的圣经文本）中，亚伯拉罕愿意牺牲以撒的意愿被当作他称义的证据，这并不仅仅是由他的"信仰"来证明的，而且还是由他的"行动"来证明的：亚伯拉罕将以撒奉献于祭坛之上的意愿，表明了他的信仰与他的行动是共同发挥作用的。[1] 在《希伯来书》的第11章中，出自《希伯来圣经》的某些人物满足了在行动中证明信仰的要求。亚伯拉罕就位列于这些人物之中，捆绑以撒再次明确地成为证明亚伯拉罕信仰的证据之一："因着信，亚伯拉罕被考验的时候，就把以撒献上；这就是那欢喜领受应许的人，献上了自己的独生子……亚伯拉罕认定，上帝甚至能使他从死人中复活。"[2]

15

因此我们在这里得到了这样一种可能性：亚伯拉罕相信上帝能够使人们从死人中复活，由此将他的献祭与基督教所关注的基督复活关联起来。对于捆绑以撒的寓意解读或神秘解读（在这种解读中，亚伯拉罕牺牲以撒的意愿，被视为预示了圣父牺牲圣子的意愿）不仅在基督教传统中占据了重要的地位，而且在对《恐惧与颤栗》的一系列诠释中也占据了重要的地位——正如我们将在第6章与第7章中看到的那样。

应当引起我们注意的还有另一方面的背景。对于约翰尼斯探究信仰本质的研究进路来说，重要的是考虑被人们尊奉为信仰典范的个体。他的这种方法就在以下这种意义上，与黑格尔主义的方法形成了鲜明的对比（克尔凯郭尔的哲学观经常被人们拿来与黑格尔

1　James 2: 20-26. 利文森注意到，这种结合也可以在犹太教的传统中找到（Levenson, 2012: 171）。

2　Hebrews 11: 17, 19.

主义者进行对比）。黑格尔的宗教哲学的核心是这样一种观念：尽管宗教拥有深刻的见解，但它仍然需要为哲学所取代；哲学的一个关键使命是，让信仰的内容具有概念的形式。对于克尔凯郭尔来说，这种观点根本就是刚愎自用的。我们将在第4章中更为详细地看到，在克尔凯郭尔与黑格尔的这个分歧中，处于危险境地的是什么东西，但在我们开始论述时就有必要提到这个根本的差异。当约翰尼斯说"信仰恰恰开始于思想的终止之处"（FT 82）时，他在心中想到的正是这个分歧。

本书的规划

在接下来的内容中，我们将会逐节仔细考察《恐惧与颤栗》的文本。其中有八个这样的章节，正如某些评论者已经注意到的，前四个章节看起来拥有种类不同的开头。人们经常认为，在约翰尼斯论述三个疑问之前，我们所接触到的"序言""定调"和"赞颂亚伯拉罕的演说"是这个文本所展现的辩证法的核心。[1]但即便在疑问I开始之前，约翰尼斯仍给了我们又一个开场："发自内心的开场白"。接下来他才开始论述那三个疑问，在其后还紧跟着一个简要的尾声。我们需要抵制的一个诱惑是，在仓促地转向这些疑问时撇开各种开头，我们不应当不假思索地假定，这些疑问就相当于这个文本真正的"主要部分"。尽管传统的做法是，将绝大多数的注意力都给予疑问I的那个声名狼藉的问题（"是否存在一种对伦理目的论的悬置？"），但我们将看到，仓促地略过先前这些章节是一

16

---

1 关于不同翻译版本（以及丹麦语原文）对每个章节所使用的不同标题的具体细节，参见"《恐惧与颤栗》常用版本检索表"。

种严重的错误：这些章节介绍了约翰尼斯各方面的关切，倘若我们忽略了这些关切，就会让我们的诠释处于可能产生严重错误的险境之中。

第2章探究的是"序言""定调"和"赞颂亚伯拉罕的演说"，而第3章探究的是"发自内心的开场白"。在这个"开场白"中，约翰尼斯在"信仰"与"无限弃绝"之间做出了重要的区分。这两种生存方式是如何关联起来的？考虑到约翰尼斯的那些令人困惑的主张，对于亚伯拉罕愿意牺牲以撒那一刻所持有的真实信念，我们应当怎么理解？亚伯拉罕是否认为，他将不得不杀死以撒？在这一章中，我在试图回答这些问题的过程中，不仅提供了对于初始文献的细致解读，而且还讨论了新近的二手文献对这些问题做出的某些重要贡献。第4章处理的是疑问 I 与疑问 II："对伦理的目的论悬置"这个声名狼藉的问题以及"对上帝是否存在一种绝对义务"这个相关的问题。第5章论述的是与亚伯拉罕的"沉默"有关的疑问 III：亚伯拉罕隐瞒他目的的做法在伦理上能否得到辩护？它还简要地讨论了"尾声"。在以我们的这种方式阐述了整个文本之后，第6章则做出评估，在某种意义上勾勒了《恐惧与颤栗》的接受史，并追问这个神秘的文本真正要传达的信息是什么。这个信息是否就是人们经常假定的那个论断，即为了服从来自神明的命令，我们就应当始终悬置我们在伦理上的义务与承诺——甚至为此而准备杀戮？抑或是说，它传递的是某种更为精微的，乃至"隐匿的"或"秘密的"信息？我们处理这些问题的方式是评论某些关键的二手文献，并在这个过程中留意人们解读《恐惧与颤栗》的各种方法。最后在第7章中，我们考虑了在克尔凯郭尔与他的假名作者之间可能存在的至关重要的不同之处，以及我们在何种程度上拥有权利信赖沉默的约翰尼斯。我在这一章中提供了部分的辩护，以反对各种评论者的以下指控：约翰尼斯代表的是在伦理意义与宗教意义上的某种形式的困惑与逃避。

任何的评论或二手文本都不可能替代初始文本。在头脑中牢记这一点之后，我建议按照如下方式来使用本书：对于每个注释性的章节（第2—5章），我建议读者首先阅读《恐惧与颤栗》的相关章节，然后——也只有在这个时候——再阅读本书的相关章节。

接下来，让我们转向《恐惧与颤栗》的众多开篇中的第一个开头。

第二章

开场:"序言""定调"与"赞颂亚伯拉罕的演说"

序　言

　　《恐惧与颤栗》包括了一个序言、一个尾声以及两篇短文，其
中的每篇短文都仅有数页的篇幅，每篇短文都以与经济有关的形象
化比喻开头。这两篇短文所提出的对于这些形象的看法不仅是相
对清晰的，而且对于这本书的整个主题都是重要的。在"理念世
界"中，约翰尼斯抱怨说，"我们的时代正在推行着一种真正的清
仓大甩卖。一切事物都可以用特别便宜的价格来获得，以至于到最
后，人们开始想要知道，是否还有人愿意讨价还价"（FT 41）。在
这些廉价出售的物品中，以最低价格出售的就是信仰。由此，这个
开头就延伸到了一种明显在背后推动这本书的核心动力：让它的读
者意识到信仰的真实"价值"。接下来，约翰尼斯不仅将信仰关联
于那种在表面上对立于信仰的事物，即"怀疑"这个成为哲学时尚
的主题，而且还将之关联于笛卡尔，人们通常将笛卡尔描述成一
个对系统怀疑的拥护者。约翰尼斯注意到两件与笛卡尔有关的事
情。第一，笛卡尔"在信仰问题上从未有过怀疑"（FT 41）。尽管
笛卡尔提供了支持上帝存在的证明，但他在《第一哲学沉思录》的

其他地方似乎假定，上帝的存在是确定性的基础。例如，在约翰尼斯所援引的那部分文字中，笛卡尔坚持认为："上帝对我们的启示比其他任何事物都更为确定，我们应当将这一点作为绝对可靠的规则铭记于心。"[1]约翰尼斯在这里强调的恰恰是后一个方面——笛卡尔自己坚定不移的信仰或对上帝的信任。(至于笛卡尔的信仰是否满足《恐惧与颤栗》向我们呈现的那种信仰典范的标准，这是另一个问题。)第二，约翰尼斯注意到了笛卡尔的沉思所基本具备的第一人称属性。他从笛卡尔那里援引的第二段篇幅较长的文字意在表明，笛卡尔并不推荐这样一种普遍的方法，这种方法是"任何想要提高自己正确运用理性能力的人都应当遵循的"(转引自FT 42)，笛卡尔谈论的仅仅是他自己进行研究时所使用的方法。正如我们在第1章中就已经注意到的，用第一人称来处理伦理问题与宗教问题的重要性——也就是说，问题必须是一个人为了他自己提出的，问题必须与这个人自身有关——是澄清克尔凯郭尔的作者身份的关键所在。约翰尼斯·克利马克斯在《附言》中或许最清晰地表达了这一点，他通过运用其他的例证，强调了以下观点：你在追问死亡时，重要的是不要用抽象的方式——客观地将你自己关联于死亡，将死亡作为一种普遍发生在人类身上的事情，而是要用第一人称的方式——将你自己关联于你的死亡，将死亡作为一件将要发生在你身上的事情。[2]正如我们先前就已经有所暗示的，在《恐惧与颤栗》

1　约翰尼斯的这段引文出自笛卡尔的《哲学原理》(*Principles of Philosophy*)，参见 Descartes 1973: I, 252。

2　也可参见 TDIO 中的《在一座墓旁》。海德格尔后来在《存在与时间》(*Being and Time*, Heidegger 1962)里讨论"向死而在"的过程中，也论述到了这个主题。

中显明这种第一人称进路重要性的一种方式是强调亚伯拉罕的"忧惧"以及在信仰方面的激情。这就是约翰尼斯在这个序言中追踪的那方面关切，他以不赞同的态度看待自己的同时代人——"每个凭着良心标记着现代哲学重大进展的思辨记分员，每个讲师，每个灌输思想的教师，每个学生，每个位于哲学外围或哲学中心的人"（FT 41），并将他们与远为深刻的古希腊人进行对比。希腊人在这方面占据上风的地方是，他们承认，怀疑是"一生的任务，但怀疑并不是一种人们可以在几天或几周之内习得的技能"（FT 42）。然而，约翰尼斯抱怨说，他那个时代的专业学者——他随后将这些人描述为"可以用一个小时的时间来怀疑讲台上的每一个术语，却无法做其他任何事情"（FT 134）——让真正的怀疑变成了一种远比实际情况更为轻松的怀疑。它"如今已经成为了每个人继续前进的出发点"（FT 42）：需要记住的是，这里的"每个人"包括了刚刚起步的"灌输思想的教师"和学生。倘若我们注意到，笛卡尔式的怀疑如今多么频繁地在"哲学导论"的课程中成为教学内容的重要组成部分，我们或许会想要知道，自克尔凯郭尔的那个时代以来，这种情况是否发生过任何改变。不过还存在着一个我们应当注意的更为特殊的语境。

　　尽管按照通常的说法，克尔凯郭尔被直接描述为黑格尔的反对者，但乔恩·斯图尔特（Jon Stewart）已经证明，与之相反，克尔凯郭尔的主要目标实际上是同时代的某些在丹麦的黑格尔主义者，尤其是其中最突出的一个黑格尔主义者，汉斯·赖森·马滕森

22

（Hans Lassen Martensen）。[1]马滕森是克尔凯郭尔那个时代的一位在哥本哈根颇具影响力的神学思想家，他也是克尔凯郭尔的大学导师之一。他后来成为了西兰岛主教雅各布·彼得·明斯特（正如我们在第1章中就已经注意到的，他是克尔凯郭尔后期的另一个敌人）的继任者，克尔凯郭尔在他生命最后几年的时间里恶毒地攻击丹麦的国家教会，在他人生的最终阶段中，马滕森在明斯特葬礼上发表的悼词是他至关重要的一个攻击对象。斯图尔特认为，克尔凯郭尔之所以提到笛卡尔并嘲弄他的同时代人（"每个思辨记分员"）（FT 41），这都是为了讽刺马滕森与他的学生。就克尔凯郭尔的这个讽刺而言，它针对的是马滕森的那些通俗演讲，斯图尔特表示，在克尔凯郭尔看来，这些演讲仅仅报道了德国哲学的前沿主题，却没有添加任何新颖或原创的东西。[2]怀疑是这场争论中的核心主题，马滕森众所周知的主张是"怀疑一切，并超越怀疑论的立场"[3]。克尔凯郭尔在一篇被称为《约翰尼斯·克利马克斯》（*Johannes Climacus*）或《一切都将被怀疑》（*De omnibus dubitandum est*）的未发表文本中讽刺了马滕森的这个主张，并将普遍的怀疑论描述为一种荒谬而又不切实际的人生观。[4]就这个观点而言，那个当代的"思辨记分员"或演讲者，那个"不愿停止怀疑一切"，而必定会"继续向前"（FT 41）的人是马滕森。相较之下，笛卡尔无非仅仅是与马滕森有关的这个口号（"必须怀疑一切"）的先驱，因此，约翰尼斯

1　参见Stewart 2003。

2　Stewart 2003: 307.

3　Stewart 2003: 307.

4　Stewart 2003: 307. 也可参见这卷作品的第5章。

反对的是那种将"对哲学史上某个特定思想家所运用的某种方法的描述性解释"呈现为"规范性准则"的做法。[1]

在这个文本开篇引入怀疑的这部分内容中,最为重要的是,在这里有一个与信仰有关的结构性类比。正如古希腊人曾经承认的,真正的怀疑是一种真正的生存挑战,信仰也曾经被承认是"一生的任务"(FT 42),而不是"每个人如今出发的地方"。换句话说,约翰尼斯的同时代人认为他们自己拥有信仰,是基督徒,因为他们是国家教会的受洗成员。因此,他们为了突出自己,就需要比每个人都拥有的信仰"走得更远"。就被克尔凯郭尔关联于马腾森的观点而言,这需要将思辨哲学的方法应用于基督教的教义学。不过,约翰尼斯想要让我们看到的是,这种想法误解与低估了真正的信仰所拥有的那种挑战与困难。

因此,我们必须理解约翰尼斯通过断定他自己"不是哲学家,他并没有弄明白过[黑格尔式的]体系"(FT 42–43)而要表达的精神。这并不是那些不了解实际情况的读者或许会想到的那种在智识上的谦虚态度。正如那种显然将成为哲学家与理解体系混为一谈的说法所表明的,约翰尼斯在这里几乎将"哲学家"这个术语等同于"黑格尔主义者"(虽然他或许没有将之等同于黑格尔本人)。[2]约翰尼斯认为,诸如马滕森这样的黑格尔主义者,恰恰就是那些

23

---

1 Stewart 2003: 308.

2 对于克尔凯郭尔反对黑格尔的方式与克尔凯郭尔受益于黑格尔的途径,Stewart 2003提供了一个历史细节丰富的细致解释。

无法恰当地把握拥有信仰究竟意味着什么的人。[1]约翰尼斯对体系的怀疑论态度（或许实际上是嘲讽的态度？）是明显的，他不知道"体系是否真正存在，体系是否已经完成"（FT 43）。但在这里真正重要的是如下断言："即便一个人能够将整个信仰的内容都转译为概念的形式，也无法由此推断出这个人已经把握了信仰，已经把握了进入信仰的方式或信仰来临的方式。"（FT 43）

以概念的方式来理解信仰，不同于以生活经验来把握信仰（更不同于将信仰在生活经验中表现出来）。因此，约翰尼斯在序言的结尾处坚称，"这不是体系，这和体系彻底没有关系"（FT 43），我们可以相信他说的是真话。这本书接下来的内容并没有对那些与他处于相同时代的丹麦的黑格尔主义者所易于理解的"哲学"做出任何贡献。当然，这并不意味着它完全没有对哲学做出任何贡献：克尔凯郭尔的哲学模式与古希腊思想家，特别是苏格拉底有着更多的共同之处，他们都聚焦于人类的生存，而不是聚焦于那种具有更多"思辨"意味的哲学。不过，倘若《恐惧与颤栗》"和体系彻底没有关系"（FT 43），这是因为根据约翰尼斯的看法，二者都并不拥有信仰。

24

1　不过请注意，斯图尔特断定，马滕森自己提出了一个反对黑格尔的异议，而这个异议与约翰尼斯在这里提出的异议相同（2003: 309）。

定　调

我们先前就已经注意到的一个重要事实是，约翰尼斯探究信仰的进路并没有采纳纯粹概念考察的形式。毫无疑问，这在一定程度上是为了让他自己与"体系"拉开距离。但他选择的这条进路在"定调"［Stemning］的开头就以一种特别明显的方式呈现出来。[1]"从前有一个人"，约翰尼斯在开篇就这么写道（FT 44）。这并不完全是一件"很久以前的事情"，而是一件不久之前的事情。接下来呈现的是一系列相互关联的故事，每个故事都需要某种想象性认同。其中至关重要的是本书的中心故事，即关于亚伯拉罕（他在该文本的这个地方首次被提及）和以撒的故事。在这个用来定调的章节中，我们读到了五个其他的故事，所有这些故事都附属于那个最重要的故事。首先，我们从一开始就得知的故事是，有一个人对"亚

1　对于这个章节的标题，我更青睐于汉内的翻译"定调"（或沃什的翻译"偶然的发现"），而不是洪的翻译"开场"。正如爱德华·穆尼所说，"定调"意味着音乐的共鸣，这暗示着"为如下内容调整乐器与听觉的关系"（1991: 25）。

伯拉罕如何面对和经受他的考验"这个故事感到着迷与困惑。其次，我们读到了不少于四个这样的故事，它们都是根据亚伯拉罕的这个故事进一步改编而成的，这四个版本的故事所描绘的都是被我称为"附属于亚伯拉罕的"故事：也就是说，某些面对亚伯拉罕处境的人可能对此做出的合乎情理的反应。我们很快就会审视这四个附属于亚伯拉罕的故事。不过，从一开始就应当注意到的是，这四个故事都有一个共同点，那就是虽然这些人所做出的这些反应在心理上或许是可以理解的，但约翰尼斯坚持认为，其中的任何一个人都不像"那个"亚伯拉罕那样令人敬佩。我们很快就会看到为什么约翰尼斯会这么认为。

不过，在转向那四个故事之前，让我们先专注于第一个故事：这个故事与一个深深地为亚伯拉罕的故事所困扰的人有关。人们有很好的理由认为，这个人就是约翰尼斯本人。约翰尼斯在小时候就对这个"美丽的故事"留下了深刻的印象，而在他长大成人之后，他"带着更大的敬佩"来阅读这个故事（FT 44）。然而，尽管他对这个故事思考得越多，对这个故事的敬佩就越强烈，但他也越来越难以理解这个故事。此外，关于在《创世纪》中的整个亚伯拉罕的故事，有一点最让约翰尼斯感到困扰：在摩利亚山上发生的事件。他唯一的心愿与渴望是"见证这些事件"（FT 44）："当亚伯拉罕抬眼看着远方的摩利亚山，当亚伯拉罕将毛驴留在山下，独自带着以撒走上山，在那一刻，他想要自己也在场。"（FT 44）至少有两个理由可以让我们认为，这个人或许就是约翰尼斯自己。第一，正如约翰尼斯在描述自己时表示他本人"并不是哲学家"，这个人在描述自己时也表示他本人"并不是思想家"："他觉得自己没有必要走得比信仰更远。在他看来，像信仰之父那样被人们牢记，这必定是最为荣耀的事情。"（FT 44）第二，在整个有关亚伯拉罕的故事中，让这个人感到困扰的那方面内容，恰恰就是约翰尼斯的这本书所聚焦的主题。

四个"附属于亚伯拉罕的"故事

剩下的这四个故事所描绘的是，根据设想，亚伯拉罕有可能对他的这个精神考验所做出的各种反应。[1]每个故事描绘的都是被约翰尼斯认为不配拥有"信仰骑士"之名的亚伯拉罕，每个这样的亚伯拉罕都不是那个亚伯拉罕，因为他们都违背了责任或失去了信仰。[2]每个故事的结尾都运用了一个与断奶有关的隐喻，而诸多注释者对此采取的是一种相对沉默的态度。[3]

现在我们应当考虑的是，每个这样的故事是如何不同于那个对于被约翰尼斯赞扬的亚伯拉罕的描述的。约翰尼斯认为沉默和隐瞒的主题至关重要（尤其正如我们将在对疑问 III 的讨论中看到的），而在第一个故事中却恰好相反，亚伯拉罕并不"向以撒隐瞒

1　有学者将"定调"论述为类似阐释犹太教教义的布道书，参见 Howland 2015: 29，霍兰德注意到了这个章节的"随心所欲与富于想象力的性质"，它把讲故事的方法作为理解的一种手段。也可参见 Loungina 2009: 273。

2　参见 Rumble 2015: 254。

3　没有遵循这种规则的注释数量正在不断增加，参见 Mooney 1991: 30-31; Williams 1998; 而更为新近的相关文献包括 Conway 2015b; Mooney and Lloyd 2015 与 Rumble 2015。某些学者试图纯粹根据克尔凯郭尔的自传内容来论述这些段落的文字，将之视为克尔凯郭尔在解除了婚约之后与雷吉娜"断奶"的努力尝试。对此做出清晰阐释的一个例证，参见 Williams 1998: 310-311。

这段路将会把他带向何方"（FT 45）。亚伯拉罕明确向以撒表示，他想要把以撒作为牺牲品，虽然他也试图用"充满了慰藉与劝勉的令人鼓舞的"话语来宽慰以撒（FT 45）。毫不奇怪的是，以撒祈求他饶过自己的性命，这让亚伯拉罕回想起了他与撒拉在没有孩子的时候所感受到的"悲伤与孤独"。仍然不奇怪的是，以撒的"灵魂"并没有由于他即将到来的死亡而"受到鼓舞"！亚伯拉罕在与以撒说实话时，最初使用的策略大概是向以撒解释说，这种牺牲是上帝的命令（约翰尼斯随后将会证明，这种方式是不可能做出解释的），而这个策略显然失败了。因此，在亚伯拉罕的这种方法中发生了一次决定性的转变：

26　　　　当以撒再次看着亚伯拉罕的脸庞时，他所看到的情景就发生了变化，亚伯拉罕的目光是狂野的，他的形象是恐怖的。他抓住以撒的胸，把他扔到地上，并且说道："愚蠢的孩子，你难道相信我是你的父亲吗？我是一个偶像崇拜者。难道你相信这是上帝的命令吗？不，这是我自己的愿望。"于是以撒颤抖着，并痛苦地呼喊着："天上的主啊，请给我慈悲，亚伯拉罕的上帝啊，请给我慈悲；既然我在大地上没有父亲，那么你就是我的父亲！"但是亚伯拉罕低声自语道："天上的主啊，我感谢你；他以为我是一个怪物，但这还是好过他失去对你的信仰。"

（FT 45-46）

亚伯拉罕所说的最后这句话结束了第一个故事，我认为，这句话可以被视为这个附属于亚伯拉罕故事的主人公改变策略的真正动机。第一个附属于亚伯拉罕故事的主人公确实不仅真正热爱着上帝，而且真正爱着他的儿子，尽管他觉得有责任服从上帝的命令，但他也强烈地感到需要保护以撒的信仰。（这段关于以撒的对话暗示，亚伯拉罕的这个策略发挥了作用。）但请注意这个故事中其他某些没有明确陈述但清晰暗示的东西。为了让以上这个行动变得有意义，亚伯拉罕必定至少是在他改变策略的那一刻起相信，他确实不得不完成这次献祭。不同于约翰尼斯的那个"真正的"亚伯拉罕——正如我们将看到的，这个"真正的亚伯拉罕""凭借荒谬的力量"，他会以悖谬的方式相信，他将在此生中，而不仅仅是在来世中"重新得到以撒"——第一个故事中的那个亚伯拉罕似乎明确地顺从自己不得不杀死以撒的命运。因此对他来说，重要的问题是，他怎么做才可以尽可能少地去伤害以撒的"灵魂"。他给出的答案是，以一种能确保以撒在死亡时对上帝的信仰仍然完好无损的方式去行动——尽管这种方式完全摧毁了他对父亲的信任。但这进一步提出了一个问题。初看起来，这个解决方案似乎维护了亚伯拉罕（就他服从上帝的命令而言）与以撒（通过上文所勾勒的方式）这两个人的信仰。但实际情况并没有这么简单。可推定的是，临终时的以撒所信奉的上帝，是不需要这个祭品的上帝。（请大家回想，在这个故事的第一个部分里，亚伯拉罕虽然试图向以撒解释这种献祭的必要性，但亚伯拉罕的这种努力并没有取得任何成效。）这也对亚伯拉罕的信仰产生了影响，因为需要这类祭品的上帝，恰恰就是亚伯拉罕觉得有必要为此去保护以撒信仰的那种神明。因此，既然亚伯拉罕觉得有必要保护以撒，避免他面对这个可怕的真相，那 27

么还可以说亚伯拉罕真正地"忠实于"他的上帝吗？

这四个"附属于亚伯拉罕的"故事的结尾，都用了一段简要的文字来讲述一个正在让她的小孩断奶的母亲。[1]这些故事讲述的是父母与子女的关系，至少就此而言，它们都与亚伯拉罕的故事有着清晰的关联。在第一个故事中，让小孩断奶的母亲弄黑了自己的乳房，以使乳房不再对小孩具有吸引力。约翰尼斯对此的评论是："无须以更可怕的方式来为孩子断奶的人是多么幸运啊！"（FT 46）这个评论的关键大概是将这个母亲的策略与第一个附属于亚伯拉罕的故事的主人公所需要运用的那个令人绝望的策略进行比较。尽管这位母亲需要让她的乳房不再对她的小孩有吸引力，但她自己却显得像往常一样，"她看起来依旧是那么温柔亲切"（FT 46）。因此，"这个小孩就会相信，乳房变了，但母亲仍是同一个人"。这就与那个假想的以撒在他自己死前看到的最后一件事形成了鲜明的对比：他的父亲已经变得面目全非，变得如此可怕与可恶。[2]

还有另一个原因来支持我们认为，第一个附属于亚伯拉罕的故事的主人公不可能是那个亚伯拉罕。正如琳达·威廉姆斯（Linda Williams）指出的那样，我们可以理解这个主人公的"那个既不让以撒失去生命，又不让以撒失去信仰的疯狂行为。而这个行为的可理解性，恰恰是这段复述故事中的亚伯拉罕的缺陷"[3]。

---

1 霍兰德注意到，孩子成长的方式与断奶的方式，将会大幅度地增加孩子的生存概率，因此是值得赞美与庆贺的。

2 根据推测，在一则日记的手稿中，某些文字后来成为了第一个附属于亚伯拉罕的故事，在这则日记中，克尔凯郭尔谈道，亚伯拉罕抹黑了他自己，他需要"前往地狱，以便于了解魔鬼看上去像什么样"（KJN 2 JJ 87）。

3 Williams 1998: 313.

第二个故事——它明显更短、更缺乏戏剧性——所呈现的诸多事件与那个最重要的亚伯拉罕故事基本相同，但它的呈现方式是低调的。(这些事件也是完全从亚伯拉罕的视角来讲述的，它们仅仅是在相当有限的范围内，才从撒拉的视角来讲述：在第一个故事中，读者被鼓励进入以撒的视角；但不同于第一个故事，在第二个故事中，以撒基本上是一个客体，从未成为一个主体。)第二个故事讲述的所有事件包括：前往摩利亚山、捆绑以撒、拔刀、亚伯拉罕看到公羊并将公羊作为替代以撒的祭品献祭。但至关重要的是，在这个附属于亚伯拉罕的故事中的主人公是不快乐的："从那一天起，亚伯拉罕变老了。"(FT 46)一个过于缺乏想象力的读者或许会认为，亚伯拉罕在以撒出生时就已经100岁了，他早就是个老人。但在这里所使用的"老"这个词肯定是一个隐喻。那个"真正的"亚伯拉罕，不管他年龄有多大，由于他对上帝的热爱以及他和撒拉在以撒身上获得的快乐，他在精神上始终是"年轻的"。("年轻"在接下来的这个故事中也是以隐喻的方式来使用的，其中，撒拉被描述为"年轻的母亲"[FT 46]，而在随后的"赞颂亚伯拉罕的演说"中，亚伯拉罕与撒拉被描述为"年轻得足以"[FT 52]突破万难，成为父母。)而对于第二个附属于亚伯拉罕的故事的主人公来说，情况并非如此，他在精神考验中让自己的幻想破灭了："他无法忘记上帝向他提出了这个要求。以撒一如既往地苗壮成长；但是亚伯拉罕的目光变得模糊了，他再也看不见任何喜悦。"(FT 46)

在第二个故事结尾的断奶隐喻中，这位母亲隐藏起了她的胸脯，"因此这个孩子就不再有母亲"。但这个过渡阶段并没有造成任

28

何真正的损失："那没有以别的方式失去母亲的孩子真是幸运啊！"这个强调似乎在暗示，相较之下，在第二个故事中的孩子——以撒——已经失去了他的父母。何以会导致这样的结果？我们已经看到，亚伯拉罕变成了他先前的自我的一个影子。因此，"以撒一如既往地茁壮成长"这个论断或许仅仅是那个已经萎缩的亚伯拉罕眼中看到的情形。因此，这个亚伯拉罕已经失去的事物之一恰恰是，带着关怀与关切的态度真正形成理解与共鸣的能力，因而也就真正失去了他的儿子。以撒逐渐远离了这个亚伯拉罕的生平故事，因为幻想破灭后的自私自利态度已经接管了这个亚伯拉罕的人生。这个故事低调地讲述了这个传说，并完全忽略了以撒的视角（除了"以撒一如既往地茁壮成长"这个可能并不准确的论断），这似乎也与这种解读相一致。这个附属于亚伯拉罕的故事的主人公虽然始终服从上帝，但他并没有表现出真正的信仰所要求的喜乐与信任。

第三个故事虽然同样仅仅聚焦于亚伯拉罕的视角，但在某种意义上，它让第一个故事的感染力与戏剧性有所回归。尽管这个亚伯拉罕起初准备执行这次献祭（"他拔出了刀"［FT 47］），但他随后似乎进行了一次单独旅行，这次是他一个人前往摩利亚山，在摩利亚山上"他面孔朝地匍匐着，他祈求上帝原谅他的罪：他曾经想要牺牲以撒，他作为父亲忘却了对儿子的义务"（FT 47，我为了强调而改变了某些引文的字体）。[1]

1　这是一段独自的旅行，而穆尼没有领会到这一点，在他的注释中，亚伯拉罕"在最后一刻，在上帝面前背弃了他自己"（Mooney 1991: 27）。但约翰尼斯明确地说过，亚伯拉罕在一个"平静的夜晚独自骑驴出去"，而他与以撒一起出发的时间是"一个清晨"（FT 43-44）。

让这个附属于亚伯拉罕故事的主人公无法接受的是（"他得不到安宁"［FT 47］），他原本甚至想过去违背那个被他视为自己最神圣的义务。但令他感到困惑的是，"他无法领会，'他曾想要把他所拥有的最好的东西献祭给上帝'是一种罪"（FT 47）。换句话说，为什么这种准备将一个人最喜爱的东西献祭给上帝的行为会是一种罪呢？倘若信奉上帝的生活意味着准备做出牺牲，为什么根据这种在宗教动机支配下自我牺牲的生活，在逻辑上并不能推导出那种情愿舍弃一个人最珍爱财富的态度呢？（在这里谈论"财富"并不是一种夸张的说法：正如我们刚刚已经看到的，以撒是"他拥有的最好的东西"［我为了强调而改变了这个词的字体］。）另一方面，倘若这就是一种罪，那么如何才能原谅这种罪："因为又有什么罪会比这更可怕呢？"（FT 47）因此，这个附属于亚伯拉罕故事的主人公在情感上的部分骚动与不得安宁，似乎都是他的困惑内在固有的东西。

对于第三个令人困惑的故事，或许存在着不止一种理解方式，但根据在后文中成为《恐惧与颤栗》核心内容的诸多主题，我推荐的是如下这种理解。这个附属于亚伯拉罕故事的主人公至少在祈求上帝原谅的那一刻，明确地坚持他对自己儿子的义务至关重要。人们似乎拥有一切理由来认为，这是一种伦理的义务——此外，似乎没有理由认为，这种义务无法用"普遍的"术语来表述。也就是说，我们可以用所有人都可以理解的语言，将之陈述为一个可普遍应用的道德规则，亚伯拉罕由于自己准备违反这个道德规则而感到恐惧。比方说，"一个人不应当杀死无辜的人"，或更明确地说，"一个人不应当杀死自己无辜的后代"。所有这一切都是可以被理解的：这是可以为公众所理解的。（当我们着手解释那些疑问时，特别是当约翰尼斯试图在亚伯拉罕与"悲剧英雄"之间进行对比时，我们会清楚地明白这一点的重要性。）根据这种理解，这个附属于亚伯拉罕故事的主人公之罪，就相当于违背了这样一个可普遍应用的道德规则。被他视为"诱惑"并因而准备对之苦思冥想的是，他作为一个特定的个体，竟然会想到他与上帝的关系能够让他自己践踏这种伦理的义务。在他的懊悔中，这个附属于亚伯拉罕故事的主人公或许会赞同康德的如下观点：

> 亚伯拉罕应当这么回复这个据说是来自神明的声音："十分肯定的是，我不应该杀死我的好儿子。但我无法确定，也永远不可能确定，你这个幻影是不是上帝，即便这个声音是从（可见的）天堂那里传到我这里来的。"[1]

30 （后文将对这个观点进行更多的论述。）然而，这个附属于亚伯拉罕故事的主人公（在情感上与思想上）是困惑的：他也尽力想要去理解，为什么这种准备将他最珍爱的财富作为牺牲献祭的做法是一种罪，而不是一种致力于自我牺牲的生活的最高表现。我们可以对此做出什么样的理解呢？

与上文相对应的那段有关断奶的文字初看起来是晦涩的。约翰尼斯强调，这位母亲与这个孩子在断奶的过程中感受到了"悲

---

1 Kant 1996a: 283.

哀","她和孩子将渐渐分离，这个孩子先前依偎在她的心口，然后又休憩于她的乳旁，他将不再如此贴近自己……[然而]那个曾经与孩子如此亲近而无须感受更多悲哀的人真是幸运啊!"(FT 47)我认为，这段文字的重要性在于，它有效地在以下这两种事物之间做出了对比：一方面是这位母亲对她的孩子(至为重要的是，这个特殊的孩子)的爱与关怀；另一方面是伦理学方法所要求的抽象概括水平，它的目的是将伦理学完全转化为诸多导源于"普遍"伦理法则的"义务"。倘若我是正确的，那么这个想法就意味着断定，应当成为我们道德行为动机的只不过是这样的规则，即"一个人不应当杀死无辜的人"，否则就是不人道的。根据这个观点，第三个附属于亚伯拉罕故事的主人公的部分行径是不人道的，因为他准备忽视他对自己儿子的"人道"承诺，转而(没有人性地?)将自己的儿子视为财产，视为"他所拥有的最好的东西"的一部分。在这个故事中，困惑的主人公所忽视的恰恰是他对自己儿子的爱：父亲的这种相应的感受借助于在上述引文中的那个母亲的感受而得到了勾勒。这位母亲始终让她的孩子贴近自己——即便他们经历了断奶的分离，这也只不过是暂时的("这短暂的悲哀"[FT 47，我为了强调而改变了这个词的字体])——因此就与这个附属于亚伯拉罕的故事的主人公形成了对比，只要这个主人公还被限定于一种义务，他就看不到他对于自己的儿子，以撒这个人的爱的特殊性。正如我们将要看到的，一般的事物与特殊的事物之间的关系，是《恐惧与颤栗》的核心主题。[1]

　　第四个故事明显将叙事视角转换成了以撒的视角。在被献祭的那一刻，"以撒看见了亚伯拉罕忧惧地［*Fortvivlelse*］紧紧握住左手拳头，[2]一阵颤动贯穿了他的身体——但是亚伯拉罕拔出了刀"

<hr />

1　福塔克将这些"附属于亚伯拉罕"的故事解读为诸多失败，因为这些主人公的"情感态度是不恰当的或扭曲的"，参见 Furtak 2015（特别是第153-157页；前面的引文则出自第153页）。福塔克在对本书第一版的评论中断定，我在聚焦于第三个附属于亚伯拉罕的故事的主人公的困惑的论述中，"并没有考虑到这个主人公的情绪感受或热情性格"（Furtak 2015: 155n58）。考虑到我在引入第三个故事的过程中，我不仅已经提到了这种处境所产生的痛苦，而且还强调了亚伯拉罕没有能力"得到安宁"，我无法确定他为什么会这么认为。或许福塔克认为，这里的"困惑"指的仅仅是思想上的困惑，但这并不是我的意图所在。我不赞同福塔克的地方是，他认为只有第三个附属于亚伯拉罕的故事才"富有启发性地"让我们"管窥到"一个人的主体性（Furtak 2015: 156）。在我看来，所有这些附属于亚伯拉罕的故事都以不同的方式在做这件事，它们都以不同的方式展示了这种主体性，某些方式具有更多影视风格——因此就给读者留下了更多的东西去进行推断。在论述一个相关的要点时，克莱尔·卡莱尔（Clare Carlisle）注意到，与约翰尼斯的描述形成鲜明对照的是，《创世纪》原本关于亚伯拉罕的叙事缺乏"表现内心的迹象"，她将《创世纪》的这个叙事描述为"一种客观超然的叙事，就好像是由一个看不见的旁观者描述的，这个叙事没有提到这位主人公的想法、感受、姿态和身体语言"（Carlisle 2010: 48）。

2　*Fortvivlelse* 这个词被汉内译为"忧惧"，被洪与沃什译为"绝望"。在《致死的疾病》中，这个术语自始至终都被翻译为"绝望"，而《致死的疾病》是克尔凯郭尔论述绝望这个主题的主要文本。汉内（在私人通信中）表示，他如今更倾向于用"绝望"来翻译这个术语。但请注意，汉内在绝大多数使用"忧惧"这个词的时候都是用它来翻译 *Angest* 这个术语的，而 *Angest* 通常被译为"焦虑"。就后面这个术语的译法而言，我更青睐于汉内的译法，因为对我来说，"忧惧"听起来似乎拥有比"焦虑"更强有力的情感内涵。

（FT 47）。在这个版本中，当他们回到家时——迄今为止的解读都认为，公羊代替了以撒作为祭品——我们得知，"*以撒已经失去了他的信仰*"（FT 47，我为了强调而改变了某些引文的字体）。由此引入了沉默的概念，虽然在这里生活于沉默和隐瞒之中的是以撒，而不是亚伯拉罕："世界上的任何词语都难以形容此番感受，以撒不曾对任何人说过他所见到的东西，亚伯拉罕也丝毫未曾想到有人看到了自己的颤栗。"（FT 47-48）

那段有关断奶的完整文字如下："当小孩要断奶的时候，母亲手上就会拿着更加坚硬的食物，以使孩子不致夭折。那手上有着更加坚硬食物的人真是幸运啊！"（FT 48）我认为，这段文字的重要性在于暗示这个附属于亚伯拉罕故事的主人公缺乏这种"坚硬的食物"，缺乏这种精神食粮来喂养他的儿子。尽管这个主人公经历了这次献祭，但他是在绝望中完成这次献祭的：他在准备的过程中并没有任何喜悦或希望的感受（在献祭时就更不会有这些感受）。此外，以撒也突然意识到了这一点。换句话说，以撒的人生由于洞察到了他父亲的绝望而发生了深刻的改变；他父亲在那时处于失去希望的状态之中。[1]

尽管这些"附属于亚伯拉罕故事的主人公"之间存在着诸多

---

1 威廉姆斯想要知道，为什么以撒瞧见了亚伯拉罕的绝望，这就必然会让以撒失去他对上帝的信仰，而实际情况是，《恐惧与颤栗》并没有对这个问题给出一个明确的解答（参见Williams 1998: 315-316）。尽管如此，这第四个故事似乎是瓦内萨·朗布尔（Vanessa Rumble）提出的绝望在代际间具备的感染性本质的一个最清晰例证，朗布尔将绝望的这种本质与《焦虑的概念》联系起来：参见Rumble 2015: 255-256。

31

差异，但他们都有两个至关重要的共同特征。第一，他们之中的每个人都准备完成这次献祭。第二，约翰尼斯坚持认为，他们之中没有任何人像"那个"亚伯拉罕那样"伟大"。这两个事实具有决定性的重要地位。《恐惧与颤栗》经常被肤浅地解读为，它本身倡导的是这样的信息：当伦理的义务与上帝的意志发生抵触时，一个人始终应当服从上帝的意志。但倘若它只传达了这一点，那么就没有理由认为，在这些附属于亚伯拉罕故事的主人公中，没有一个人可以被称赞为"信仰之父"了。所有这些主人公都准备服从上帝并献祭以撒。约翰尼斯明显认为，他们都不如"那个"亚伯拉罕，这个事实表明，不管上帝所下达的命令在表面上有多么令人震惊，也只会服从上帝意志的做法，不可能是《恐惧与颤栗》所赞同的做法。（最起码，服从上帝意志的方式显然是一个关键的要素。）甚至在这本书的前半部分，就应当已经清晰地传达了这样的信息：仅仅愿意服从上帝的命令，这并不能确保约翰尼斯所意指的"信仰"。因此，对于约翰尼斯来说，他想要传达的信息并不是简单的服从。[1]

然而，实际情况甚至更加错综复杂。约翰尼斯试图在想象中将自己等同于亚伯拉罕——根据前述这四个附属于亚伯拉罕的故事，这似乎是可以实现的——但令约翰尼斯（假定他确实就是那个迷恋于亚伯拉罕故事的人）感到绝望的是，他并没有因此而在理解真实的亚伯拉罕上取得显著的进展。我们被告知，除了这四个故事之外，还可以添加其他附属于亚伯拉罕的故事（FT 48）。可是，任何在想象中实现的这种认同都让约翰尼斯所提到的这个人感到疲倦，他总

32

---

1 卡莱尔在这方面将约翰尼斯与路德进行了对比：参见 Carlisle 2010: 17–19。

是会在最后惊呼:"亚伯拉罕的伟大无与伦比;又有谁能够理解他呢?"(FT 48)一个旁观者理解亚伯拉罕的困难,如今就成为了这本书的一个重要主题。

赞颂亚伯拉罕的演说

在这个预备性的第三个章节中，重要的是要在心中牢记这个主题：这个旁观者虽然敬佩这个信仰的典范，但他承认自己无法理解这个典范。约翰尼斯谈到了诗人对英雄的敬佩，这似乎就是"赞颂亚伯拉罕的演说"在谈论的主题。通过运用某种诗人般不拘一格的手法，约翰尼斯做出了一系列初看起来古怪的论断。让我们从这个章节的开头出发，开始我们的评述。约翰尼斯的这篇演讲开头的那段文字让许多读者留下了深刻的印象，他们在其中辨认出了虚无主义的威胁：

倘若在一个人身上并没有永恒意识，倘若在一切事物的根基处存在的仅仅是一种狂野的骚动，一种辗转反侧地在阴暗的激情中生产出一切伟大的或无足轻重的事物的力量，倘若一种深不可测而又永不知足的空虚隐藏在一切事物的底部，那么，生活除了绝望之外还能是什么呢？倘若实际情况就是如此，倘若不存在任何神圣的纽带将人类联合起来，倘若一

代人在另一代人之后出现就像林中的树叶，倘若一代人取代
另一代人就像林中的鸟鸣声，倘若人类穿过这个世界就像船
只穿过大海，如同风暴穿过沙漠，只是一种没有思想、没有
成果的心血来潮，倘若一种永恒的遗忘总是在饥渴地伺机扑
向它的猎物，并且没有什么力量强大得足以将猎物从它的利
爪下抢夺回来——那么生活会是多么的空虚与缺乏慰藉啊！

（FT 49，这段译文略微有所调整）

根据约翰·D.卡普托（John D. Caputo）的记录，他在自己收
藏的这本书稿的相关页面空白处写下了"尼采！"的文字。[1]但卡普
托接下来又将之描述为一种"让自己重新回归现实的极度失望"[2]，
因为约翰尼斯简单地断言："但实际情况并非如此。"（FT 49）难道 33
这不是一种不合理的推论（*non sequitur*）吗？[3]

从表面上看同样古怪的是，约翰尼斯做出的这一系列论断是
以如下这个论断开始的：一个人之所以伟大，是由于"他所爱之物
的伟大"（FT 50）。这个论断与接下来的论断似乎都是为了巩固亚
伯拉罕的地位而被明确选定的。概言之，约翰尼斯的这个论断是：
与应当被铭记的人物的伟大相对应的是他们所爱之物的伟大，他
们的"期待"以及"[他们]斗争[*stred med*]对象的重要性"（FT

1　Caputo 1993: 16.

2　Caputo 1993: 15.

3　乔治·帕蒂森（Pattison 2002: 198）所提议的解读方式回避了这种担忧。

50）。[1]根据这些标准，亚伯拉罕"比所有人都伟大"（FT 50）。根据这个奇特的推理，热爱上帝这个在一切可能的存在者中最伟大的存在者，让亚伯拉罕自身也变得伟大。亚伯拉罕还赢得了希望，因为他的期待——以撒将会回到他身边——是"不可能的"（FT 50）。（这里已经追踪到了《恐惧与颤栗》的一个核心主题——我们将在第6章中看到希望［Forventning］的重要性。）加之亚伯拉罕与上帝"斗争"，可以认为，这再次让亚伯拉罕"比所有人都伟大"。这种伟大所采纳的形式是一系列在表面上存在的矛盾：亚伯拉罕的"伟大源于无力之力，来自那种包藏着愚拙的智慧，源于表现为疯狂的希望，来自那种痛恨自己的爱"（FT 50）。[2]

在这里进行的究竟是一种什么样的赞颂？倘若这是由一位诗人做出的"赞颂亚伯拉罕的演说"，那么我们根据这个议程，或许就不会指望其中具有高水准的严格论证。但这肯定不是诗人的演说。（请考虑一个实际例证。倘若我的伟大在一定程度上是源于我

1　在这里，相较于汉内将之译为"努力"的译法，我稍稍更倾向于沃什将之译为"斗争"的译法。

2　许多人已经看到，在《恐惧与颤栗》中明确包含了某些与基督教有关的信息，鉴于这个事实，请注意这段文字与《新约》产生的共鸣。在这里提到的智慧与愚拙，来自保罗的《哥林多前书》："你们中间若有人在这世界自以为有智慧，倒不如变作愚拙，好成为有智慧的。因这世界的智慧，［在神看来］是愚拙。"（《哥林多前书》3: 18-19）也可参见《哥林多后书》12: 9-10（论刚强与软弱）以及《约翰福音》12: 25（论爱与恨自己的世俗生命）。我们将在第6章中考虑这样一些对《恐惧与颤栗》的解释，人们会发现，这些解释明确包含了某些与基督教有关的信息。对于这段文字与《新约》形成的共鸣的更多论述，参见Westphal 2014: 87-89。

实现自身期待的难度，甚至要让实现这种期待的难度提高到"不可能"的程度，那么在其他条件相等同的情况下，我在没有购买彩票的条件下期待自己中奖，是不是就比我在实际出门买了一张彩票的条件下期待自己中奖要显得"更伟大"呢？）这段文字是否意在让人们怀疑约翰尼斯的可靠性？我们究竟应该用多认真的态度去担忧这种过度的诗化风格呢？我们将在第7章中回到这个问题，但让我们在这里先做一个预备性的提示，这个提示与我将在第6章中支持的那个解释有关。《恐惧与颤栗》的副标题是"辩证的抒情诗"，在文本的这个部分里，约翰尼斯的话语就显得更像是与这些主题有关的"抒情诗"，而不是"辩证法"。我们不应当将它们解读为糟糕的论证——特别是不应当像卡普托那样，将它们解读为不合理的推论，而是应当将它们解读为一种对信任的表达，而这种信任与我将在第6章勾勒的"极端的希望"有关。正是由于亚伯拉罕是这种信任与希望的典范角色，他才可以被视为"拯救忧惧者的领路星辰"[*en ledende Stjerne, der frelse den Ængstede*]（FT 54）。因此，在这里设定的这幅图景是一幅根本不同于虚无主义的替代性图景。[1]

约翰尼斯在继续他的这段颂词时做出了一系列的提醒，让人们注意这个故事更宽泛的内容，献祭以撒就是其中的一个组成部分（参见 FT 50-51）。这些提醒是想要表明，亚伯拉罕始终相信上帝的应许，即他将成为多国之父，尽管这件事变得越来越不可能

1　Carlisle（2015: 53-54）很好地提出了这一点。

实现。[1]这似乎取决于亚伯拉罕离弃了他的"世俗的理解"［*jordiske Forstand*］（FT 50）。对于约翰尼斯将什么视为信仰这个问题，这里有一个重要的线索：无论信仰是什么，它都是"世俗的理解"无法应对的东西。实际上，信仰与世俗的理解似乎呈现为彼此的对立面：亚伯拉罕"离弃了他那世俗的理解，抓住了他的信仰"（FT 50）。根据这一点，先前那组对比就可以被视为在让人们注意信仰的那些至关重要的特征：对于世俗的理解，信仰的力量、智慧与希望都显得是无力的、愚拙的与疯狂的。或许这就是先前那段话在表面上的推理容易显得可笑的原因。

亚伯拉罕有可能通过采纳一种视角来说服他自己相信，由于献祭以撒之后他与撒拉会变得更老，并更不可能拥有孩子，或许这个命令归根到底并不是出自上帝的意志，而亚伯拉罕倘若接受了这个观点，他就会背弃上帝的应许。约翰尼斯认为，可以相当合情合理地认为，某个能够做出这种牺牲的人应该获得极大的敬佩，这个人甚至能够"通过他自己的这个例证拯救许多人"（FT 52）。然而，根据约翰尼斯的观点，这个人不可能成为像亚伯拉罕这样的信仰典范。在这个地方，约翰尼斯引入了一个在"无限弃绝的骑士"与"信仰的骑士"之间的重要区别——虽然他还没有为这两者命名。我们将在下一章中更为详细地剖析这个在无限弃绝与信仰之间的重要区别，在那里将首次正式引入这个对比，引入的方式是对另一个故事（一个小伙子对他无法企及的公主的爱情故事）进行一场

1　关于应许在这个章节中的重要性，参见 Malesic 2013: 219-220 以及 Westphal 2014: 第2章，特别是第27页。

讨论。

　　约翰尼斯在这里试图表明的是,(对于"世俗的理解"来说)相较于信仰,那种被他在后文中称作"无限弃绝"的东西,要更为"合情合理"与可以理解。他表明这个观点的方式仍然是,试图在想象中将自己等同于亚伯拉罕。亚伯拉罕的这场考验所设定的背景是,他与撒拉长时间等待着以撒的降生,让他们感到喜悦的是,上帝实现了他的应许,给了他们一个儿子,随后让他们感到惊恐的是,上帝接下来又下达命令,让亚伯拉罕献祭以撒。通过运用适合于"诗人"的抒情措辞,约翰尼斯将亚伯拉罕的信仰与各种可能的反应进行了对比,这些反应对于我们的"世俗的理解"来说更容易理解与更加合情合理。("于是,这一切都失去了,比这一切都从未发生过还要可怕!所以上帝简直就是在戏弄亚伯拉罕!他通过奇迹让那些不合情理的事物成为现实,现在他却目睹了这些事物再次落空。"［FT 53］)

约翰尼斯在这时就介绍了亚伯拉罕的信仰中那个最重要的方面,即"为此生而信仰"(FT 53)。这是一个要点。约翰尼斯提出,"倘若他的信仰只是为了来生,那么他无疑就会很容易地抛弃一切,以便于赶紧离开这个他并不归属的世界"(FT 54)。换句话说,约翰尼斯认为,首先,亚伯拉罕有可能利用在来生与以撒"重逢"的想法,并以此作为支柱来对抗他被下达这个命令时所感受到的恐惧。其次,约翰尼斯还暗示,献祭以撒的过程也有可能让亚伯拉罕贬低此生与此世的价值——这个世界就变成了亚伯拉罕觉得"他并不归属的世界"(FT 54)。(我们可以将这种态度与尼采的思想进行对比,尼采将信仰与希望附属于"来世"——死后的生命;

右栏标注: 35

或实际上是一种对于任何种类的"超验世界"的信仰——因此人们就会贬低此生与此世。）约翰尼斯坚持认为，这种"信仰"根本就不是信仰。关键是要理解，亚伯拉罕的信仰在一种重要的意义上是此世内在固有的："亚伯拉罕恰恰是为此生而信仰的，他相信自己会在这片国土上变老，他相信自己会受到他的民众的尊敬，会在他的族类中受到祝福，会因为以撒而被永远铭记。"（FT 54）

同样可以进行论证的是，亚伯拉罕还有一种可以采纳的应对方式，即让他自己成为祭品来完成献祭，这种做法要比情愿牺牲他的儿子的做法更容易理解。（人们肯定可以想象，这有可能在一出悲剧中得到动人的描绘——正如我们将要看到的，"悲剧英雄"就像无限弃绝的骑士那样，是约翰尼斯不断将之与信仰的骑士进行对比的另一种人物。）约翰尼斯考虑了这种可能性，但他坚持认为，倘若亚伯拉罕这么做了，他就不会那么伟大。这个理由并非完全清晰。在这种假想的可能性中，约翰尼斯让亚伯拉罕祈求上帝"不要小看这个献祭"，虽然事实上"这并不是我所拥有的最好财富……因为一个老人又怎么能够和应许之子相比呢"（FT 54）。让约翰尼斯认为这种做法没有那么值得敬佩的一个可能成立的理由似乎是，这种做法相当于试图与上帝进行协商谈判（正如我们在第1章中就已经注意到的，在上帝想要毁灭索多玛与蛾摩拉的情况下，亚伯拉罕的这种做法就没有起到很好的作用）：上帝需要以撒，却得到了亚伯拉罕。换言之，亚伯拉罕并没有服从上帝的命令，而是提供了一个替代品。我们可以将这种做法拓展到有关商贸活动的比喻之上，《恐惧与颤栗》的开篇与结尾就运用了这样的比喻。网上公司或邮购公司有时会保留这样的权利：用一件"等值的或价值更高的"商品来替代一件已经售罄的商品。这实际上就是亚伯拉罕在这种应对方式中所采纳的做法——关键的差别在于，倘若可以相信他自己的坦白，那么这个用来替代的祭品价值更低！由于某些这样的理由，约翰尼斯坚持认为，这个附属于亚伯拉罕故事的主人公或许是可以被称赞的——恰恰就像那种自我牺牲的"悲剧英雄"是可以被称赞的一样——"但可以被称赞是一回事，而可以成为拯救忧惧者的领路星辰则是另一回事"（FT 54）。

我们被告知，亚伯拉罕可以成为后者。约翰尼斯赞叹亚伯拉罕的勇气，当上帝呼唤"亚伯拉罕，你在哪里？"时，亚伯拉罕坚定地回应："我在这里。"约翰尼斯以赞赏的态度将亚伯拉罕的这种回应与那些没有这种勇气的人所可能做出的回应进行了对比。[1]约翰尼斯在这里直接向读者提出这样的问题："你是否也会如此？当你远远地看见这些沉重的命运正在迫近时，难道你不会对群山说，'把我隐藏起来'，对丘陵说，'把我覆盖起来'？或者倘若你还有更多的体力，难道你不会拖着双腿走过那条路吗？"（FT 55）亚伯拉罕的坚定态度还表现在以下这个事实之中："他没有怀疑，他没有不安地左顾右盼，他没有用自己的祈祷来挑战上苍……他……知道，在上帝要求牺牲时，就没有什么牺牲是过于沉重的。"（FT 55）在人们恰当讲述的任何有关亚伯拉罕的故事中，都有必要承认这样的要素。约翰尼斯批评了一种声称"这只不过是一场考验"（FT 55）的说法，他认为这种说法贬低了这个故事的价值，由此就成为

1　在这里请回想第1章提到的利文森关于hinneni的看法，利文森认为，这个词意指的是"准备就绪的状态、注意力与回应力"。

了他在"发自内心的开场白"中批评那个教士的先声，对于那个教士，我在第3章中将有更多的论述。（在这里请回想，约翰尼斯从一开始就关注信仰的真实"价值"。）于是，位于中心的是亚伯拉罕的勇气与毫不怀疑的态度。这个"演说"在一段用来告别的文字中结束，尽管它声称这些文字是多余的（"当你从摩利亚山回家的时候，你不需要什么用来安慰你的颂词，以便弥补你的损失；因为事实上你赢得了一切，并且留住了以撒"[FT 56]），但它们至少也是恰当的，因为它们既没有冷漠地对待亚伯拉罕的伟大，也没有不重视亚伯拉罕的伟大。约翰尼斯要求亚伯拉罕"原谅那个想要以颂词来赞颂他的人，哪怕他的赞颂并不正确"（FT 56），这再次让人们想到了"发自内心的开场白"中的那个教士。这篇"演说"在结束时强调，重要的是要记住，亚伯拉罕"需要等待一百年才能在［他］年老时得到这个儿子，但出乎他的预料，［他］不得不拔出了刀，此后才保住了以撒"[FT 56]。或许最主要的是，它讽刺的是克尔凯郭尔的同时代人，他们关注的是"继续向前"，对于他们来说，信仰与宗教在一种重要的意义上处于"更低级的"阶段，因而需要用哲学来取代它们。约翰尼斯则对他们指出，"［亚伯拉罕］活到一百三十岁也没有走得比信仰更远"（FT 56）。

这就是《恐惧与颤栗》的前三个"开篇"。或许显得有些古怪的是，在这三个开篇之后，下一个章节听起来又像另一个开篇："发自内心的开场白［或初步倾诉］"。（这次它是三个"疑问"的开场白。）不过，正如我们将要看到的，这个章节包含了该文本的某些最为重要的素材。

第三章

无限弃绝与信仰："发自内心的开场白"

正如先前章节已经指出的，约翰尼斯在"赞颂亚伯拉罕的演
说"中追踪的主题，最终成为了《恐惧与颤栗》这本书的一个主要
主题：在"信仰"与"无限弃绝"之间的对比。正是在本章将要论
述的这个章节中，约翰尼斯首次提到了这两者，并且更为详细地
对它们进行了讨论——他仍然是通过讲述一个故事来进行讨论的，
这个故事说的是一个年轻的小伙子以及他对自己无法企及的公主
的爱。

但我们不应当在没有完成准备工作的情况下就去做这件事。
迄今为止，我们已经遇到了各种（错误）讲述亚伯拉罕故事的方
式，而这恰恰是约翰尼斯几乎在这个"开场白"的开头就进行回顾
的那个主题。（请回想他在"赞颂亚伯拉罕的演说"将要结束时所
做出的那个论断，即确实很难找到某个这样的人，他"既能够讲述
这个故事，又能给予这个故事应得的荣耀"［FT 55］。）但约翰尼
斯在这里强调的是错误讲述亚伯拉罕故事的另一种形式。约翰尼斯
抱怨说，"人们在讲述亚伯拉罕故事时所遗漏的是忧惧［*Angesten*］"[1]
（FT 58）。这预示了信仰的"激情"（参见 FT 71n）本质的重要性。
约翰尼斯此时关注的焦点是，聆听亚伯拉罕故事的人有多么容易
将这个故事变成老生常谈。在想要理解这个故事的人中间，有太
多这样的人并不准备在与这个故事发生关系时"去劳作并背上重
担"（FT 58）。此外，这些聆听这个故事的人的真实情况，也是讲
述这个故事的人的真实情况。约翰尼斯说了这样一个令人难忘的故
事：一个教士毫无保留地赞颂亚伯拉罕，但他并没有真正透彻地思

1　正如在第2章中提到的，这个术语的另一种译法是"焦虑"。

考他所说的话语。亚伯拉罕只不过成为了另一段布道的主题。而约翰尼斯想要知道的是，倘若在这个集会中的某个人认真地把这个教士对亚伯拉罕的评价放在心上，那么将会发生什么情况？于是可以假设，这个人回到家中并计划献祭他自己的儿子。当听到这个计划时，这个教士却会愤慨地回应道："可恶的人，社会的渣滓，是哪个魔鬼迷住了你，以至于你竟然想要谋杀你自己的儿子？"这个人无法预料到这样的回应："事实上，这正是你自己在周日所鼓吹的行动。"（FT 59）

约翰尼斯在这里的观点看起来具有现实的合理性。许多教士一方面确实将亚伯拉罕称赞为信仰的典范，称赞为一个"正直的"人，[1]但另一方面又会令他们感到震惊的是，为数不少的"狂热信徒"的领袖以"上帝告诉我这么做"为由来为他们的暴行进行辩护，或恐怖分子声称，他们是以上帝之名实施恐怖活动的。倘若我宣称，上帝告诉我献祭我自己的子孙后代，而我可以为这种行为给出的唯一理由是"这是一场考验"，当地的宗教领袖就相当有可能加入那些要求将我监禁的人们的行列之中。人们会说，我已经对其他人和我自己构成了威胁。因此，约翰尼斯试图彻底弄清楚，在亚伯拉罕的诸多行为中，究竟是什么东西让他成为了值得赞颂的信仰典范。他主张自己拥有"在整体上对一种想法进行思考的勇气"（FT 60）——而这恰恰是在上文中讨论的那个所谓的教士所缺乏的

1　在传统的基督教思想中，亚伯拉罕被评价为公义的伟大典范，这在很大程度上根据的是保罗在《罗马书》第4章中做出的相关评论。我将在第5章中回到这个问题。

东西。对于约翰尼斯来说，这个教士与他的同类在赞颂亚伯拉罕的时候回避了那些相当于暴行的东西，或许让他们无意识地"遗漏了忧惧"的是以下这个事实："忧惧对于柔弱者来说是一种危险的事物"（FT 58）。在这里回避这个问题的一种方式是，用语言的微妙变化来隐藏这个问题。通过将亚伯拉罕称为一个伟大的人（就好像"亚伯拉罕已经得到了伟人所享有的特权，因此他所做的一切都是伟大的"[FT 60][1]）或将亚伯拉罕的行为称为一场"献祭"，而不是一次谋杀（"对于亚伯拉罕所做的事情的伦理表达是：他想要谋杀以撒；而对此的宗教表达是：他想要献祭以撒"[FT 60]），就可以做到这一点。因此，正如约翰尼斯所看到的那样，这里的关键问题在于，恰恰是信仰才以某种方式造成了这种差异："倘若你简单地将信仰当作虚无缥缈的东西而将之清除掉，那么剩下的就只有这个残酷的事实：亚伯拉罕准备谋杀以撒。"（FT 60）

42

所有这一切让约翰尼斯想要知道他自己的规划的那个本质："那么，一个人能不能毫无保留地谈论亚伯拉罕，而又不会面临'步入迷途并做类似之事'的危险呢？"（FT 60）他对这个问题给出的结论是肯定的，但这仅仅是因为他假定，"伟大的事情，倘若仅仅是在其伟大之中被领会的话，是绝不会造成危害的"（FT 61）。约翰尼斯坚持认为，需要强调亚伯拉罕的"对上帝心怀敬畏[*gudfrygtig*]的虔诚"本质[FT 61]以及他对以撒之爱的强烈

1　我们或许认为，约翰尼斯自己在"赞颂亚伯拉罕的演说"中就已经危险地接近于这种做法：请回想约翰尼斯在那个章节的开篇对亚伯拉罕的"伟大"做出的三重解释。我们将在第7章中回到这个问题。

程度。这就有可能在亚伯拉罕与无情的杀人犯之间做出清晰的区分。但这种区分在多大程度上真正来自这位遭到约翰尼斯谴责的教士的布道呢？这个解答在此处的文本之中并不清晰，而是必须要从《恐惧与颤栗》在更宽泛范围内采用的策略中去探寻。任何恰当的相关演说——我们或许会认为，整个《恐惧与颤栗》就是这样一个演说——都必须厘清的是，亚伯拉罕以何种方式不同于伦理的英雄——"悲剧"英雄（这个主题将成为这个"开场白"后面一部分与疑问I所关切的一个主题），以及亚伯拉罕以何种方式不同于各种形式的"审美"英雄（这种英雄将在疑问III中得到勾勒），而那个教士在某种程度上就没有做到这一点。倘若约翰尼斯要对亚伯拉罕的"信仰骑士"的身份做出一种恰当的描绘，他就必须满足这些条件。究竟是什么才让亚伯拉罕成为了对立于伦理的英雄或审美的英雄的"信仰骑士"？当然，即便约翰尼斯能够回答这个问题，这也几乎不足以为亚伯拉罕的行为辩护——或许最终的结果将表明，信仰的那个本质恰恰无法为这样的行为辩护。但做出这种区分的尝试，是约翰尼斯贯穿全书的论述步骤的一个至关重要的组成部分。[1]

约翰尼斯谈论"理解"亚伯拉罕的困难，这或许给人们留下了这样的印象：这个困难是在理智上的困难。为了避免这种误解，约翰尼斯将对亚伯拉罕的理解与对黑格尔的理解进行了对比。在这

1　当然，这些或许并不是仅有的必要区分。正如先前已经提到的，《恐惧与颤栗》通常引发的一个生动问题是，亚伯拉罕如何不同于当代那些宣称自己拥有宗教动机的杀手或潜在杀手。我们将在第6章讨论那种根据"上帝的命令"来对《恐惧与颤栗》所做的解释时重新回到这个问题，我们在那里将特别提到亚伯拉罕的处境与当代杀手的处境之间的区别。

里的关键似乎是，理解黑格尔哲学[1]的困难确实主要是在理智上的困难，在概念理解上的困难，而理解亚伯拉罕的困难却并非如此。就亚伯拉罕的情况而言，这种困难更多的是一种与想象有关的困难。我并不想在这里暗示，"理智"与"想象"是彼此排斥的范畴。这里的要点仅仅是，这两种理解困难的区别在于，在"理解亚伯拉罕"的过程中，主要困难来自对一个特定的人的想象性认同，而在"理解黑格尔"的过程中，主要困难并非来源于此。约翰尼斯说，当他试图思考亚伯拉罕生命内容中的那个"巨大悖论"时，他"几乎被毁掉了"（FT 62）。接下来的两方面情况确证了我们的这个怀疑：约翰尼斯关于亚伯拉罕的问题，是一个与想象性认同有关的问题。第一，约翰尼斯认为自己能够理解"悲剧英雄"（我们马上就会看到，"悲剧英雄"对于约翰尼斯讨论的重要性）。他断定，"我自己能够通过思考将自己代入这个英雄之中，但无法通过这种方式代入亚伯拉罕"（FT 63）。换句话说，这个英雄的行动对于富有想象力的观察者来说是可以理解的。但亚伯拉罕并不属于这种情况。第二，约翰尼斯坚持认为，"哲学既不能也不该向我们给出对信仰的解释，它应当理解自身，它应当知道的仅仅是，它确实提供的东西究竟是什么"（FT 63），而约翰尼斯所坚称的这个论断背后隐含着想象与理智的对比。[2]哲学——约翰尼斯在心中尤其会想到的肯定是"黑格尔主义的"哲学——首先是一种理性的、概念的事业。

---

1 请回想第2章关于"黑格尔主义"这个术语的可能指称对象的告诫。

2 卡莱尔合理地认为，在这里的想法是，哲学应当承认它自己的局限性（Carlisle 2010: 79），并将之与苏格拉底承认自己无知的谦卑态度进行了比较。

对于黑格尔自己来说，哲学与宗教关注的是本质上相同的素材，只不过宗教诉诸信仰、权威与启示来得出它的结论，而哲学占据了一个"更高的"立场。哲学能够比形象化的表征与造型、宗教的象征语言"走得更远"，它能够以思维与概念的形式来处理这同一个主题。[1]正如我们会预料到的，约翰尼斯看到了他自己对于这种"走得更远"的可能性的怀疑论态度，他否定了这种可能性；约翰尼斯否认，哲学能够占据一个比宗教"更高的"立场。简单地说，对于黑格尔来说，让他认为哲学"高于"宗教的一个理由是，哲学能够反思宗教，而宗教却无法提供一种对于哲学的概念解释。但克尔凯郭尔反对他同时代的黑格尔主义者的部分理由恰恰是，当（黑格尔主义的）哲学旨在反思有关信仰和宗教的主题时，它误解与歪曲了后者——它经常以可笑的方式去误解和歪曲后者。[2]约翰尼斯对黑格尔主义者的一个挑战恰恰是向他们提出这样一个问题：黑格尔主义的哲学如何理解作为信仰典范的亚伯拉罕？它如何对亚伯拉罕做出解释？约翰尼斯坚称，任何可供我们使用的概念资源，都无法让我们"理解"那种作为亚伯拉罕所例示之悖论的"信仰"。我们在

44

1　黑格尔断言，思辨哲学所提供的东西与基督教具有相同的"本质"，但前者用一种不同于基督教教士的语言来说话——这种语言更"适合于现代世界的高级意识"（Dickey 1993: 309）。

2　黑格尔会认为，"通过将基督教的真理提升到哲学意识的层面，通过将基督教的价值用更可传授的方式来讲述，他经已让现代世界中的基督徒更容易理解（而不是更难以通达）基督教所倡导的这些真理与价值"（Dickey 1993: 315-316）。克尔凯郭尔对此会做出的回应是，在这么做的过程中，黑格尔主义者已经扭曲了基督教传递的那些超越认知的信息。对于这种回应的"具备喜剧特性"的那方面内容，参见 Lippitt 2000: 第2章。

第4章中将更为详细地回顾约翰尼斯与黑格尔主义的这场争论。就目前而言，我们只需注意，约翰尼斯所坚持的观点是，哲学不应当向我们给出对信仰的解释，因为它无法做到这一点。任何试图以"普遍"理性完全可以通达的方式与公众可用来表述的语言而对信仰做出的解释，给予我们的并不是关于信仰的描述，而是关于某种极其不同的东西的描述——第4章将对此做出更多论述。

在这里值得注意的是，约翰尼斯指出了一种生活的可能性——这种生活是由亚伯拉罕这个例证所展示的——这种生活只能经历，却无法思考。也就是说，哲学的概念资源或许不足以理解——无法让类似约翰尼斯这样的局外人"理解"——某种类型的人类生活。虽然这种生活无法为哲学所理解，但实际上这种生活仍然是可以经历的。于是，约翰尼斯的规划的一个重要组成部分就是，通过使用亚伯拉罕这个用于考察的例证，指出那种纯粹理性的、概念的进路在考察人类生活与行为的众多复杂方面时的局限性。虽然在这里的基本主题是"信仰"与亚伯拉罕这个用于考察的例证，但不难看出，这种一般性的观察可以令人满意地扩展到生活的其他许多方面。[1]

正如我们将在第4章中更为清楚地看到的，约翰尼斯最终拒绝

---

[1] 例如，请比较玛莎·努斯鲍姆的如下论断：某些小说已经在伦理中发挥了不可或缺的作用："某些关于人类生活的真理，只能在叙事艺术家特有的语言与形式中得到恰当而又准确的陈述。关于人类生活的某些特定要素，小说家的艺术措辞是诸多机敏而又高尚的造物，它们在日常语言或抽象理论话语的生硬措辞显得盲目的地方是有所感知的，在后者显得迟钝的地方是敏锐的，在后者显得乏味而又沉重的地方是高扬的。"（Nussbaum 1990: 5）

接受的那个假设是，信仰可以作为某种低劣的、我们不得不"超越"的东西而被抛弃，因为信仰无法用"普遍的"术语来进行论述。因此约翰尼斯在某种意义上类似于"黑格尔主义者"，而在另一种意义上又不同于"黑格尔主义者"。约翰尼斯与黑格尔主义者的相同之处是，他们都并不栖居于那种或许会被黑格尔主义者称为"纯粹信仰"的生活方式之中；约翰尼斯与黑格尔主义者的不同之处是，黑格尔主义者认为他们已经"超越"了信仰，而约翰尼斯承认，他自己所拥有的那种生活方式要"低于"信仰的生活方式。他坚称，"我没有信仰；我缺乏这样的勇气"。然而，他继续补充说，他并没有对信仰形成"充分的理解，因此不会去否认信仰是某种远远更高的东西"（FT 63）。

那么，约翰尼斯拥有的是什么生活方式呢？我们有很好的理由认为，这正是被他标识为"无限弃绝"的生活方式。我们现在将进入这个文本的一个非常重要的组成部分，约翰尼斯在其中进一步引入了两种并非信仰的关键生活方式。而与之相应的人物形象是"悲剧英雄"与"无限弃绝的骑士"。

·

悲剧英雄主义与无限弃绝：一段开场白

　　约翰尼斯继续贯彻他的那种想象性认同，其方法是考虑他自己在亚伯拉罕的处境中会做些什么。约翰尼斯告诉我们，他或许将在"悲剧英雄的能力［i Qualitet］中"（FT 64，约翰尼斯为了强调而改变了这些文字的字体，译文有所调整）做得最为成功。[1]悲剧英雄有勇气来到摩利亚山并愿意执行这次献祭——但悲剧英雄的态度极不同于亚伯拉罕的态度。悲剧英雄的态度是一种被描述为"无限运动"的"弃绝"态度。对于一个怀有这种态度的人来说，虽然他承认自己继续爱着上帝，但他"已经失去了一切"（FT 64）。因此，约翰尼斯坦然承认，他发现最艰难的恰恰就是对亚伯拉罕来说"最容易的事情……即重新因以撒而感到欣喜"（FT 65）。约翰尼斯坚持认为，这种弃绝的态度不足以替代信仰。于是我们在这里就遇到了这个至关重要的主题：信仰是一种感恩地将这个有限的世界

1　我在这里更倾向于沃什与洪将之译为"在……的能力中"的译法，而不是汉内将之译为"在……的幌子下"的译法，"幌子"也许会有所误导地暗示假象或伪装。

当作神明恩赐的礼物的能力，而这似乎就是约翰尼斯无法拥有信仰的一个关键原因。

这会让读者在自己的心里产生大量的问题。"悲剧英雄"与"无限弃绝的骑士"之间究竟有着什么样的关系——他们是彼此等同的吗？"弃绝"究竟是什么，在何种意义上它是"无限的"？当公羊的出现让以撒无须被献祭时，为什么无限弃绝的骑士无法由于重新得到以撒而"感到欣喜"？为了回答这些问题，我们就需要考虑《恐惧与颤栗》的那些最著名的主题之一："无限弃绝的骑士"与"信仰骑士"之间的区别。

这个对比的出发点是重新回到约翰尼斯如此敬佩的亚伯拉罕的那些行动之中。约翰尼斯告诉我们，他自己会在"弃绝"中陷入尴尬的状态。但亚伯拉罕的情况则颇为不同：

46　　　　在这一路上他怀着信仰，**虽然他相信上帝不会从他这里要走以撒**，但倘若这确实就是上帝的要求，他仍然愿意献祭以撒。他相信荒谬的力量［*Han troede i Kraft af det Absurde*］，因为人类的算计在这里是没有什么用的，而上帝最初对他做出这种要求，在接下来的那一瞬间又收回［或取消（*tilbagekalde*）］这个要求，这也实在荒谬。他上了山，甚至在刀光闪闪的那一刻，他还是相信——上帝不会要走以撒。他肯定对事情的结局感到惊讶，但他通过一种双重运动而回到了他自己的初始状态[1]，因此他比第一次更为欣喜地接受了

1　人们或许也可以像沃什那样说，"重新获得他的初始条件"。

以撒。

（FT 65，我为了强调而改变了某些引文的字体）

"亚伯拉罕相信上帝不会要走以撒。"约翰尼斯的推测是，"甚至在刀光闪闪的那一刻"亚伯拉罕还是相信这一点（FT 65）。"他由于荒谬的力量而怀有这样的信念，因为人类所有的算计早就已经停止了"（FT 65）。倘若我们还注意到约翰尼斯在后文中做出的论断，即亚伯拉罕"在那个决定性的瞬间必定知道他将要去做什么，因而也必定知道以撒将被献祭"（FT 143），那么我们就可以在最清晰的意义上弄明白，为什么"人类的所有算计……已经停止了"。将所有这一切都放到一起，从表面上进行判断，这相当于断言，亚伯拉罕既相信以撒将会死去，又不相信以撒将会死去。这个论断是正确的吗？倘若这是正确的，那么是否恰恰是这个显然矛盾的信念，让约翰尼斯无法理解亚伯拉罕？让约翰尼斯"惊骇"（FT 66）的是，这相当于一方面正在失去"理智与整个有限的世界，而理智就是这个世界的经纪人"（FT 65-66），另一方面则又期待"根据荒谬的力量"重新获得这些东西（"恰恰是这同一种有限性"）。毫不奇怪，约翰尼斯开始无法理解这种生存模式。因此，接下来的评论既强调了他对这个拥有信仰的人的敬佩，又强调了亚伯拉罕这个人的不可理解性："信仰的辩证法是在一切辩证法中最精致与最卓越的辩证法，对于它的崇高地位，我只能通过想象才能形成一个概念。"（FT 66）约翰尼斯坦然承认，他自己既无法理解信仰本身，也无法理解这个信仰的典范："亚伯拉罕是我所无法理解的；在某种意义上，除了惊讶，我无法从他那里学到任何东西。"

（FT 66）约翰尼斯说，他能够"描述"，但无法"实施""这种信仰的运动"（FT 67）。由此就强化了这样一种想法：约翰尼斯所持有的是局外人对信仰的看法。我们将在本章的后半部分重新回到这一点上。而在这里重要的是要表明，我认为，这归根结底并不是一个有关矛盾信念的问题。相反，亚伯拉罕能够欣喜地重新得到以撒，将之作为神明恩赐的礼物，这已经超越了约翰尼斯能够想象的范围。

47

无限弃绝与信仰

让我们尝试更为详细地梳理在无限弃绝（据说无限弃绝是［亚伯拉罕］没有看到的最后阶段［FT 66］）与信仰之间的区别究竟是什么。无限弃绝的骑士作为一个勾勒出来的例证，或许最充分地阐明了信仰不是什么。然而，虽然无限弃绝不能被等同于信仰，但它是"在信仰之前的最后一个阶段"（FT 75），根据约翰尼斯的说法，亚伯拉罕做出了一种"双重运动"，就此而言，"无限弃绝"似乎在某种程度上是这种运动的第一个组成部分。这种运动是如何运作的呢？

无限弃绝与信仰之间的第一个区别与一个在整体上具备重要性的主题有关，这个主题被克尔凯郭尔在别处称为信仰的"内在性"。这经常被关联于信仰的"隐蔽性"。约翰尼斯断言，"无限弃绝的骑士很容易被辨认出来，他们的步履勇武矫健"（FT 67）。无限弃绝的骑士拥有一种可以辨认的英雄品质，这种品质存在于这样的事实之中：他准备为了某种"更高事业"而放弃对有限存在的欣喜与激情，这种英雄品质不仅可以被确认为一种命令型的勇气，而且可以被判定为一种在伦理上值得敬佩的品质。但信仰骑士在某种程度上具有隐蔽性。信仰骑士可以拥有各种形式：他既可以是亚伯拉罕这样的（据说是）不可理解的例证，又可以是约翰尼斯如今所想象的那种更为"平凡"的信仰骑士。正如我们已经说过的，在一个将信仰视为所有人都已经拥有的东西，因而要求我们"继续前进"的时代里，约翰尼斯"多年以来徒劳地……试图"（FT 67）寻找一个真正的信仰骑士，因此随着时间的流逝，他不得不想象这样的人物。这种失败或许是由于根本不存在任何真正的信仰骑士——因此这个时代在关于信仰的问题上欺骗了自己——或者"其他任何人都是真正的信仰骑士"（FT 67），但由于信仰的"隐蔽性"，约翰尼斯无法将他们与"平庸的有产者"（FT 67）相区分。（根据这个文本的总体论调与某些明显具有怀疑态度的评论——例如，"我想要知道，我的同时代人是否真正能够做出这种信仰的运动"［FT 64］——可以清楚地看到，约翰尼斯怀疑前一种可能性适用于这个时代。）

约翰尼斯对他想象的这个平凡的信仰骑士所描绘的特征是什么呢？他有两个特征。第一个特征恰恰是他的"隐蔽性"，这与无限弃绝的骑士的那种导源于"公开性"的可辨识性形成了鲜明的对比。这个想象中的信仰骑士"看起来就像一个税务员"（FT 68）。约翰尼斯这么说的意思是，信仰骑士并没有"泄露"任何超脱尘世的英雄特征："在这个与无限性有关的骑士身上，人们察觉不到任何陌生的与高人一等的迹象"（FT 68）。[1]相反，他"完全属于有限性"："完全属于这个世界"（FT 68），而这就是信仰骑士的第二个关键特征。为了弄明白约翰尼斯这么说的意思，就有必要详细地援引以下这段令人难忘的描述：

> 这个人在一切事情中都获得喜悦，他参与一切事情，而且每当人们看到他参与某件事时，就会看到这种参与具有一种持久性——一个世俗的人，倘若他的灵魂集中于这样的事情，就会拥有这种持久性……他在星期天休假。他去教堂。没有天堂般的目光，也没有其他任何不可比拟的标志来泄露他的实际情况；倘若人们不认识他，就不可能将他从人群中区分出来；因为他唱赞美诗时所发出的浑厚有力的声音，最多仅仅证明了他有一个很好的胸腔。下午他去森林散步。他为自己见到的一切都感到欣喜，在密集的人群中，在新式的公共汽车里……他在傍晚临近时回家，他的步伐就像邮递员那样不知疲倦。在回家的路上他忽然想到，他的妻子肯定已经为他准备了一道热乎乎的佳肴，比如说一道夹带着蔬菜的烤羊头。倘若他遇到一个志趣相投的人，他就会陪着他一直走到奥斯特港（Østerport）那么远的地方，以便于和他谈谈这

---

1 悲剧英雄与无限弃绝的骑士之间的准确关系，已经让许多注释者感到困惑，但在描述后者时所使用的"英雄主义"的语言，连同如下这个事实：约翰尼斯正如我们所看到的那样，将他自己描述为"在悲剧英雄的能力中"［i Qualitet af Tragisk Helt］行动，但还是做出了"巨大的弃绝"［uhyre Resignation］，表明了这两种人物之间存在着重叠的部分，虽然这两者并不是等同的。

道佳肴，他热情得犹如一位**餐馆老板**。碰巧他身上连一分钱都没有，但他仍然坚定地相信，他的妻子已经为他准备好了这道美味的晚餐。倘若她确实准备好了晚餐，那么看他吃饭的样子，就会让上等人心生妒意，让普通人跃跃欲试，因为他的胃口比以扫还要好。相当奇怪的是，倘若他的妻子没有为他准备晚餐，他也照样开心。

（FT 69）

49　　在这个描述中的不同寻常之处在于，这个想象中的人物真正能够居住在这个有限的世界之中。他从这个世界所提供的各种乐趣中感受到了真正的喜悦：歌声、密集的人群、新式交通工具与美味的晚餐。没有任何理由认为，税务员——或就此而言的水管工或大学生——恰恰不可能与有限的事物形成同一一种关系。这个人物的外观并没有表现出任何非凡的或英雄性的东西。在上文引用的这段话所包含的其他文字中，约翰尼斯告诉我们，这个信仰的骑士既不是一个诗人，也不是一个天才——无论是诗人还是天才，或许都能让旁观者将他从街上的普通人中间区分出来。让信仰的骑士变得与众不同的一切事物——它们不仅让他成为了一个普通的税务员、水管工或学生，而且还让他成为了一位精神的"骑士"——都属于"内在性"，他真正是，而不仅仅在外表上显得是"一个漫不经心的无用之人，但他是无忧无虑的，他并不对这个世界感到担忧"（FT 69）。然而，作为信仰的骑士，他"根据荒谬的力量"来做每一件事：

　　　　这个人不仅已经做出了，而且还每时每刻都在做出无限的运动。他在无限弃绝中痛饮生存的深刻悲哀，他懂得无限性的赐福，他感到放弃一切的痛苦，无论在这个世界上最珍贵的是什么，有限性对他来说，恰恰就像对那些未曾认识到任何更高级事物的人那样有着同样美好的味道……他表现的全部尘世形式，都是他根据荒谬的力量而造就的一种新创造。他无限地弃绝一切，然后再用荒谬的力量重新取回这一切。他正在不断地做出这种无限的运动，不过他是带着这样一种精确性与镇定态度来这么做的，以至于他不断地从其中得出那有限性。

（FT 70）

这个人物所承认的是，一切——甚至包括生命的下一个瞬间以及其他的各种瞬间[1]——都是神明馈赠的礼物，[2]而正是在这个意义上，他从无限的弃绝走向了信仰。马克·蒂特延（Mark Tietjen）认为（他利用的是那段给予了《恐惧与颤栗》这本书标题的圣经文字[3]），在这里提到的"连续做出信仰运动"的说法，表示"信仰并不是一种静态的特征，信仰是让人们践行的某种东西，是让人们在其中变得成熟的某种东西"[4]，因为信仰在这里主要被理解为"内在

1　参见 Davenport 2012: 148–149。

2　关于作为神之恩典的生命的重要性，也可参见在 EUD 中的讲演"各种美好的、完备的恩赐都来自上天"，这篇讲演与另一篇名为"信仰的期待"的讲演（后者是在1843年5月发表的两篇"陶冶性讲演"之一，第6章将对它做出更多评述），都是在《恐惧与颤栗》出版前五个月发表的。

3　"……就当恐惧与颤栗，作成你们得救的工夫。"（Philippians 2: 12）

4　Tietjen 2013: 106.

性"（而不是被人们赞同的一组教义）。

50   但这一切对于旁观者来说都不是显而易见的。（我们可以回想到，约翰尼斯在这方面就不是一个旁观者：信仰骑士这个人物就是他通过想象创造而成的；在这个意义上，这确实让约翰尼斯在关于他的信仰骑士之内在性的深刻见解上享有特权。）于是在这里的主要观点是，根据信仰骑士外在与公开的表现或行动，没有任何途径来分辨出这位骑士的信仰"灵魂"之内发生了些什么。正如我们已经注意到的，还可以考虑以下这个论断：这位骑士"不断做出无限的运动"（FT 70）。它补充的是先前这个论断："必须不断地根据荒谬的力量来做出信仰的运动。"（FT 67）这暗示着信仰的"双重运动"不知何故是一种（同时发生地？）关于"无限弃绝"与"信仰"的运动。[1]前者相当于放弃有限的事物，后者相当于以下这个看似矛盾的信念："根据荒谬的力量"，一个人将会重新取回有限的事物——尽管正如我们马上将要看到的，这个人或许是以某种有所改观的形式取回它们的。我们将在本章的稍后部分回到这个主题——特别是以下这个问题：无限弃绝与信仰能否是一种同时的运动？如果是的话，这两者将以何种方式同时发生？

---

1 据说，这两种运动都是"持续"做出的，某些注释者认为，这就意味着，这两种运动必定是同时的。但克尔凯郭尔的文本对于这一点并没有表现出清晰的立场：例如，约翰尼斯在某一处说道："我做出了各种无限的运动，而与此同时 [medens]，信仰做出相反的事情，它在做出了各种无限的运动 [之后] 做出了各种有限的运动。"（FT 67，译文有所调整）"之后"这个意思仅仅含蓄地存在于汉内的翻译之中，但明确地存在于沃什的翻译之中——而且沃什有正当的理由来这么翻译，因为在原文中就存在 efter 这个丹麦语词语。

小伙子与他的公主

约翰尼斯在无限弃绝与信仰之间做出的最为生动的对比，出现于他讲述的一个关于小伙子爱上公主的故事之中（FT 70ff）。值得注意的是约翰尼斯这么做的理由。约翰尼斯所关切的是，留意特定事例的重要性，他还承认，在一般层面的描述所能取得的成效，不如"在特定的事例中"阐明无限弃绝与信仰"各自对于现实的关系"（FT 70）。正如在亚伯拉罕的例证中，约翰尼斯看到有必要留意一个特定故事的诸多细节。[1]一个小伙子坠入了爱河之中，但用传统的浪漫措辞来说，这种爱无法产生任何结果：它不可能"从理

---

1 然而，我们在这里仍然应当小心谨慎。在对《恐惧与颤栗》的某些解读中，注释者在阐释信仰时，他们对于小伙子与公主的故事的关注，几乎可以比得上他们对于亚伯拉罕的故事的关注。克尔凯郭尔在一份未发表的手稿文本中明确提出警告来反对这种做法，这份手稿是针对西奥菲勒斯·尼古劳斯（Theophilus Nicolaus，冰岛神学家马格努斯·埃里克松的笔名）所提供解读的批判。克尔凯郭尔在那里将小伙子与公主的故事描述为"一个小小的例证，它仅仅接近于用例证来阐明亚伯拉罕，而不是用来直接解释亚伯拉罕"（JP 6: 6598［p. 302］）。

想转化为现实"（FT 70-71）。

请记住约翰尼斯的那个基本问题，即这个小伙子所持有的属于信仰骑士的态度，会如何不同于这个小伙子所持有的仅仅属于无限弃绝的骑士的态度。不过，我们首先需要理解的是在无限弃绝的态度与被约翰尼斯描述为"贫困的奴隶、生命沼泽中的青蛙"（FT 71）的那些角色所表现的态度之间的区别。后者是一些"现实主义者"，正是在这个意义上，他们试图让这个小伙子相信，这种爱情无法产生任何结果。他们强烈建议，这个小伙子何不满足于接受某个适合他自己的生活地位的女人呢？[1]

这个小伙子认为，这种态度卑劣到了极点（"让他们在生命沼泽里不受打扰地呱呱发牢骚吧"［FT 71］），这种态度实际上依赖于这样一种评价模式：它根据让风险最小化的标准来思考一切事物的价值。约翰尼斯将无限弃绝的骑士与"那些资本家"进行比较，后者"将他们的资金投入各种证券之中，以便于能够失之东隅而收之桑榆"（FT 72）。约翰尼斯的观点回到了那些与经济有关的比喻（请回想在《恐惧与颤栗》这本书开头的那些与经济有关的比喻）之上，生命好像也在要求我们做出某些"投资"：值得我们关注与

51

1　我注意到，这种"现实主义者"仍然四处可见。我曾经在一份英国报纸用来指导恋爱关系的特色栏目中读到这样的建议：读者应当坦率地审视自己，并在数值1到10之间给他们自身的魅力打分。读者被告知，一段恋爱关系最有可能长期获得成功的条件是，两个伴侣彼此之间的魅力值差距在"两个点之内"。比方说，如果你的魅力值仅仅是"6分"，而你又想要与魅力值是"9分"的人约会，或许这会让你白白浪费自己的时间。于是现在你就能明白，"现实主义者"指的究竟是些什么样的人。

奉献的是什么？不值得我们关注与奉献的又是什么？根据那些"贫困的奴隶"的看法，一个卑微的小伙子与公主在一起的可能性微乎其微，这就让这个小伙子的爱情产生了"严重的风险"。但这个小伙子的态度明确表明，对他来说，爱情、关怀与承诺的问题不应当根据让风险最小化的观点来处理。相反，一旦他已经决定让这种爱"真正成为他生命的内容"（FT 71）——也就是说，它不仅仅是一种迷恋——我们就被告知，这个小伙子将"他整个生命的内容和现实的意义都集中于这一个希望之上"（FT 72）。

这个小伙子对公主的爱是无条件的，在很大程度上，他的自我感知是由这种爱决定的；它是一种授予身份认同的承诺。这种无条件的承诺是无限弃绝运动的不可或缺的先决条件。但这并不是一个童话故事：我们的这个小伙子与他的公主并没有"从此以后就幸福地生活在一起"。这个小伙子承认，他将无法"得到这个女孩"，而这就是让无限弃绝的运动牵扯进来的地方。尽管事实上这种爱已经成为了这个小伙子的自我感知的主要内容，但他在"弃绝"中放弃了这种爱。换句话说，他"弃绝"的是他在这个有限的世界中最珍贵的东西。在这么做的过程中，发生了一件重要的事情，根据约翰尼斯的描述，这个小伙子获得了一种"永恒的意识"（FT 72）：通过放弃某种有限的东西，这个小伙子获得了某种无限的东西。这种对于一个特定的有限存在者的特殊的爱已经发生了转变。对于我们的目的来说，如下这段文字是至关重要的：

> *他对公主的爱，在他身上已经表现为一种永恒的爱，它会获得一种宗教的性质，并会**被美化**为一种对永恒存在者的*

爱，尽管永恒存在者拒绝实现这种爱，但仍然在一种永恒意识中再次与他和解，这种永恒意识承认他的爱在永恒形式中的有效性，而这种有效性是任何现实都无法从他这里夺走的。

（FT 72）

换句话说，这种爱已经被"永恒化"：它通过转变与疏导而成为了一种对"永恒存在者"——上帝的爱。伴随着这种超越性运动的是某种安慰（"在无限弃绝中存在的是安宁、休息与对于痛苦的慰藉"[FT 74]）和这个小伙子对自身关系的改变。我猜想，这种"慰藉"是由于这个小伙子逐渐意识到，他通过"弃绝"而获得的生活，要比他在弃绝之前的生活"更加高级"，或"更加具有精神性"。（或许这个小伙子实际上做过这样的推论：一旦你已经放弃了对你来说最珍贵的有限事物，什么样的无限事物才能够为你提供慰藉呢？）爱德华·穆尼做出了如下的表述：这个小伙子的生活"关切不再聚焦于有限的个体。他的立场如今已经站在了那些不断发生变化的琐碎的世俗事物之外"[1]。除此之外，这也让他免于遭受伤害：他已经"对于他的爱在永恒形式中的有效性具备了一种永恒的意识，而这种有效性是任何现实都无法从他这里夺走的"（FT 72）。根据这个观点，在所有这一切中最重要的是，这个小伙子赞成无限的事物（或超验的事物）而让有限的事物（或内在的事物）贬值。我们被告知："他不再在有限的意义上去关注那位公主做了些什么，而这恰恰证明，他已经在无限的意义上做出了运动。"（FT 73）根

---

1 Mooney 1991: 49.

据穆尼的解读，约翰尼斯甚至在暗示，倘若这位公主回到这个小伙子的身边，他就会真正感到局促不安。[1] 对于穆尼来说，倘若无限弃绝的运动是按照"正确的"与"无限的"方式（FT 73）做出的，那么那位公主与王子结婚就和这个已经做出了弃绝的小伙子毫不相干。在这个我们将在下文中考察（并最终拒斥）的颇有影响力的解读中，穆尼认为，这个小伙子降低他所遭受伤害的代价是减少了他的关怀；[2] 因此根据这个观点，无限弃绝的骑士的表现是他减少了对有限事物的关怀。这并不是说，他的观点无法与那种鼓吹完全没有牵挂的观点相区分。从一开始就存在着某种"斯多葛式的"建议，它主张"自我在面对失望时让自身变得强硬"[3]，并劝告这个小伙子不要牵挂任何事物：如此一来，当任何事物从这个小伙子那里被夺走时，他都不会感到失望。正如我们已经看到的，这并不是无限弃绝的骑士的态度：他的牵挂在他的生存模式与自我关系中占据了核心的地位。然而，他准备"弃绝"（放弃）的是对他来说最重要的东西。让他不同于那些支持无所牵挂态度的人的地方是，在这么做的过程中，他的牵挂发生了变化——无限化、永恒化、超验化。但约翰尼斯似乎在暗示，这也蕴含了某种损失。

　　关于无限弃绝，还需要注意两个至关重要的因素。第一，它需要自给自足：根据无限弃绝的立场，"甚至在爱上另一个人时，你也必须做到自给自足……倘若一个人已经做到了无限弃绝，那

1　Mooney 1991: 52, 156n37.

2　Mooney 1991: 53.熟悉本书第一版的读者会注意到，这就是我随后改变了自己看法的要点之一：后文将对此进行更多论述。

3　Mooney 1991: 53.

么这个人就会自给自足"（FT 73）。构成这种自给自足的一个方面是，无限弃绝的运动是某种可以由自我实现的事情：

> 弃绝并不要求信仰，因为我从弃绝那里赢得的是我的永恒意识，而这是一种纯粹的哲学运动，我在必要的时候就会冒险去从事这种运动，我也能够训练自己去从事这种运动……通过弃绝，我放弃了一切，这是我亲自做出的运动，而倘若我没有这么做，这是由于我的怯懦和软弱。

> （FT 77）

换言之，弃绝是个体在没有外部协助的情况下就可以实现的，这是他自己意志的活动。[1]一个人若要断定自己没有能力来做出这种弃绝的运动，这无非就是在断定自己是怯懦的。第二，无限弃绝能够被理解：虽然它并不是一种卑微的成就，它需要"力量、精力与精神的自由"（FT 76），所有这一切都能被理解为某种人们凭借自身的状态就可以实现的东西。然而，正如我们已经看到的，信仰的下一步让约翰尼斯"目瞪口呆"，他的"头脑感到震惊"（FT 76）。总之，我们已经发现，无限弃绝需要对这个小伙子的爱进行某种超验化的转变，需要他的自给自足，而且需要对旁观者来说是可以理解的。我们现在已经可以看到，所有这些方面都与信仰形成了对比。

---

1 因此卡莱尔提出，弃绝与信仰之间的区别最终是一个与自主性有关的问题（Carlisle 2010: 92）。

54

在无限弃绝与信仰之间的一个至关重要的区别是，信仰骑士寓居于有限事物之中的能力始终没有被削弱。正如我们已经看到的，让约翰尼斯对亚伯拉罕感到吃惊的是，虽然亚伯拉罕面对的是上帝要求他献祭以撒的命令，但他在准备执行这次献祭的同时又信任上帝，因此"根据荒谬的力量"，他相信自己将"重新得到以撒"——而且（很快）就喜悦地重新得到了以撒。[1]这并不是在来生重新得到以撒，而是在此生重新得到以撒。约翰尼斯告诉我们，倘若约翰尼斯的这个小伙子是信仰的骑士，他也会像其他的骑士那样做出同样的事情，他会在无限的意义上放弃索取那个已经成为了他生命内容的爱；他会在痛苦中和解；但接下来令人赞叹的是，他还会做出另一个运动，一个比其他任何运动都更加奇妙的运动，因为他说："尽管如此，我仍然相信我将会得到她，而我的这种信念所依据的是荒谬的力量，所依据的是'对于上帝来说一切都是可能的'这个事实。"（FT 75）约翰尼斯将之评判为"奇妙的"［Vidunderligt］东西，并不是在"弃绝的痛苦"中的"安宁"或"休息"［Hvile］，而是"根据荒谬的力量获得的喜悦"（FT 79）。

约翰尼斯所说的"根据荒谬的力量获得的信仰"究竟意味着什么，这是一个声名狼藉的问题。约翰尼斯坚持认为，这并不仅仅意味着"那不怎么可能的""那未预料到的"或"那意想之外的"（FT 75），而是意味着"从人类的角度来说"彻头彻尾的不可能性（FT 75）。不过请注意约翰尼斯做出的限定：信仰的骑士没有义务去相信在逻辑上不可能的事物，而是有义务将他的信任交

1　参见Evans 2004: 71。

给上帝：上帝能够实现对人类来说不可能实现的事物。[1]"能够拯救他的仅仅是荒谬，而他借助于信仰把握到了这种荒谬。"（FT 75-76）就当前的目的而言，我想关注的仅仅是，信仰的骑士与有限事物的关系，在重要的意义上不同于"弃绝的"骑士与有限事物的关系。信仰的骑士的"伟大"在很大程度上在于他的这种生存方式之中：他"在放弃了凡俗之物之后，仍然能够坚守凡俗之物"（FT 52）。对这句话的意思的充分解释有赖于克尔凯郭尔的"重复"〔Gjentagelse〕观念，这个观念的核心内容是，放弃某种东西，但在某种得到了转变与理想化的意义上重新获得这种东西。[2]这就是信仰的骑士不同于无限弃绝的骑士的地方，而约翰尼斯坚称，恰恰是这一点，让作为信仰的骑士的亚伯拉罕如此"伟大"。请注意，信仰的骑士对上帝的依赖，信仰的骑士愿意将信任交给上帝，这与无限弃绝的骑士的自给自足形成了强烈的对比。还需要注意的是——尽管我们几乎不可能错过这一点，因为约翰尼斯不断重复地强调这一点——让这两种骑士形成对照的第三方面是，虽然无限弃绝是有可能被理解的，但信仰始终是一个不可思议的谜——至少对约翰尼斯与其他的局外人来说是这样的。

但还存在着另外一个值得探索的维度。近来有些注释者强调，相较于无限弃绝的骑士，信仰的骑士的一个主要特征是他的喜悦

---

1 克尔凯郭尔在他对埃里克松的回复中相当清楚地表明了"对于人类来说不可能的事物"与"对于上帝来说可能的事物"之间的区别（JP 6: 6598〔p. 303-304〕）。

2 对此有一个富于启发性的解释，它与克尔凯郭尔关于《约伯书》的论述有关，参见Mooney 1996：第3章。

（FT 65）；[1] 而这仍然是在有限事物中得到的喜悦。就此而言，一个特别令人满意的例证是约翰尼斯先前描绘的"平凡的"信仰骑士的形象：这个男人会幻想他的妻子给他准备了一道美味的晚餐，但当他到家发现晚餐比他想象的远为粗陋时，他仍然会感到喜悦。对我们进一步厘清"在有限事物中的喜悦"这个观念有帮助的是，考虑克尔凯郭尔的另一位假名作者，约翰尼斯·克利马克斯，他就是《附言》的作者，而他提出的一次著名讨论是，一个信仰虔诚的人能否正当地享受前往鹿园（哥本哈根的一个游乐园）的旅行。对我们来说，这场讨论的重要内容是，就像沉默的约翰尼斯一样，克利马克斯也谈到了"无限的运动"，他坚持认为，一个信仰虔诚的人必须发现一条途径，来让他"和上帝形成的关系"与人类生存的诸多有限目标和琐屑活动结合起来，如参观鹿园。（根据乔治·帕蒂森的观点，在这里重要的是，鹿园被认为是"喧嚣、愚蠢的粗俗事物的象征"[2]。）克利马克斯怀疑"修道院运动"，这种宗教的态度促使教徒为了追求接近上帝而从世俗世界中撤离。这种撤离既是不必要的，又是不可取的：克利马克斯坚称，即便人们做出了这种撤离，那也应该是带着"某种羞耻感"做出的（CUP 414）。（克利马克斯将一个只能通过撤离世俗世界来追求与上帝之关系的人与一个女人进行了对比，这个女人无法通过对她爱人的思念，来拥有足够的力量去从事她自己的工作，于是就需要前往他的工作地点并不断

---

1 例如，可参见 Kellenberger 1997；Evans 2004: 71；Miles 2011: 255-256。喜悦 [Glæde] 是克尔凯郭尔后期宗教作品的一个重要主题：尤其可参见克尔凯郭尔在 WA 中对于原野里的百合和天空下的飞鸟的论述。

2 参见 Pattison 1999: 99。

地与他待在一起。）因此，克利马克斯比约翰尼斯走得更远，他将那种无法让自己与上帝的关系进一步进入一种与有限事物的关系之中的无能描述为一种"疾病"（CUP 486）。然而，约翰尼斯的那个作为"无限弃绝的骑士"的小伙子就无法做到这一点。因此我们可以假定，克利马克斯会将他对那些前往修道院的人做出的判决，也适用于这种骑士。

56 　信仰的骑士的第二个关键特征是，他的喜悦不存在责备与追究责任，而这就是他的世界观的特色之一。亚伯拉罕从来不曾想要知道，他在面对献祭以撒的要求时应当责备哪一个人，"平凡的"信仰骑士在饥饿时也从未责备过他的妻子没有准备一场盛宴。实际上需要注意的是，在"定调"的前三个"附属于亚伯拉罕的故事的"主人公中，责备呈现为一种核心的要素。请回想：第一个附属于亚伯拉罕的故事的主人公假装自己是一个无情的怪物，他认为让以撒责备自己的父亲，要好过让以撒责备上帝。第二个附属于亚伯拉罕的故事的主人公"不再看到喜悦"（FT 46），甚至在公羊的出现让他无须去献祭以撒之后也仍然处于这种状态，他实际上由于这整个严酷的考验而在责备上帝。第三个附属于亚伯拉罕的故事的主人公"祈求上帝原谅他的罪过，因为他愿意牺牲以撒，但作为父亲他忘记了他对自己儿子的责任"（FT 47）。换句话说，他认为伦理的责任就是最高的责任，就此而言，他愿意牺牲以撒，就相当于他随时都愿意违背这种最高的责任，他则根据他自己的罪过与内疚而认为自己应当遭受责备。然而，对于真正配得上"信仰的骑士"这个头衔的亚伯拉罕来说，责备已经离开了这个场景，并被喜悦取而代之。

我们目前所处的立场就能让我们看明白，为什么约翰尼斯认为，信仰要求"悖谬的与谦卑的勇气"（FT 77）。这种谦卑存在于这样的事实之中：尽管弃绝的运动可以由我自己的意志之力来实施，但信仰所提供的"取回"是某种我无法自己来让它发生的事情。要以"馈赠礼物"的视角来审视某个人或某件事物（以撒或生命本身），这就需要彻底改变我对于这个人、这件事物以及我自己的见解。[1]信仰的勇气非常不同于那种标准的英雄所具备的勇气。

于是我们最终来到了我们先前就已经抵达的地方：约翰尼斯崇敬信仰，但他承认自己无法理解信仰。他的崇敬再次抵消了"这个时代"想要低估信仰的愿望，"这个时代"既无法承认信仰是一种令人敬畏的神秘事物，又无法承认信仰"对于所有人来说都是最伟大与最艰难的事情"（FT 80）。亚伯拉罕作为信仰的骑士的重要性不应当被贬低。在这里并没有做出妥协的余地："或者让我们忘掉关于亚伯拉罕的一切，或者让我们学会如何对作为他生活重要意义的那个荒谬的悖论表示惊骇吧！这样我们才能明白，倘若我们的时代拥有信仰，我们的时代就会像其他时代一样令人感到欣喜。"（FT 81）此处存在的是第一人称的主题，而这种主题占据了克尔凯郭尔著作的核心位置。与此相一致的是，约翰尼斯强调，他提出的绝大部分要点在于让人们考虑亚伯拉罕的故事，"以便于判断自己是否拥有意向和勇气去到这样的事情中接受考验"（FT 81）。在这里的一个最为清晰的陈述是，为了让自己与作为一个典范的亚伯拉罕发生关联，就需要和要求人们进行自我审验。约翰尼斯向他的读

---

1 对于这一点的更多论述，参见Lippitt 2015a，2015b以及他即将出版的作品。

者提出了如下问题：你们是否有能力做到亚伯拉罕能够做到的事情？这就是约翰尼斯向他自己提出的问题，而这也是约翰尼斯期待他的读者同样去向自己提出的问题。然而，或许仍然具备重要地位的一个问题是：在什么意义上，我们应该把亚伯拉罕作为一个典范？我们将在第6章中重新回到这个问题。

信仰与无限弃绝的关系是什么？

在上述解释中仍然不清楚的是，当约翰尼斯主张信仰是一种"双重运动"时，他的意思究竟是什么？难道信仰的骑士做出了两种不同的运动——第一种运动是无限弃绝的运动，相当于由无限弃绝的骑士所做出的运动，第二种运动则是"信仰的"运动？人们肯定经常会以这种方式来解读约翰尼斯的相关论断，而在《恐惧与颤栗》这个文本中也有许多段落的文字可以支持这种解读。约翰尼斯坚持认为，"任何没有做出这种运动〔无限弃绝〕的人，都不会拥有信仰"（FT 75），而信仰的骑士除了做出无限弃绝的运动之外，还"更多地"做出了"一个运动"（FT 75）。但要挑战这种解读，需要解释的是，如何能够避免如下这些问题。倘若弃绝的那个本质恰恰是放弃有限的事物与特殊的事物，而信仰的那个本质恰恰是欣然接受有限的事物与特殊的事物，那么根据这种理解，信仰的"双重运动"又是如何成为可能的呢？亚伯拉罕如何能够真正放弃以撒，接下来又做出"一个更多的运动"，而这个运动恰恰界定了亚伯拉罕相信自己将"重新得到以撒"的信念的特征？难道这后一个信念最终不就相当于这样的见解：亚伯拉罕实际上并非不得不放弃以撒？因此，信仰的运动看起来就相当于弃绝运动的那种放弃。我们能怎么理解这一点呢？正如我们已经看到的，正是根据这种表面的矛盾，约翰尼斯表达了他自己的不理解：他感到"惊骇"与"惊讶"（FT 66）；他"几乎被毁掉了"（FT 62）。难道我们必须在这里满足于目瞪口呆吗？难道我们必须满足于像约翰尼斯那样，根据"荒谬的事物"来谈论信仰吗？

在这里存在着诸种可能性。第一，信仰就其本质而言，恰恰是完全不可理解的，基于这个缘故，约翰尼斯的回应就是正确的回应。第二，克尔凯郭尔对于信仰的见解或许具有内在的混乱。第三，约翰尼斯对于信仰的见解或许有其局限性。支持这第三种可能性的最有可能成立的理由是，正如约翰尼斯已经承认的，他自己的立场位于信仰的"外部"。在他眼中的信仰，就有可能显著地不同于某些在信仰"内部"的人所看到的信仰。第四，我们或许有必要在寓意的层面上来解读亚伯拉罕的故事，而这种解读就超越了约翰尼斯明确说出的见解范围。在下文中，我将要论证的是一个将第三种可能性与第四种可能性组合在一起的解读——不过不同于我在撰写本书第一版时最初所设想的，我如今认为，我们可以比约翰尼斯走得更远。[1]

在所有这些可能性中，第一种可能性肯定应当被拒斥。倘若亚伯拉罕完全超越了可理解的范围，倘若据此可以推断出，信仰完全超越了可理解的范围，那么人们还可以对信仰说些什么呢？根据

1　对此的完整描绘，也可参见第6章与第7章。

这种观点，那又是什么东西可以将信仰与其他各种不可理解的行为区分开来呢？倘若信仰无法与这些行为相区分，那么为什么人们还应当去崇敬信仰或信仰的典范呢？然而，约翰尼斯明显拥有这种崇敬之情——这反过来又让约翰尼斯（至少是作为亚伯拉罕之崇敬者的约翰尼斯）感到相当困惑。这会严重地妨碍我们，让我们无法去理解克尔凯郭尔的文本——或理解克尔凯郭尔撰写《恐惧与颤栗》这本书的理由。因此在其他条件都相同的情况下，倘若我们可以提出充分理由来支持其他某种可能性，那么我们宁愿最先做出的选择是，拒斥第一种可能性。

第二种可能性的问题在于，考虑到假名作者的问题，我们无法仅仅根据《恐惧与颤栗》来得出任何结论。对于克尔凯郭尔有关信仰之见解的总体描述，已经超出了我撰写的这本书的范围（尽管事实上我并不认为这个结论是有正当理由的）。但这种可能性并不具有相当大的重要性，因为最佳的答案存在于一种结合了第三种可能性与第四种可能性的解读之中。

接下来我将论证的是，按照字面意思来理解"信仰的运动是不可理解的"这个观念，存在着一个问题。为了公平地对待约翰尼斯，我们应当意识到，约翰尼斯明确做出的论断是，他并不理解亚伯拉罕——但根据这一点，我们很容易就不知不觉地陷入这样的观点：（亚伯拉罕的）信仰恰恰是不可理解的。倘若我们认为，约翰尼斯所说的是，亚伯拉罕既相信又不相信他自己不得不杀死以撒，那么我们确实很容易就得出这样的结论。但这或许根本就不是约翰尼斯所持有的观点。（我要在这里顺便指出，重要的是要留意一个论断，即我们指望约翰尼斯能够告诉我们的有关信仰的看法存在着诸多局限性，但这不会致使约翰尼斯所说的一切都变得毫无价值：远非如此。我对一个主题的理解有限，但这并不表示，我对于这个主题不得不说的一切话语都是不正确的或令人困惑的。当我们考虑自己能够从约翰尼斯那里学到什么的时候，重要的是要在自己的心里牢记这一点——这也适用于那种将信仰作为"末世的信任"与"极端的希望"的见解，我将在本章中追踪这种见解，并将在第6章中更为详细地讨论这种见解。)

为了处理这个重要的问题，让我们转向某些二手文献。(需要告知读者的是，对于这些二手文献的讨论，占据了本章的剩余内容。)作为出发点，我想要考虑的是穆尼对信仰的理解，以及罗纳德·L. 霍尔（Ronald L. Hall）对穆尼的理解提出的一些批评，此后我们将转向约翰·J.达文波特对霍尔观点的批判（以及我自己先前支持的观点）。

爱德华·穆尼与"无私的关怀"

穆尼处理在上文中概述的那种明显的矛盾的方式是主张一种寓意式的解读，而我将要论证的是，这种处理方式过于无力。穆尼断言，信仰需要根据"无私的关怀"与放弃所有权的主张来进行理解。为了阐明这一点，穆尼要求我们设想一个为我们所喜爱的古董怀表，它突然被偷走了。我们可能做出的反应是难过与愤怒。我们不仅会由于这个损失而感到难过，而且会由于它被偷窃（并非丢失）而感到愤怒。这种愤怒密切关联于这样一个事实：某个人侵犯了我们的所有权。正如穆尼所说："关怀与所有权有关。它与占有欲和遭受伤害的可能性密切相关，倘若与占有相关的权利受到侵犯的话。"[1]

　　穆尼认为,遭受伤害的可能性可以通过放弃所有权而被清除。
倘若我们确实放弃了这种占有,我们或许仍然会由于这种损失而感
到难过,但我们就可以"避免遭受这种由于知道自己的权利被侵犯
而感受到的额外痛苦"[2]。因此,"许多让自己在面对失望和改变时变
得坚强的斯多葛式的做法,都可以被理解为一种将所有权主张的领
域变得更狭窄的尝试"[3]。倘若我已经放弃了某种事物,那么我就不
可能由于它被带走而遭受伤害。穆尼将这种思维方式与无限弃绝的
骑士的一种说法关联起来,即他声称已经"放弃了他自己对"那位
公主"的权利主张":他"在无限的意义上放弃了他对那个已经成
为他生命内容的爱的权利主张"(FT 75)。

　　这似乎略微带有一些误导性。这种提出应当无所牵挂的"斯
多葛式的"建议说,"不要过于牵挂任何事物:如此一来,倘若你
牵挂的事物从你身边被取走,你就不会感到失望",但这种建议并
不是无限弃绝的骑士会提出的建议。正如我们已经看到的,这种骑
士的牵挂具有生死攸关的重要性:这种身份给予了他一种承诺。这
个小伙子对公主的爱是"他生命的内容":这明确地将这个小伙子
的态度与斯多葛式的没有牵挂的态度区分开来。因此,穆尼将无限
弃绝描述为这种形式的斯多葛主义的做法是误入歧途的。然而,不
管他对公主的爱在他自己的生命中占据着多么重要的位置,这个小

1　Mooney 1991: 53.

2　Mooney 1991: 53.

3　Mooney 1991: 53.

伙子作为无限弃绝的骑士，仍准备"弃绝"或"放弃"对他自己来说最为重要的事物。此外，根据穆尼的观点，这个小伙子做出弃绝的方式也让他付出了代价，正如我们已经看到的，他在减少自己所受伤害的同时付出的代价是：减少了关爱。

穆尼现在的目标是，将这种爱或关爱与那种和所有权的主张根本没有任何密切关系的爱进行对比：

> 我或许会乐于看到并热情地期待一只麻雀出现在我的喂食器之上。然而，我不会对这个让我感到欣喜的对象主张自己拥有任何权利。这只麻雀的生与死，都是某种我无法做出任何权利主张的事情。当然，当有人出于恶意要伤害这只麻雀时，我会感到愤慨。但在发生这件事的过程中，这只麻雀自己就会寻找逃离的道路。与此同时，我会让自己适应它的到来与离去。[1]

穆尼将这种关切——它"放弃所有权的主张"[2]，并且与主张权利的论断没有任何关系——称为"无私的关怀"[3]。据说，这种关怀可以按照如下方式来阐明信仰与无限弃绝之间的区别：

61   我们如今就能看到，信仰的骑士如何既能放弃有限的事

---

1   Mooney 1991: 53.

2   Mooney 1991: 53.

3   Mooney 1991: 53.

物，又能享受有限的事物。他通过自身的本性就可以看到或知道，放弃对有限事物的所有**权利主张**，这并不会让自己放弃对有限事物的所有**关怀**。这种骑士……以无私的关怀关爱着这个世俗世界，因为她已经放弃了所有的所有权主张，所有具备既得利益或自私自利色彩的期望。相较之下，无限弃绝的骑士无法区分这些不同种类的关切，并将它们完全混为一谈。这个小伙子在放弃他的主张时，也令人遗憾地减少了他对那位公主的关爱。对**他**来说，一个人在放弃了所有的权利主张之后，似乎就不可能在**世俗的**意义上仍然把爱保留下来。对于这个小伙子与约翰尼斯来说，只有通过"荒谬的力量"，通过一种"不可能的"能力，一个人才能既放弃自己的爱，又保留自己的爱。[1]

因此，根据这种观点，信仰的骑士不同于无限弃绝的骑士之处就在于，前者放弃了所有的权利主张，却保留了他的关怀。我很快就会阐明，我觉得穆尼这个注释的不尽如人意之处是什么，但在我这么做之前，我想要指出穆尼的这个论断的一个重要特征，而我对此持有赞同的态度。这就是在上文中提到的这样一种可能性：约翰尼斯或无限弃绝的骑士错误地根据"荒谬的事物"或"不可能的事物"来理解那种界定了信仰的骑士的生存特征。穆尼认为，这仅仅是信仰的骑士向在信仰领域之外的某些人所显示出来的面貌，而这或许就留下了这样一种可能性：信仰的骑士可能会根据"荒谬的

1　Mooney 1991: 54.

事物"来拒斥这种描述。穆尼转而提出,那种事物看起来是"一种狂热的希望,或在诸多信念中的一种不可理解的矛盾"[1]——因而看起来是"荒谬"的事物——正如我们将很快看到的,事实上,它们可以按照不同的方式来加以理解。

其他的注释者(如 C. 斯蒂芬·埃文斯)与穆尼共同持有的观点是,根据"荒谬的事物"来描绘信仰的特征,这是一种来自信仰的局外人的观点。埃文斯让人们注意到了一段著名的引文,它出自克尔凯郭尔对马格努斯·埃里克松(Magnús Eiríksson)的一个回复,后者基于对《恐惧与颤栗》的解读,对克尔凯郭尔关于信仰与理性的关系所持有的表面立场进行了批判。在克尔凯郭尔的这个回复中包含了这样一个主张:对于信徒来说,"无论是信仰还是信仰的内容,它们都不是荒谬的"(尽管信仰在表面上看起来似乎是荒谬的,并且始终构成一种持续的威胁,克尔凯郭尔猜想,这或许就是"神明的意志"[JP 6: 6598(p. 301)])。类似地,在同一年撰写的一个日记条目(1850)中,克尔凯郭尔补充说:

62   这种荒谬是关于神明的或与神明的关系的一种反面标准。当信徒拥有信仰时,这种荒谬就不是荒谬——信仰让荒谬发生了转变,但在每个信徒感到虚弱的时刻里,它对他来说就多少又变得荒谬起来。只有运用信仰的激情,才能征服这种荒谬……这种荒谬在信仰的范围中将以否定的方式终结自身,但这种荒谬本身就是一种范围。信徒就是凭借着这种荒谬将

---

1 Mooney 1991: 56.

他自身关联于第三者；第三者必定会对此做出荒谬的判断，因为第三者并没有信仰的激情。

（JP 1: 10）

克尔凯郭尔的这个回复相当清楚地表明，他故意让沉默的约翰尼斯成为这种旁观的第三者（克尔凯郭尔指责埃里克松忽略了这一点）。

根据埃文斯的观点，一旦我们意识到，对于克尔凯郭尔来说，"理性"就相当于那种受到社会与历史制约的东西，所有这一切就都是有意义的：

> 在上帝超越了社会秩序，社会秩序试图将自身神化并试图篡夺上帝权威的情况下，在信仰与"理性"之间必定会存在对立，恰如在信仰与《恐惧与颤栗》中被称为"伦理的事物"之间存在张力一样。[1]

我在这里将不再进一步追踪这个讨论：这足以让我们注意到，一个人可以接受穆尼的怀疑态度，去怀疑那个根据"荒谬"来谈论信仰的说法的准确性，而不需要让他自己去信奉穆尼的总体立场，我们现在就要转向穆尼的这个总体立场。

穆尼的解读认为，将信仰的骑士与无限弃绝的骑士区分开来的是，前者放弃了他所有的权利主张，但又保留了他的关怀。穆尼

---

1 Evans 1993: 25.

的这种解读犯了什么错误？第一，我们需要追问的是，这种区分标准是否可以适用于亚伯拉罕的情况。可以推测，这种愿意牺牲以撒的态度表明了亚伯拉罕愿意放弃所有的所有权主张：他愿意将他自己拥有的最好的东西，将他自己最关爱的东西给予上帝。但"亚伯拉罕还将继续关怀"这个说法又意味着什么呢？难道我们不是在简单重述亚伯拉罕的这个忧惧：他将不得不杀死他最关怀的那个人？在这种情况下，在穆尼的解释告诉我们的信息中，存在任何我们未知的东西吗？为了回答这个问题，我们就要更为详细地去探究穆尼的解读。

63 　　穆尼提出，那种看起来是"一种狂热的希望，或在诸多信念中的一种不可理解的矛盾"的东西，应当转而被理解为"一种对于关怀的复杂考验"。[1]他通过以下这种寓意式的解读做到了这一点。"自己已经失去了公主"这个信念——这种爱是不可能实现的——"估测的是一个人承认真正损失的能力，没有这种能力，一个人的关怀就是肤浅与软弱的"[2]。而"那位公主将归还给自己"这个信念——这种爱是可能实现的——"估测的是一个人欣然接受上帝或许会给予他的东西的能力：这是一种承认自己的生存受到祝福的能力，相信自己的生存在没有预兆或论据的情况下也会显得令人惊叹"[3]。因此，信仰的骑士所持有的那个在表面上矛盾的信念（"虽然我已经失去了那位公主，但那位公主仍然将归还给自己"）——这

1　Mooney 1991: 56.

2　Mooney 1991: 56.

3　Mooney 1991: 56.

种爱既是有可能实现的，又是不可能实现的——实际上可以归结为这样一种能力，它一方面能够"忧伤与恐惧"，另一方面又能够"喜悦、欣然接受与欣喜"。[1]事实上，（对于约翰尼斯或无限弃绝的骑士来说）那种显得"荒谬"的东西，是人类可以拥有矛盾情绪的能力的一个例证。穆尼认为，这种能力是无可否认的：例如，请考虑那种"既爱又恨"的关系的可能性。因此，约翰尼斯对于这种荒谬的谈论是一种"服务于辩论目的的夸张手法"[2]。穆尼对于约翰尼斯所理解的信仰给出了如下的注释：

> 信仰指的并不是上帝既能归还那位公主，又不能归还那位公主。信仰的能力既不是相信上帝能够做出这两种彼此排斥的行动的能力，也不是相信这两种不相容主张的能力。与信仰有关的是一种关怀的能力。无论是在宗教信仰中，还是在我们有所扩展的审美感受所隐含的诗意信仰中，人们必定会沿着诸多对立的方向对关怀进行探索。因此，信仰也伴随着诸多重大的成长或自我的改变。既可以在人们担忧将要失去的事物时，也可以在人们欣然接受将要获得的新颖而又不确定的事物时来考验关怀。这些界定了性情或品质的信念或情感将会以不明确的方式混杂在一起，而且人们必须承认，它们处于一种混杂的状态之中。[3]

1　Mooney 1991: 56.

2　Mooney 1991: 57.

3　Mooney 1991: 58.

我们仍然需要追问的是，按照穆尼的推断，这应当如何适用于亚伯拉罕这个例证。尽管穆尼花费了一个章节的篇幅来专门处理这个问题，[1]但他的解答并不是完全清晰的。穆尼的大致想法似乎是，亚伯拉罕愿意献祭以撒的意愿，以一种特别具有戏剧性的方式表明了放弃所有权的主张意味着什么。亚伯拉罕放弃了他自己的那个想要"拥有"儿子，"拥有"儿子的儿子，永远拥有后代的"不朽规划"。[2]但在这么做的过程中，亚伯拉罕并没有放弃他的关怀："在隔断这种纽带的过程中，一种无私的关怀得以更新并被释放出来"[3]。但穆尼的这个想法在许多方面都是有问题的。

第一，这难道意味着，当亚伯拉罕挥刀时，他仍然在做出关怀？这种说法的意思究竟有可能是什么？正如我们在先前提到的，这种说法难道不就相当于仅仅在重新陈述亚伯拉罕的"忧惧"吗？相较于约翰尼斯对亚伯拉罕行为的不理解，穆尼认为亚伯拉罕对以撒表述的实际意思是："我马上就要杀了你，但你不要因此认为，我已经不再关心你了"，难道穆尼的这种理解更可取吗？（这甚至将亚伯拉罕变成了一种存在于过去年代之中的更为极端的施虐狂校长，他在将要鞭打孩子时自我欺骗地说："鞭打你，这对我的伤害要多于对你的伤害。"）在这里存在的部分问题是，以撒的观点已经被遗漏了。当亚伯拉罕站在以撒面前，将要把刀插入以撒的胸

1　Mooney 1991: 58–61.

2　Mooney 1991: 59.

3　Mooney 1991: 59.

膛时，在那一刻，以撒会如何理解"亚伯拉罕代表了'无私的关怀'"这个想法呢？这仍然是一个悬而未决的关键问题。

第二，请考虑穆尼的这个论断：亚伯拉罕愿意完成这次献祭，这表明他放弃了所有权的主张。实际情况难道真是如此吗？至少支持这个论断的证据是含糊的。倘若我想要夺走我儿子的生命，而这就表明我已经放弃了对我儿子的权利主张，那么在这种论断的背景下，我的这个意愿甚至会显得更加让人无法容忍。这种想要夺走以撒生命的意愿似乎恰恰表明，亚伯拉罕并没有放弃他对以撒的权利主张，因为这可以表明，亚伯拉罕在某种意义上仍然认为，以撒是"属于他自己的"，是与他的希望相关的。穆尼在对此做出回应时或许会说，亚伯拉罕的行动表明，他放弃了以撒，并将以撒交给了上帝。但这种说法仅仅回避了问题：难道问题不恰恰在于，亚伯拉罕只有将以撒作为"他自己拥有的最好财富"，才能以这种方式来完成献祭吗？

穆尼在对这些批评意见做出回应时或许会主张，亚伯拉罕故事的真正重要意义是一种象征性的或寓言式的意义，而针对他的解读的这些异议过于关注亚伯拉罕献祭以撒这个故事的诸多具体细节。但他的这个回应仅仅突出了这样一个事实：穆尼在做出这个解释时已经意识到，需要将亚伯拉罕的故事与小伙子和公主的故事解读为"对爱的严酷考验"或"对关怀的复杂考验"，而这么做将付出高昂的代价。这些故事或许确实符合这种描述，但问题仍然是，为什么我们特别需要这些故事来让我们注意到这种要点，或注意到

65

111

这种拥有矛盾情绪的可能性呢？[1]对于这个如此强调特殊性与关注细节重要性的文本，穆尼的这个解释难道不是过于笼统了吗？

值得注意的是，穆尼的这个解读导源于那种想要将信仰与无限弃绝协调为一种双重运动的尝试：他试图理解的是，那种认为信仰的骑士首先做出无限弃绝的运动，接下来进一步做出信仰的运动的论断可能意味着什么。鉴于上文所概述的穆尼的这个解读存在的诸多问题，值得考虑的是，是否有可能对信仰的"运动"形成另一种替代性的理解。

罗纳德·L.霍尔：无限弃绝作为一种"被废除的"可能性？

罗纳德·L.霍尔就提供了这样一种解读。让我们首先来考察霍尔对穆尼的批评。霍尔认为，穆尼的"无私的关怀"——关怀这个世界，但又不对这个世界提出所有权主张，这种生存模式的一个例证是，穆尼与那只在他喂食器上面的麻雀的关系——不可能是信仰的骑士的生存模式。这是因为这种生存模式无法等同于被霍尔称为"人类"完全"接受"有限世界的生存模式。为了弄明白霍尔的意思究竟是什么，请考虑他在"穆尼和那只麻雀的关系"与"一种作为生存信仰契约的婚姻"[2]之间进行的对比。

霍尔将婚姻作为人类关系的典范，在婚姻关系中，一个人通

---

1 为了准确起见，我还需要补充说，我通常都会在很大程度上赞同穆尼的这条（在上文中引述的）思路，它表明了承认矛盾情绪并学会与矛盾情绪一起生活的重要性。（对于在不同语境下存在的这条思路的更多论述，参见 Lippitt 2015c。）但在剖析《恐惧与颤栗》的过程中，我认为我们尤其需要更加深入地进行挖掘。

2 Hall 2000: 31.

过接受另一个特别重要的人来接纳这个有限的世界。霍尔反对穆尼的要点是，当"无私的关怀"被应用于婚姻时，这个模式就是有所欠缺的：

> 在何种婚姻中才会出现这样的情况：一个人对自己的配偶说，他或她不会对自己的配偶提出任何权利的主张，而只会让自己适应这个配偶的到来与离去？倘若这对夫妻彼此都承认，在婚姻关系存续期间，他或她的配偶可以独自走自己的道路，我们会怎样看待这对夫妻？否认一切所有权的主张，这与婚姻的契约有什么关系？公开宣称的结婚誓言的关键难道不恰恰就是，结婚的每一方都成为了彼此的所有权主张的一个组成部分吗？[1]

霍尔预见到了穆尼可能做出的回应：倘若结婚的人对其配偶做出所有权的主张，这就违背了配偶的自主性与独立性。不过，霍尔并没有对这个可能的回应做出那种最明显的反击，即对此反问："那又如何？"换言之，任何对婚姻的严肃承诺的部分本质难道不恰恰就是，以失去某种自主性与独立性为代价来对婚姻做出终身的承诺吗？霍尔的这个讨论所表明的一个要点是，一定程度的猜忌（对立于纯粹的嫉妒）在一段婚姻中完全是恰当的，因为猜忌"暗示了一种所有权的主张，一种想要保护自己所拥有的事物的愿望"。[2]只

1　Hall 2000: 31.

2　Hall 2000: 31.

有在婚姻中的每一方都不关心另一方的"到来与离去"的情况下，婚姻才有可能不显示任何猜忌的迹象——而任何真正的婚姻都不会是这样的。在我看来，这个论断是真实的，而这肯定也对上文概述的霍尔所提出的最明显的要点进行了补充。当然（在这里可以预见到霍尔所考虑的那种可能被提出的回应），婚姻作为一种终身的承诺，它会减少一个人的"自主性与独立性"——但又有哪一种真正的承诺不会减少一个人的"自主性与独立性"呢？[1]伴随着承诺这个概念的必然结果正是在某种程度上减少独立性。但许多人认为，为了获得婚姻带来的种种便利，完全值得付出这样的代价，这表明他们并不认为，不受限制的自主性与独立性是他们珍视的最高价值（*summum bonum*）。[2]

我认为，用最强有力的方式来表达，霍尔的观点是这样的。当"生存的信仰"自由地成为了这样一种承诺的组成部分，我在这种承诺中不仅接受了另一个特别重要的人，而且还将自己交托给了这个特别重要的人，那么婚姻就体现了这种"生存的信仰"。这种承诺是相互发生作用的，因此敬请穆尼谅解，他的那个认为信仰需要放弃所有权主张的论断是错误的。我会对我的配偶提出权利主

---

1 Hall 2000: 31.

2 然而，黑格尔与克尔凯郭尔笔下的威廉法官（《非此即彼》第II部分的作品）都认为，一个人在婚姻中可以获得一种"更高级的"自由。对于黑格尔来说，婚姻需要"两个人在自由的条件下同意成为一个人。他们放弃了他们自然的与私人的个性，以便于进入一个统一体，人们或许会将之视为限制，但由于在婚姻中他们获得了一种实质性的自我意识，这种限制实际上就是对他们的解放"（Hegel 1996: §162）。第4章将对黑格尔与自由做出更多的论述。（除非另有说明，所有有关黑格尔文本的注释所显示的都是章节数，而不是页码。）

张，并承认她对我提出的权利主张。穆尼有关"无私关怀"的观念并没有公正地对待某种基本的人际关系——这恰恰是由于这种关系需要承诺。因此，穆尼与那只在他喂食器上的麻雀之间形成的关系是一种相当不同的关系，它无法充分体现"一种作为生存信仰契约的婚姻"。

但请考虑如下反驳。霍尔所完成的一切是，为我们提供一种关于信仰的不同于穆尼的替代性描绘。他并没有表明，婚姻有可能是生存信仰的典范。假设穆尼对于信仰的描绘（没有做出权利主张的关怀）是正确的，在这种情况下，对于恰当理解的婚姻来说，必要的是彼此互惠的承诺与权利主张，但它们会让婚姻与信仰处于一种不相容的状态。无可否认，这个观点会造成一个严重的问题，让人们难以理解克尔凯郭尔的这段谈论他自己破裂婚约的声名狼藉的文字，即"倘若我拥有信仰，我就会和雷吉娜待在一起"（KJN 2;JJ 115）。但这足以让人们理解那些反对霍尔的异议，因此就需要对霍尔的那个替代穆尼的描绘给出更为充分的解释，需要弄清楚霍尔的那个描绘有可能以何种方式获得支持。这就将我们带回到了这场争辩的核心关切，即弄清楚信仰是否包括了上文概述过的那种意义上的弃绝。

那么，霍尔提出的那种理解信仰运动的替代方式是什么呢？在直接回答这个问题之前，我们需要进一步概述霍尔对于亚伯拉罕故事的重要性的相关理解。根据霍尔的观点，亚伯拉罕献祭以撒的主要关键在于，这向我们表明了亚伯拉罕"对于有限性，对于他的儿子，对于历史的特质，对于这个世界"的深深牵挂。[1]这就是亚伯拉罕"怀有对此生的信仰"（FT 53）这个论断的关键所在。事实上，值得指出的是，在这句话之后的那段文字中，约翰尼斯有关信仰的论断似乎明显与穆尼所给出解释中的"无私的关怀"相抵触。约翰尼斯说："亚伯拉罕恰恰是为此生而信仰的，他相信自己会在这片国土上变老，他相信自己会受到他的民众的尊敬，会在他的族类中受到祝福，因为以撒而被永远铭记。"（FT 54）这听起来几乎完全算不上是"无私的"。霍尔断言，亚伯拉罕的故事告诉我们的是如下这些有关"生存信仰"的教训。

第一，信仰要求的是加深我们对于有限性的承诺，而不是让我们撤回对有限性的承诺。由于上文已经给出的那些理由，信仰的要求包括了那些导源于这些承诺的权利主张。霍尔坚持认为，亚伯拉罕必定加深了"他对自己的儿子（与一般的有限事物）的权利主张"[2]，在霍尔的这个观点背后的或许就是霍尔对于信仰的这种理解。约翰尼斯断定，信仰是这样一个悖论："单独的个体要高于普遍的事物。"（FT 84）而根据霍尔的解读，约翰尼斯的这个论断所主张的是"特殊化与个性化"[3]这种权利主张的重要性。我认为，霍尔这么说的意思是，重要的是要看到，这些导源于我们各种承诺的权利主张，应当以第一人称的方式适用于我们每个人。（霍尔认为，暗示这个结论的事实是，上帝亲自对亚伯拉罕说话〔"亚伯拉

68

1　Hall 2000: 33.

2　Hall 2000: 33.

3　Hall 2000: 33.

罕，你在哪里？"］，亚伯拉罕也以类似的方式回应上帝［"我在这里。"］。）正如我们已经注意到的，这种对于被霍尔称为"第一人称在场的特殊性"[1]的东西的强调，是克尔凯郭尔在别处的一个重要主题，关于这个主题的最令人难忘的表现或许存在于《附言》之中，但也表现于克尔凯郭尔在那些陶冶性的讲演中对读者做出的直接致辞（"我的听众，你对此将如何负责呢？"）。

换句话说，霍尔表述的意思似乎是，信仰要求我们每个人都加深对于我们生活的特殊承诺。信仰并不是"超越与个人历史特殊性有关的偶然性与脆弱性的一门技术"[2]。在信仰中的生活"并不是不受损失、苦难与死亡威胁的生活"。虽然这种生活确实需要让人们意识到这种"消极的可能性：让人们可以意识到一个事实，即这种超越，这种否认我们自身在这个世界中的在场，都是有可能实现的"[3]。

霍尔的第二个要点与第三个要点是紧密地关联起来的，因此可以一起来论述他的这两个要点。这种第一人称的承诺是持续存在的。存在着一种持久的诱惑，让人们去回避完整的人生所包含的诸多伤害、痛苦与困难，当面对这种诱惑时，信仰的骑士必定会不断地拒绝这种诱惑。因此，"信仰是内在于时间的生存形态"[4]。但为什么要在这里谈论"诱惑"呢？这么做的理由是，"虔诚的信徒从永恒者手中接受这个世界，这种做法的先决条件是，始终存在着一种

1　Hall 2000: 33.

2　Hall 2000: 34.

3　Hall 2000: 34.

4　Hall 2000: 34.

不这么做的可能性——始终存在一种不接受这个世界的诱惑"[1]。对于霍尔来说，这意味着"弃绝"是一种持续存在的诱惑。但人类的生存"就其本质而言会让自身遭遇各种可能性，因而会让自身遭受焦虑、伤害与损失"[2]。在一段受到了玛莎·努斯鲍姆影响的文字中，霍尔补充说：

> 虔诚的自我并没有将这些要素搁置起来，她通过这些要素让自己纵身前进。虔诚的自我被要求用自身所具备的所有脆弱性来欣然接受这个世界，因为她承认，无论在任何时刻她都有权力去拒绝这个世界。[信仰的]骑士知道，这种拒绝会带来一种不同于人类的生存方式；对于这种可能性，她必须不断地说："不！"[3]

69　　　正如我们现在看到的，按照霍尔的看法，这种"拒绝接受"信仰生活的诱惑，完全是由于人性在理解信仰运动的过程中发挥了至关重要的作用。

　　　请回想我们最初的问题：霍尔提出的另一种替代性地理解信仰运动的方式是什么？我们现在所处的位置已经让我们可以思考霍尔提出的那个有趣建议，它将解释约翰尼斯的这个论断：信仰是一种"双重运动"，信仰的第一阶段则是无限的弃绝。在重复了我们

1　Hall 2000: 34，我为了强调而改变了某些引文的字体。

2　Hall 2000: 35.

3　Hall 2000: 35.

先前的讨论之后，霍尔问道，

> 倘若信仰并非简单地将第二步添加到拒斥世界的第一
> 步之上，倘若无限弃绝的骑士之所以失败，并不是由于他走
> 得不够远，而是由于他沿着完全错误的方向前进，那么我们
> 如何能理解以下这个论断：弃绝与拒绝是**信仰中**必不可少的
> 要素？[1]

霍尔的建议是，在这种意义上，信仰包括了一种作为"被废
除的可能性"的"弃绝"。这就是他从《致死的疾病》那里获得的
一种思想，他将之称为克尔凯郭尔的"悖论的逻辑"。一旦人们进
入《致死的疾病》并接触到了那种众所周知让人困惑的语言，就会
觉得在这里的基本思想是相对简单的。与我们目前正在思考的悖
论相类似的一个悖论出现于《致死的疾病》之中。（作为预先的准
备，我们不仅需要记住，不要将遍及克尔凯郭尔不同文本的诸如
"信仰"这样的术语混淆起来，而且还需要认识到，信仰在《致死
的疾病》中被理解为一种自我关系的模式，在这种关系模式中，自
我"使自己与自己发生关系……想要是自己……自我透明地依据
于那个设定了它的力量"[SUD 14]。）当安提-克利马克斯（Anti-
Climacus，即《致死的疾病》的假名作者）断言，这种信仰要求的
是"一种将绝望完全根除的自我状态"（SUD 14，霍尔改变了某些
引文的字体）时，那个让我们感兴趣的悖论就出现了。然而，安

1　Hall 2000: 35.

提－克利马克斯在后文中又继续说道，绝望在某种意义上对信仰是至关重要的（"信仰的第一要素"［SUD 116n］）。霍尔消除这个表面矛盾的方式是，进一步让人们注意到如下这段引文："并不绝望必定意味着消灭了那种能够让自己绝望的可能性；倘若一个人确实并非处于绝望之中，那么他必定在每一个瞬间都消灭了这种可能性。"（SUD 15，霍尔改变了某些引文的字体）

换句话说，绝望对于废除可能性的信仰来说是必不可少的：绝望作为"一种可能性"，它一直被一个人的信仰"在每一个瞬间消灭、否定和废除"[1]。倘若这有助于理解绝望，那么还请读者再考虑以下这一点。在《附言》中，克利马克斯在一段著名的描述中将信仰比作个体持续存在于七万寻的深水处（CUP 204）。倘若我们将这两个形象结合起来，那么绝望就是放弃的愿望与阻止深水流动的愿望：存活（信仰）的可能性仅仅在于，拒绝这种诱惑——而且是不断地拒绝这种诱惑！

因此，根据霍尔的观点，对于我们的这个问题，即"在什么意义上信仰有可能是一种包括了弃绝在内的'双重运动'"，答案仍然是："弃绝作为一种被废除了的可能性。"正如霍尔所说："虔诚信徒的完整含义是，欣然接受这个世界，其接受方式是，在具体的生存中承认如下这个事实：我们拥有力量来按照不同的方式行动；这种按照不同方式行动的力量，正是在信仰中永恒存在的一种可能性，这是信仰必须不断废除的一种可能性。"[2]

1　Hall 2000: 36.

2　Hall 2000: 37.

这种永恒存在的可能性包括了一种诱惑，即由于人类的生存所具有的所有伤害性与脆弱性而拒绝这种生存：正如我们在这里已经看到的，这种诱惑可以被理解为无限弃绝的骑士拒绝人类生存的方式，也可以被理解为小伙子放弃他的公主的方式，小伙子在这个过程中超越与抽离了他的爱，因而让他的爱失去了人性的特征。婚姻是这种见解的一个美好例证，只要这种婚姻在双方的整个人生中都是成功的，结婚的任何一方都必须在面对各种诱惑时不断地更新自己对婚姻的承诺。存在着大量这样的诱惑：有可能与另一个人发生一段风流韵事，有可能在"艰难时期"走出婚姻，有可能在这种极端处境下离开这段婚姻，这些可能性就让人们根本无法继续准确地说，这个人忠诚于他的伴侣或这段婚姻。[1]因此，根据霍尔的解读，正是在这种意义上，信仰包含了弃绝：必须不断地清除这种始终存在的诱惑。

但还要考虑如下这个异议。人们或许认为，霍尔将婚姻作为 71生存信仰的一个例证，这个例证无法描绘父母与子女的关系——因而也就无法描绘亚伯拉罕与以撒的关系。假设让霍尔有关婚姻的论证有效的原因在于，婚姻（至少在西方的语境中通常）是成年人自由做出的承诺。我选择了我的配偶——而她选择了我——但就此而言，我无法选择我的父母。可以说，我对于自己的子女只拥有管理和照顾的职责，因此我并没有权利指望我的子女对我做出的承诺，会像我的配偶对我做出的承诺一样。

---

1 斯坦利·卡维尔（Stanley Cavell）讨论过这样的主题——作为"再婚"的婚姻——与各种电影的关系。参见Cavell 1981 and Hall 2000：第4章。

但这个异议在《旧约》的语境中无法发挥作用。[1]在《旧约》的世界里，子女拥有坚不可摧的义务来"尊敬父亲与母亲"。子女对父母承担的责任甚至要涵盖父母死后的安排。(《申命记》中记载的一条法律甚至允许父母将"顽固而又叛逆的"儿子带到城中的长者面前，并用石头将他砸死。[2]) 在这里的整个要点是简单明确的：在《旧约》的语境中，父母与子女的关系所要求的承诺与忠心，绝不低于当代婚姻所要求的承诺与忠心。因此，选择的自由在这里并没有造成相关的区别。(此外，请回想这个事实，从第1章开始，我们就无法确定，以撒在这次燔祭事件发生时究竟是孩子还是成年人，因此以撒在当时有可能是一个已经拥有自主权的、心甘情愿的参与者。)

约翰·J.达文波特的异议：弃绝或绝望？

自从这本导读的第一版正式发行以来，对于上述争论，我已经改变了自己的看法。尽管我仍然认为，在霍尔的信仰观中存在着大量有趣的东西，但我现在发现，由约翰·J.达文波特提出的反对霍尔与（在第一版中的）我自己的异议是令人信服的。[3]达文波特拒绝接受上文概述的那个解读，因为它并没有恰当地区分弃绝与绝

1 感谢休·S.派珀（Hugh S. Pyper）与我讨论这一点。

2 参见 Deuteronomy 21:18-21。

3 莎伦·克瑞夏科（Sharon Krishek）对霍尔提出了一个类似的异议，并对弃绝与信仰之间的关系提出了这样一种解读，它不仅在许多方面类似于达文波特的解读，而且也通过许多途径受益于达文波特的解读（Krishek 2009: 81-107，特别是pp. 99-101，104-107）。

望，而那个"经过全面考虑认为会永远失去以撒的判断"[1]（这是信仰必须不断废除的可能性）构成的是绝望，而不是弃绝。达文波特认为，我们必须在一种简单的弃绝与一种复杂的弃绝之间做出区分，《致死的疾病》将后者描述为一种绝望的形式，也就是说，"并不寄希望于这样的可能性：一种尘世的需要、一种现世的苦难能够走向终结"（SUD 70）。后者既放弃又拒绝了这样一种希望："希望得到帮助的可能性，特别是依据于这种荒谬的可能性：对于上帝一切都是可能的"（SUD 71）。正是这种态度（而不是弃绝本身）与信仰不相容。通过论证信仰必须以渐进的方式奠基于不断的弃绝（正如我们已经注意到的，约翰尼斯似乎确实这样暗示过），达文波特试图寻求的是一种替代性的弃绝概念，这种弃绝概念可以与约翰尼斯的如下论断同时成立："无限弃绝是在信仰之前的最后一个阶段，因此，任何尚未做出这种运动的人，就都尚未拥有信仰。"（FT 75）

72

达文波特的完整解答取决于这样一种做法：将信仰解读为被他称作"末世的信任"的东西。为了恰当地分析这个解读，我们首先需要继续解释《恐惧与颤栗》的其余部分，接下来在第6章再回到达文波特的这个解读上，我在那里将概述这种与"末世的信任"有关的信仰观，并通过讨论乔纳森·利尔所谓的"极端的希望"来进一步为之奠基。正如我们已经看到的，信仰必须不断废除的是绝望，而不是弃绝——这说明了希望的重要性。但有助于当前目的的做法是，概述达文波特提出的两种类型的无限弃绝，以及它们各自

1　Davenport 2008a: 226.

如何与绝望或信仰相容。

　　达文波特将这两种类型的弃绝归为"贝奥武夫式的弃绝"[1]与"优雅的弃绝"（达文波特将亚伯拉罕与小伙子都视为后者的两个实例）。这两种弃绝的共同之处是，都拥有一种渴望的目标，它被行动者评价为美好的目标，但行动者无法看到用他们自己的力量来实现这种目标的方式。敬请穆尼原谅，达文波特还认为，在这两种弃绝中，行动者会继续充分地珍视这种目的的价值。[2]这两种弃绝的不同之处在于，在第一种弃绝（"贝奥武夫式的"弃绝）中，行动者持续努力地追求自己渴望的那个目标，但他们没有希望通过这种努力来为实现这个目标做出贡献。达文波特给出的例证包括被击败的战斗英雄与苏格拉底，前者虽然被击败，但并不认为这对他的生存方式构成了一种"反驳"，后者在陪审团面前坚持他自己的理由，虽然苏格拉底相当清楚地知道他这么做的结果将是什么。[3]在第二种弃绝（"优雅的"弃绝）中，行动者积极地放弃为了自己渴望的目标而努力，尽管如此，这并没有减少他的爱或关怀（这再次对立于上文所概述的穆尼的观点）。但对人类来说始终是不可能的东西——它们无法用行动者自己的力量来实现——仍然在"末世的

1　"贝奥武夫式的弃绝"（Beouwulfian resignation）反映的是伟大史诗《贝奥武夫》所倡导的那种价值观与风格，《贝奥武夫》是迄今为止发现的英国盎格鲁－撒克逊时期最古老、最长的一部较完整的文学作品，也是欧洲最早的方言史诗，它讲述的是斯堪地那维亚的英雄贝奥武夫的英雄事迹，这部史诗集中展现并歌颂了日耳曼民族的传统英雄价值观：力量、勇气、忠诚、慷慨、好客和强烈的荣誉观等。——译者注

2　Davenport 2008a: 228-229.

3　Davenport 2008a: 228-229.

意义上"是可能的——它们可以通过上帝来实现，对于上帝来说，一切都是可能的。正如我已经说过的，对于这种解读的更多含义，我们必须等到第6章才能进行阐释。但上文的内容已经概述了一种弃绝的概念，它可以与绝望或信仰相容，而这意味着在信仰中真正需要不断废除的东西不是弃绝，而是绝望——由此也就强调了希望在信仰中的重要性。[1]就如此构想的弃绝而言，它并不要求贬低有限事物的价值，这暗示了这样一条途径，信仰的运动确实可以借助这条途径，以渐进的方式将自身奠基于弃绝的运动，由此以一种更加直截了当的方式保留了那个将信仰作为"双重运动"的观念。

73

1　路德（Luther 1964: 93–95）也强调了在希望与绝望之间的选择（"几乎所有人都被绝望诱惑过"［Luther 1964: 94］）。也可参见 Carlisle 2015: 51ff。

亚伯拉罕在拔出刀的那一刻相信什么？

还有一个我们现在需要进一步直接面对的问题：亚伯拉罕在拔出他的刀的那一刻相信的是什么？根据我想要为之辩护的那个观点，亚伯拉罕必定实际上并没有完全接受，他将不得不杀死以撒的结论；相反，这个令人绝望的结论恰恰是他必须不断与之斗争的信念。然而，在随后的疑问III的相关文本中，约翰尼斯似乎坚持认为，亚伯拉罕在那时必定接受了这个结论：

> 他必须在这个决定性的瞬间知道他自己将要做什么，因而他必定知道，以撒将要作为祭品被牺牲。如果他不是确定地知道这一点，他就没有做出无限弃绝的运动，在这种情况下他所说的话语虽然不是不真实的，但他也远远不会是亚伯拉罕，他也远不如悲剧英雄重要，事实上，他就是一个不果断的人，既不能决定去做这件事，也不能决定去做那件事，因此他总是以谜语的方式说话。但是，这样一个**犹豫不决的**

人［*Hæsistator*］简直就是对信仰的骑士的滑稽模仿。

（FT 143）

安德鲁·克罗斯（Andrew Cross）在很大程度上利用了这段文字来论证这样一种对《恐惧与颤栗》的解读，这种解读的核心思想认为，亚伯拉罕确实相信自己将失去以撒。[1]我现在将转向克罗斯的解读，这个解读是有趣与重要的，因为它直接处理了为众多解读所忽略的诸多问题。然而，我最终将证明，克罗斯以完全错误的方式来解决问题。在接下来的内容中，我将首先表明克罗斯的解读取得了什么成效，但随后我将表明，为什么我认为他的解释是有缺陷的，以及为什么我们宁愿选择我将概述的那个替代性的解释。

亚伯拉罕在拔出刀的那一刻究竟相信什么呢？克罗斯认为，亚伯拉罕在那时真正持有的信念是"以撒将（在指定的时刻与其他指定的条件下）死去，他只相信这一点"[2]。但在我看来，亚伯拉罕在那时最终持有的信念是，他并非必定会献祭以撒（或他不会最终失去以撒），尽管（"对于世俗的理解力来说"）存在着相当多的证据支持与之相对立的信念。我将在下文中充实这两种解释，但请留意接下来这些重要的预备性工作。相对于通常的传统解释，这两个解读都具备了一个重要的优点。在传统的解释中，亚伯拉罕相信两件不能同时成立的事情：第一，他将不得不献祭以撒（因此以撒将会死去）；第二，通过某种方式，他并非必定会献祭以撒（因此以

74

1　Cross 1999.

2　Cross 1999: 236.

127

撒不会死去）。第一个信念表明了亚伯拉罕对上帝的服从，第二个信念则表明了亚伯拉罕能够在重新得到以撒之后继续感到喜悦。人们通常就按照这种方式来解释约翰尼斯对于亚伯拉罕的"根据荒谬的力量"而形成的信仰的评论：亚伯拉罕的信仰是荒谬的，因为它需要同时相信两个彼此矛盾的主张。

这种传统解读的问题应当是显而易见的。克罗斯非常清晰地说出了这个问题。这种解释

> 只有被当作最后的手段才可以被人们采纳，因为倘若采纳了这种解释，这就意味着将一种明显站不住脚的激进立场归于沉默的约翰尼斯（乃至有可能将之归于克尔凯郭尔）。这个问题不仅在于，这种对信仰的设想需要对矛盾的主张同时进行明确的肯定，而这作为一种理想是相当不合情理的（虽然它本身就是不合情理的），而且还在于，这个设想在表面上就是不融贯的。以这种方式持有这两个矛盾的信念，只能是一无所获；要持有其中的一个信念，就会否定另一个信念。[1]

因此，我们可以赞同的克罗斯的观点是，只要有可能做到，我们就应当为这个文本寻求另一种解读。克罗斯与我的解读都可以避免这个与"矛盾信念"有关的问题。但在这两个解读中究竟哪一个更好呢？克罗斯的解读可以按照如下方式简单概述。亚伯拉罕是

1　Cross 1999: 238.

根据信仰来行动的——也就是说，亚伯拉罕按照他仿佛不会失去以撒的方式来行动——尽管在这段时间里亚伯拉罕一直充分相信，他将失去以撒。他在"实践上，而不是在认知上"[1]导向让以撒存活的那个方向。不管他的信念是什么，

> 亚伯拉罕继续全心全意地像先前那样对以撒承担义务。他并没有通过放弃他对有限事物（他对以撒的爱）的兴趣来寻求平静与安宁，这种安宁存在于他回避那种会使他失去生活意义基础的个人灾难的活动之中。虽然他充分认识到自己将因此遭受那种灾难，但他仍然继续像先前那样爱着以撒。[2]

75

亚伯拉罕的信仰体现在

> 他全心全意地持续爱着以撒，并认同他与以撒的关系，与此同时他又相信，他自己肯定会失去以撒，并且承认失去以撒会毁掉他自己。在这里的任何非理性都是实践意义上的，而不是认知意义上的。他明知自己将遭受一次不可抵御的伤害，他相信这次伤害肯定会发生，而他可以避免遭遇这次伤害，其避免的方法是，拒绝卷入有限的事物之中，并让自己撤回到无限弃绝的骑士进行自我保护的立场之上。[3]

1　Cross 1999: 239.

2　Cross 1999: 239.

3　Cross 1999: 240.

我的解读恰恰与克罗斯的相反。按照我的看法，亚伯拉罕在拔出刀的那一刻，虽然他确信"从人类的角度来说，不可能"（FT 75）把以撒保留下来，但他如此地信任与信赖上帝，以至于尽管存在着压倒性的证据来支持相反的立场，他也仍然相信，他不会失去以撒。根据这个观点，我就像克罗斯那样认为，"根据荒谬之力"的信仰并不意味着相信两个相互矛盾的主张。更准确地说，亚伯拉罕的信仰之所以是"荒谬的"，这是就"人类的"理性视角而言的（特别是就诸如约翰尼斯这样的局外旁观者的视角而言的）：亚伯拉罕继续相信上帝，尽管（对于"世俗的理解力"来说）这完全缺乏合乎情理的证据。

为什么应当接受我的解读，而不是克罗斯的解读呢？我将试图通过考虑克罗斯对一个相似解读的异议来提出支持我自己的理由。让我以澄清的方式开始做两个预备性的工作，其中的第二个预备性工作尤其重要。我并不是意在赞同克罗斯所考虑与拒斥的那两个解读中的任何一个解读，它们在表面看来或许类似于我的解读。第一个解读认为，亚伯拉罕仅仅是并未心存"以撒必定会死"的想法。正如克罗斯正确指出的，这会让亚伯拉罕"显得如此盲目或轻信，以至于让他变成了那种体现了纯粹缺乏反思的直接性的人"[1]——这

1　Cross 1999: 234.

76

是被克尔凯郭尔称为"审美的"[1]初始形式，它与信仰简直相差了十万八千里。但这并不是我的观点：亚伯拉罕远非从未心怀这样的想法，将会失去以撒的想法始终存在于亚伯拉罕的心中：因此他才会感到"忧惧"。

但这也将我们带向了第二种描绘，在这种描绘中，亚伯拉罕"认识到了那种对以撒的持续生存构成的威胁，但他忽视了那种威胁……使得他的希望让他无视与他处境有关的这些简单而又明显

---

1 "审美的事物"在克尔凯郭尔那里是一个丰富而又复杂的范畴。审美的生存方式——在克尔凯郭尔的"人生道路诸阶段"或"生存领域"中的一种生存方式——最著名的化身是一个仅仅被称为"A"的年轻人，一批彼此不相关的论文构成了《非此即彼》第1部分的内容，而这个年轻人至少是其中绝大多数论文的作者。《非此即彼》通过"A"与威廉法官各自持有的态度和世界观，将审美的生存领域与伦理的生存领域进行了对比。对于审美的生存方式的任何简要描述，都有可能过度简化了这种生存方式。不过，在心中记住这种告诫之后，对于我们在此处的目的来说，只要注意到，审美主义者充分准备运用各种隐瞒来追求被他视为"有趣的事物"，并力求避免无聊（"A"将无聊描述为"万恶之源"[EO 227]）。克尔凯郭尔经常将这种"审美"意义上的"有趣的事物"关联于闲散的旁观者，以此对立于参与伦理或宗教活动的"激情"。对于这种审美态度的或许是最清晰简要的描绘，参见"A"的论文《轮作》；对于审美主义者可能准备去实施的那种最极端的隐瞒，参见《诱惑者的日记》。这两部分内容都包含于《非此即彼》的第1部分之中，尽管我们并不清楚，我们是否可以推断"A"也是《诱惑者的日记》的作者。对于这种审美的世界观的更多论述，参见《人生道路诸阶段》中的《酒中真言》。但"未经反思的直接性"指的是什么？在《非此即彼》中，这种"直接的"审美主义形式——唐璜或唐·乔瓦尼纯粹的感官快感就例示了这种审美主义形式——被用来与它对立的极端，即诱惑者约翰尼斯的特别具有反思性的审美主义进行对比。为了理解这种比较，请阅读《直接的爱欲阶段或音乐性的爱欲》以及《诱惑者的日记》。

的事实" [1]。我也不想要赞成这样的亚伯拉罕，但重要的是要注意到，克罗斯在他的这部分讨论中混淆了某些重要的区别。他的论断是："亚伯拉罕持续认为，或许由于某种奇迹般的境遇，他不会失去以撒，但在沉默的约翰尼斯看来，亚伯拉罕并没有勇敢地面对他自己的处境。" [2]事实上，我并没有看到任何文本的证据来支持克罗斯断定，约翰尼斯认为，亚伯拉罕相信上帝有可能奇迹般地进行干预的信念，会是一种怯懦的自欺形式。[3]克罗斯在这里提供的文本证据是不充分的。他正确地注意到，约翰尼斯将亚伯拉罕与"可鄙的［usle］希望"区分开来，后者认为，"没有人知道将要发生什么事情，但这却是可能的"（FT 66）。不过，这是"对信仰的扭曲描绘"（FT 66）——这看起来确实像一种自欺的形式，就像一个人将自己的脑袋埋进沙地里——但这肯定没有把握到那种对神之恩典的信仰的所有可能表现。这种信念也并不是约翰尼斯想要通过与那种相信"那不怎么可能的、那未预料到的、那意想之外的事物"（FT 75）的信仰进行对比而排除的信念。（一种对于上帝通过基督的形式化身为人的思想可能做出的貌似合理的反应是："我不曾看到这种情况的发生。"）我赞同的那种对于亚伯拉罕的描绘是，亚伯拉罕相信上帝，相信神之恩典的可能性，他甚至在这种最可怕的处境中也仍然怀有这样的信念。这种描绘不能被摈弃，它并不等同于在描绘这样一个亚伯拉罕，他在拔刀的那一刻说："当然，我不可能

---

1 Cross 1999: 234.

2 Cross 1999: 234.

3 这样一种信念在基督教传统中拥有一个悠长的谱系；特别需要读者回想的是，本书第1章从《希伯来书》第11章第17节到第19节中援引的那几段文字。

不杀死以撒。"敬请克罗斯原谅，一个相信可靠上帝的天意所赐予的神之恩典的亚伯拉罕，不可能仅仅根据他像一个自欺的"伪善者"[1]这个理由而被排除在考虑范围之外（至少在没有经过进一步论证的情况下是不能这么做的）。克罗斯以完全扭曲的方式假定，这样一个亚伯拉罕可以被描述为某个"通过特定的行动，仿佛要接受上帝挑战的人，他一直在对自己说，'当然我不过是假装要杀死以撒，我并非真正要放弃以撒'"[2]。

77

在这里的主要观点是，克罗斯正确地注意到，对神之恩典的信仰不仅必定不是一种自欺，而且必定不会蕴含某种精神的"怠惰"。在他的日记中，克尔凯郭尔清晰地承诺于这样的观点：对神之恩典的信仰，并没有让人们摆脱那种做出"持久努力"的需要，"一个人想要用恩典，'由于一切都是恩典'，来回避所有的努力……这是令人厌恶的"。（JP 2: 1909）无可否认，这种"伪善的"、自欺的亚伯拉罕的过失似乎是某种类型的精神怠惰：这种怠惰让他无法充分面对他的处境。但是，克罗斯并未向我们提供理由来让我们认为，我心中的那个亚伯拉罕——他信任神之恩典的可能性，甚至在他所能想象的最可怕的考验中也是如此——必定是这样

1　Cross 1999: 234.

2　Cross 1999: 234.

一个人物。[1]

事实上，我的解释与克罗斯所描述的"通常解释"[2]在大多数方面上都是相似的：

> 亚伯拉罕克服了他相信以撒肯定会死的信念，在这种意义上，他不再持有这样的信念，并转而相信以撒不会死。他的信仰或者存在于后面这个信念之中，或者让他有可能持有后面这个信念，尽管他意识到，这个信念与所有可以获得的证据相矛盾——尽管他也承认，在他的这种处境下，持有这个信念是荒谬的。他相信，以撒仍然会与自己待在一起，他"仅仅凭借信仰"相信这一点，而这或许就意味着，尽管缺乏在认知上的支持，尽管面对着支持相反立场的压倒性的证据，

1　尽管这或许有超出我们当下进度的风险，我还是要在这里补充一个反对克罗斯解读的要点，可以从约翰尼斯在疑问I中对亚伯拉罕与"悲剧英雄"进行比较讨论的一段文字中得出这个要点。关于他讨论的悲剧英雄（第4章将对这个讨论做出更多评述），约翰尼斯说，倘若在必须牺牲他们的儿子或女儿的那个决定性的瞬间，"这三个人对这使他们承受痛苦的英雄行为给出了一句小小的附加语说'但这并不会发生'，那么谁会理解他们呢？倘若他们添加的解释是：'这是我们根据荒谬的力量所相信的'，那么这时又有谁会更好地理解他们呢？"（FT 87）这些话语明显暗示的是：亚伯拉罕坚信的恰恰是"但这并不会发生"：正是这个信念让他有别于悲剧英雄。敬请克罗斯原谅，我更为完整的想法是，这段文字清晰地暗示，亚伯拉罕相信这并不会发生，而亚伯拉罕是（以上文已经解释过的方式）"根据荒谬之力"这么相信的。

2　但令人困惑的是，克罗斯在援引持有这种想法的注释者的观点时，除了他对穆尼的一处引证之外，他并没有给出其他任何例证，但我无法完全弄清楚的是，克罗斯是否将这整个观点都归于穆尼。

但由于亚伯拉罕对于上帝的善意的信心，或由于他对这三方面因素的综合考虑，他仍然相信这个荒谬的信念。[1]

我并不想要主张，亚伯拉罕最终以另一个信念（以撒将会活下来）取代了这一个信念（以撒将会死去）。相反，正如我已经看到的，独立的人类理性所支持的就是相信以撒会死的信念——因为累积下来的证据都支持这一点——但亚伯拉罕的信仰却让他相信以撒将活下来。尽管如此，抛开诸多限定条件，上文所述的基本上就是我的观点。克罗斯拒斥这一点的理由有两方面："一个相信以撒的死亡将不会发生的亚伯拉罕并不是在做出真正的牺牲，而是在犹豫不决地做交易。"[2]但这些并不是好的理由。第一，对这个问题的最佳描述，没有必要根据亚伯拉罕是否做出真正牺牲的标准来进行。关键在于，倘若事态严重，亚伯拉罕是否会自愿做出这种牺牲。在我看来，一个准备在必要时做出这种牺牲的亚伯拉罕，由于信任上帝，他持续相信以撒将不会受到伤害，这并没有什么问题。重要的是要注意，前文所引用的一段出自疑问III的文字所使用的是未来时态：亚伯拉罕"在那个决定性的瞬间必定知道他将要去做什么，因而也必定知道以撒将被献祭"（FT 143，我为了强调而改变了某些引文的字体）。这明显考虑到了这样一种可能性：一切都尚未失去，尽管情况看起来似乎并非如此。不过，这样的亚伯拉罕就是"优柔寡断的"，就是"一个犹豫不决的人"吗？我仍然没有

78

---

1 Cross 1999: 237.

1　Cross 1999: 237.

2　Cross 1999: 237.

看到任何理由来做出这样的判断。正如我们已经看到的，这并不是他试图通过相信两件不可能同时成立的事情来达到鱼与熊掌兼得的目的。相反，他相信的只是一件事——以撒将不会受到伤害——尽管压倒性的证据支持的是相反立场。正如约翰尼斯明确指出的，"他虽然相信上帝不会从他这里要走以撒，但倘若这确实就是上帝的要求，他仍然愿意献祭以撒"（FT 65）。我的解读恰恰把握到了这一点，而这段文字相当明显地对克罗斯构成了一个有待解决的问题。（虽然正如我们马上将会看到的，克罗斯确实试图解释这一点。）然而，我的解读也存在一个明显的问题。接下来我将试图表明，这个问题仅仅是一个表面的问题。

这个与我的解释有关的表面问题导源于疑问III的那段文字。在表明了亚伯拉罕必定知道以撒将被献祭之后，约翰尼斯马上补充说，"如果他不是确定地知道这一点，他就没有做出无限弃绝的运动"（FT 143）。现在根据我的理解，倘若这意味着亚伯拉罕做出了弃绝的运动，接下来才做出了第二个在时间上分离的信仰运动，那么约翰尼斯就不应该这么说。但我们没有必要按照这种方式来解读这段文字。因为在某种意义上，亚伯拉罕已经做出了弃绝的运动。他自己已经为这样一种可能性做好了思想准备：倘若他的信仰放错了地方，他就会献祭以撒。正是在这种意义上，亚伯拉罕已经做出了"弃绝"。进而，根据达文波特的观点，我们能够补充说，亚伯拉罕不再能够看到任何方式，可以用他自己的力量来实现他渴求的结果（以撒继续活下来，以便于茁壮成长并生育上帝所应许的子孙后代）。尽管如此，亚伯拉罕仍然继续像先前那样珍视以撒的生命。此外，只要这种弃绝是"优雅的"，亚伯拉罕就会主动放弃那种为了以撒的生存而做出的努力（因而他按照命令来到了摩利亚山）。如今他完全信任的是上帝。但只要他还拥有信仰，他就不会相信，他的这种信任放错了地方。

79

克罗斯的问题更为严重。以上这段文字来自疑问III（第5章将讨论与之相关的更多内容）有关在审美意义上的隐瞒的一段漫长离题论述的结尾，而对克罗斯构成问题的那段文字却位于这个文本用来论述信仰与弃绝的那个主要部分的核心位置。请回想，这就是一段做出了如下陈述的文字：亚伯拉罕"虽然相信上帝不会从他这里要走以撒，但倘若这确实就是上帝的要求，他仍然愿意献祭以撒"（FT 65）。克罗斯如何能够解释这一点？

克罗斯承认，他有一个潜在的问题："我们如何……理解沉默的约翰尼斯反复做出的这个论断：亚伯拉罕'相信'以撒不会被要走？"[1]但由于克罗斯坚持认为，亚伯拉罕必定相信以撒将会死去，他想达到的目标就是，将这个"信念"解释为"信奉的非认知状态……它表达的是一种确信、信奉或信赖的态度，这种态度针对的是某个并非命题的实体，如某一个人"[2]。（克罗斯这么做的部分原因是，根据观察，在这段文字中成问题的那个丹麦词汇 *tro* 既可以被翻译成"相信"，同时也可以被翻译成对其他人的"信任"。）

首先请注意，这并没有回答克罗斯自己的问题，克罗斯在提出这个问题时就已经明确表明，亚伯拉罕"相信的是那件事"。此外还有一个进一步的问题。当然，亚伯拉罕"信奉"的是上帝。他

1　Cross 1999: 241.

2　Cross 1999: 241.

"对上帝的信奉"并非仅仅意味着他相信存在这样一位上帝——不仅"这个"亚伯拉罕相信这一点，而且就"定调"中的所有附属于亚伯拉罕的故事的主人公来说，他们也都理所当然地相信这一点。不过，亚伯拉罕是以这种方式"信奉上帝的"：对他来说，信奉"这个措辞指的是，以确信的态度信任这样的实体"[1]。不过，亚伯拉罕信任上帝去做什么，或在何种意义上信任上帝？克罗斯信奉的想法是，亚伯拉罕相信以撒将会死去，而这就意味着"不可能信任上帝会阻止以撒即将来临的永久死亡"[2]。因此克罗斯就不得不在另一个方面上寻求这种信任。他的这种做法，再加上他无法回答自己最初的问题，他最终就对信任给出了一种不合情理的描绘，而他这么做所根据的是一种对于信仰的骑士的不恰当描绘。何以至此？

80　　克罗斯通过吸收安妮特·贝尔（Annette Baier）的观点来对"信任的结构"给出一种解释。成熟的人（对立于天真幼稚的人）的信任需要"心照不宣地自愿让自己处于一种可能遭受伤害的处境之中，由于信任的缘故，那个被自己信任的人就位于这种可以伤害自己的有利位置之上"[3]。到此为止，克罗斯的解释还是不错的。但他进一步主张，"依赖于一个被认为几乎肯定可以获得成功的人所需要的信任，要少于依赖于一个被认为非常有可能背叛自己或令自己失望的人所需要的信任"[4]，而他的这个主张就远远没有那么合情合理。这似乎将信任视为一种有意识的状态，而信任当然有可能是

1　Cross 1999: 242.

2　Cross 1999: 242.

3　Cross 1999: 242.这里参考的是 Baier 1994。

4　Cross 1999: 243.

那种让一段关系运转起来的背景。（在我与你做生意时，倘若我不会有意识地问自己，我能否依靠你，而只是理所当然地认为我可以依靠你，那么我们之间的信任关系或许就达到了最高程度，而这可能是由于你过去的行为始终表明，你自己是值得被我信任的。[1]）以这个相当不可靠的根据为基础，克罗斯提出了如下的论断：

> 在某些行为中表现的信任程度，是随着以下这两件事而发生变化的：信任者对被信任者让自己失望的可能性的评估，以及信任者所预期的在被信任者让自己失望的情况下自己遭受损失的程度。最大程度的信任会表现为，一个人在确定她预料不会发生的事情将要发生时，仍然自愿不设防地让自己面对可能是最严重的损失或伤害。**而这恰恰就是亚伯拉罕的立场。**[2]

不过这听起来几乎不像是信任：它更像纯粹的愚蠢。此外，在亚伯拉罕的情况下，这似乎又明显与信仰、信任或希望相抵牾："信仰的骑士……让上帝来决定他自己的命运，即便在他看来，上帝必定会让自己失望。"[3] 在这里可以做出两个恰当的评论。第一，将我的命运交给上帝，而我又确信，上帝会让我失望，这听起来更像是绝望，而不是信仰。这样的一个人已经放弃了所有的希望（因

1　有趣的是，克尔凯郭尔在20世纪的同胞克努特·欧拉·罗格斯特拉普（Knud Ejler Løgstrup）将信任作为人类默认的态度（Løgstrup 1997）。

2　Cross 1999: 243.

3　Cross 1999: 243.

而可以推测，他已经放弃了任何可能伴随着希望的喜悦）。第二，由于以上这个原因，克罗斯无法正当地断定，这就是信仰的骑士的立场。更好的做法是欣然接受这样一个作为信仰骑士的亚伯拉罕，他相信与信任神之恩典的可能性。

81　　　但我认为，我的解释在另一个方面也要比克罗斯的解释做得更好。我的解读避免了克罗斯对信仰骑士的解读的一个最古怪的特征。那就是这样的一个想法，按照克罗斯认为是约翰尼斯所抱持的理解，信仰根本就不需要有神论的信念："事实上，相信一个无所不能的行动者的存在与善意，这种信念构成的威胁是，它将撼动沉默的约翰尼斯所描述的信仰立场的基础。"[1] 克罗斯这么说是因为，他坚持主张以下这个已经被我们在上文中质疑过的立场：倘若亚伯拉罕并不相信以撒将遭受伤害"这种真实的可能性"，那么他就必定会是一个认为"谁知道可能会发生什么，以撒肯定有可能不会遭受伤害"的人。那个认为以撒的未来就是"这种真实的可能性"的想法，则为他相信上帝是无所不能的信念所削弱，因为"对上帝来说一切都是可能的"。克罗斯断言："倘若……人们回想起在亚伯拉罕人生的不同时期，当他似乎失去一切时，正如沉默的约翰尼斯欣然描述的，上帝都帮助他安然度过了这些艰难时光，对亚伯拉罕来说，他似乎就逐渐会相当合情合理地相信，通过某种方式，上帝不会从他那里将以撒带走。"[2]

　　　我并不认为克罗斯的这个论断可以自圆其说。它需要我们相

1　Cross 1999: 250.

2　Cross 1999: 251.

信，亚伯拉罕骑马前往摩利亚山的这三天时间里，上帝并没有做出干预，在亚伯拉罕捆绑以撒之后，上帝仍然没有做出干预，而当亚伯拉罕拔出刀的那一刻，他或许"相当合情合理"地认为，现在就是上帝挽救全局的那个瞬间。根据我的解读，亚伯拉罕确实相信与信任将会发生这种情况。但亚伯拉罕的这种信念肯定无法被准确地描述为"相当合情合理"。敬请克罗斯原谅，对于约翰尼斯如何能够深思这种可能性并感到"惊骇"这个问题，人们在理解上根本就不会存在任何问题，因为约翰尼斯缺乏亚伯拉罕所拥有的信仰。他会对此感到"惊骇"，而这恰恰只是由于亚伯拉罕的期待并非"相当合情合理"。

但更为重要的是，克罗斯的解读公然不顾《恐惧与颤栗》的文本内容，坚持主张亚伯拉罕的信仰并不需要有神论的信念。亚伯拉罕的故事只有从根本上依据如下这个理解才是有意义的：亚伯拉罕在与他的上帝进行对话。因此虽然克罗斯得出的结论是，有神论的信念实际上撼动了《恐惧与颤栗》所持有的信仰观的基础，但在得出这个结论的过程中，克罗斯恰恰表明，为了支持他自己的解读，他将准备付出多么巨大的代价。相较之下，我所提供的那个替代性的解释就不需要付出任何这样的代价。

以上的所有论述都提供了理由来让我们认为，在拔出刀的那一刻，亚伯拉罕相信，尽管存在着压倒性的不利证据，但以撒将由于某种原因而不会遭受伤害。但亚伯拉罕最重要的那部分信仰则需要持续地清除掉那种向绝望屈服的诱惑：关注那些证据，失去了对上帝的希望和信任，并任由自己为失去以撒的可能性所支配。对于约翰尼斯来说，亚伯拉罕并没有这么做，是让亚伯拉罕成为信仰典

82

范的一个至关重要的理由。按照我先前所承诺的，我们将在第6章讨论作为"末世的信任"与"极端的希望"的信仰时，进一步充实以上这个概述。

第四章

悬置伦理：疑问I与疑问II

疑问 I：是否存在一种对伦理的目的论悬置？

约翰尼斯在结束他的这个开场白时做出了这样一个许诺：接
下来的内容将表明，"信仰是多么巨大的一个悖论，一个能够使谋
杀变成让上帝欢悦的神圣行为的悖论……任何思想都无法把握这个
悖论，因为信仰恰恰开始于思想的终止之处"（FT 82）。我们或许
认为，如今我们已经很好地意识到了"信仰是多么巨大的一个悖
论"。但约翰尼斯所许诺的是从一个不同的角度来审视这同一个问
题。约翰尼斯声称，他将"从这个故事中提取出……辩证的要素"
（FT 82），虽然事实上甚至在接下来的内容中，这个故事令人"忧
惧"的维度也从未远离约翰尼斯的关切。然而，疑问 I 开头所强调
的东西发生了改变。这三个疑问都是以这样的论断作为出发点的：
"伦理……是那种具备普遍性的事物 [*det Almene*]"（FT 83：试比较
96, 109），只不过每一处的措辞都存在着些微的变化。人们很容易
为这个论断所误导。它似乎表明，约翰尼斯为我们提供了一种对于
"伦理"的定义，而事实上他之所以撰写这个疑问（实际上是这整
本书），很有可能恰恰就是为了质疑这个假设：伦理就是那种具备

普遍性的事物。因此，倘若这正是《恐惧与颤栗》仔细考察的那个论断，那么这个论断意味着什么呢？

在第一个疑问的开篇处，约翰尼斯以两种方式解释了"伦理是具备普遍性的事物"这个观念，他将这两种解释方式描述为同一个观点的诸多版本。作为具备普遍性的事物，伦理"适用于每一个人，这可以根据另一个观点表述为，它适用于每一个瞬间"（FT 83）。某些二手文献关注的是，这种被仔细考察的伦理观主要是康德主义的伦理观，还是黑格尔主义的伦理观。这并不是我接下来论述的主要目的。可以明确地说，我认为这主要是黑格尔主义的伦理观（这在接下来的论述中将变得更加清晰），尽管我也认为，约翰尼斯所说的某些相关见解，还与康德主义的伦理观有关，因此我将对此做出简要的讨论。[1]

究竟是与亚伯拉罕有关的什么东西，才让他违反了约翰尼斯在心中想到的那种伦理观？这大概是由于亚伯拉罕的四个特点，虽然它们并非都是相互关联的。第一，亚伯拉罕是一个例外。在准备服从上帝命令的过程中，亚伯拉罕自己似乎拒绝接受不应当杀死无辜者的伦理要求，更确切地说，亚伯拉罕拒绝接受他对自己儿子的特定责任。（"在伦理的意义上说，亚伯拉罕与以撒的关系很简单：父亲应当爱儿子更多过爱自己。"［FT 86; 参见 98］）亚伯拉罕的地位在第二个特点中仍然是一个例外，或许最为重要的是，这让

---

1 我在这里的目的是，比第一版更进一步阐明我的立场，因为某些人错误地理解了我先前的论断。例如，默罗阿德·韦斯特法尔（Merold Westphal）就断定，我暗示了"将信仰与康德以及黑格尔的伦理学进行对比的方式多少是相同的"（Westphal 2014: 43n8），但事实上我从来没有做过这样的论断。

他显得不体面。他让自己凌驾于伦理的命令之上，这相当于一个主张"单独的个体高于普遍性"的"悖论"（FT 95）。根据那个被仔细考察的伦理观，他未能完成"个体的伦理任务"："扬弃他的特殊性，以便于成为普遍性"（FT 83）。第三，让亚伯拉罕变得"更高"的是他与上帝的直接关系。（请回想《创世纪》描述亚伯拉罕与上帝的对话的方式，如关于索多玛与蛾摩拉的命运的对话。）第四，这种与上帝的特别关系意味着，亚伯拉罕无法在语言的公共舞90台上向其他人解释自身。在这四个理由的共同作用下，约翰尼斯才会认为，在那些持有"伦理就是具备普遍性的事物"的人看来，亚伯拉罕是不体面的。但我们有必要对这四个特点做出更多的评述。

作为例外的亚伯拉罕

"普遍性"这个术语在道德哲学中的一个重要回声导源于康德。在他的《道德形而上学的奠基》（*Grounding for the Metaphysics of Morals*）中，康德用来表述他著名的"定言命令"的一种方式如下："我决不应当以别的方式行事，除非我也能够希望我的准则应当成为一个普遍的法则。"[1]这已经被称为"普遍法则的公式"。

康德提出的有关撒谎的著名例证，表明了他打算如何让这个公式发挥作用。我可以得出我不应当撒谎的结论，因为我无法融贯地想要把撒谎作为一个普遍的法则：也就是说，将撒谎作为一个普遍的法则，适用于每一个人与每一个时刻。为什么无法这么做呢？因为倘若每个人都撒谎，

1　Kant 1993: 14.

真正说来就根本不会有任何承诺，这是由于我就自己将来的行为，对其他人公开承认我的意志，但这些人并不相信我所承认的内容，或者即便他们轻率地相信，他们也会以同样的方式回报我。因此，我的准则［撒谎的普遍法则］一旦被当成普遍的法则，它就必定会毁灭自身。[1]

那么在谈论"普遍的法则"时，康德是否把"普遍"的意义理解为"适用于每一个人与每一个时刻"呢？康德伦理学的当代倡导者热衷于消除一种对康德的刻板描绘，即将康德描绘成一个对毫无例外的规则的顽固崇拜者。他们通常会证明，康德的伦理学远比人们通常所认为的更为顾及灵活性和更为关注特殊性。(例如，参见康德在《道德形而上学》[The Metaphysics of Morals] 的"决疑论问题"中对于各种问题提出的诸多观点，如什么算得上是在道德上该受谴责的自杀的实际例证？[2]什么算得上是"由于贪婪的性欲而自取其辱"的实际例证？[3]) 然而，当问题涉及杀死一个无辜的人时，康德的立场是相当清晰的。根据康德的观点，我不会被允许杀死一个无辜的人，即便上帝命令我这么做。[4]因此，康德在《学科

---

1 Kant 1993: 15. 也可参见 Kant 1996b: 182–184。

2 Kant 1996b: 177–178.

3 Kant 1996b: 179–180.

4 考虑到康德以报复论为根据支持死刑的著名立场，"无辜"这个限定条件在这里是重要的。

之争》（*The Conflict of the Faculties*）中明确地谴责了亚伯拉罕。本书第2章就已经注意到康德的这个评论，而康德的这个评论是以如下论断开始的：

> 即便上帝确实对人说话，人也依然永远无法**知道**是上帝在对自己说话。人通过自己的感官来理解无限的上帝，将上帝与感性存在者区分开来，并根据这种感性存在者来**了解**上帝，这是完全不可能的。但在某些情况下，人可以确信自己听到的声音**并非**来自上帝；因为倘若这种声音命令他去做的某些事情与道德法则相悖，那么无论这个幻影显得多么庄严，无论它是否显得超越了整个自然，它也必须被认为是一种幻觉。[1]

91

正是在这段文字的脚注中，康德补充了他对于亚伯拉罕的看法：

> 亚伯拉罕应当这么回复这个据说是来自神明的声音："相当确定的是，我不应该杀死我的好儿子。但你这个幻影是上帝——我无法肯定这一点，也永远不可能肯定这一点，即便这个声音是从（可见的）天堂那里传到我这里来的。"[2]

1　Kant 1996a: 283.

2　Kant 1996a: 283.

此外，这种杀人的行径是被禁止的，因为在这里讨论的无辜者是另一个理性的存在者。（用康德的语言来说，我杀死这样一个人，这违背了他们作为一个目的的地位：我无法正当地将他们仅仅作为达成一个目的的手段。）但不能据此错误地推断出，康德坚持信奉的是这样一个荒谬的立场：亚伯拉罕的"忧惧"仅仅是由于他要毁灭另一个"理性的行动者"；而意在献祭的牺牲品是他的儿子，这个事实是不重要的。康德完全准备承认，对于特定的个体所感受到的善意，将根据对其爱恋的特殊性而在程度上有所不同。康德对"在愿望中的善意"与"实践的善意［善行］"做出了区分，前者实际上只需要"对任何他人的福祉感到愉悦，但这并不要求我为此做出贡献"[1]，而后者则相当于"让他人的福祉与幸福成为我自己的目的"[2]。在后面这种善意中，"我能够在不违背［'爱邻如爱己'］这个准则的普遍性的情况下，根据我所爱对象的不同（其中的某一个人与我的关系要比其他人更亲密），极大地改变我所持有的善意的程度"[3]。然而，就我们的目的而言，主要的关键是，正如出自《学科之争》的引文所表明的，对于康德来说，亚伯拉罕通过准备献祭以撒，将自身置于伦理的范围之外。甚至那个在表面上是来自上帝的命令，也并没有让亚伯拉罕合理地成为一个例外。因此在有关杀死无辜者的问题上，似乎并不存在任何例外。奥诺拉·奥尼尔（Onora O'Neill）这样说道：

1　Kant 1996b: 201.

2　Kant 1996b: 201.

3　Kant 1996b: 201.

通过将我们的准则限定于那些满足了定言命令考验的准则，我们拒绝将我们的生活奠基于那些必定会使我们自己的情况成为例外的准则。可普遍化的标准在道德上之所以是重要的，这是由于它不会让我们自己的情况成为任何重要的例外。[1]

奥尼尔的这个观点与亚伯拉罕——他在《恐惧与颤栗》中被当作最卓越的例外——的关联应当是显而易见的。对于康德来说，没有人可以取走另一个无辜者的生命。因此，亚伯拉罕就不是一个具备正当理由的例外，他愿意献祭以撒的意愿必须遭受道德上的谴责。亚伯拉罕确实"悬置了伦理"——因此必定要为此而遭受谴责，而不是被赞颂为"信仰之父"。

但没有任何令人满意的理由来让人们认为，约翰尼斯的主要批评对象是康德。丹麦的黑格尔主义者才是克尔凯郭尔的主要哲学对手，正是考虑到这一点的重要性，我们才能确信，不管约翰尼斯还有可能在心中想到的是什么人，至少在某些重要的方面，他仔细考察的恰恰是一种"黑格尔的"立场。因此接下来我们就需要追问，对于黑格尔来说，伦理在何种意义上是"具备普遍性的事物"。

1　O'Neill 1989: 156.

作为高于普遍性的单独个体

正如前文就已经表明的，我们的第二个要点是，在这里的主要对立是"普遍性"与"特殊性"或"个体性"的对立。但为了确切地理解黑格尔对此做出的响应，我们有必要考虑的是黑格尔在"道德"或"个人的道德"［*Moralität*］与"伦理的生活"［*Sittlichkeit*］之间做出的区分。

黑格尔对康德的定言命令提出了一个著名的反对意见，这是黑格尔从他的前辈费希特那里接受过来的。黑格尔指责定言命令仅仅是形式的与抽象的命令："它必定只能按照这样的方式来决定义务，却无法根据其内容来决定义务，它［仅仅］是排除了所有的内容与特性的形式同一性。"[1]康德立场的弱点在于

> 它缺乏所有有机的填充素材。"请考虑你的准则能否被确立为普遍的法则"这个提议或许是正确的，倘若我们已经拥有明确的规则来规定我们应当做些什么……但在康德的理论中，这种规则没有带来任何帮助，而那种要求人们不应当自相矛盾的标准也没有产生任何结果。[2]

换句话说，定言命令——事实上，任何普遍约束所有理性存在者的原则，倘若真的存在这种原则的话——过于空洞与抽象，以至于无法形成实质性的伦理规范，任何现实世界中的人都无法按照

1　Hegel 1996: §135.

2　Hegel 1996: §135.

这种命令来度过自己的人生。这就是对康德定言命令的"形式主义"的指控。费希特持有的伦理观，要比康德的伦理观具备更多的特殊性。对于费希特来说，道德义务必须要在每个个别的情况中得到辨识，而辨识道德义务的方式是，让良知对每个个别情况的特殊处境进行反思。

康德与黑格尔都赞同的观点是，道德是理性的，理性是我们人类最重要的本质。[1]他们有所分歧的地方在于，这种理性相当于什么东西。黑格尔认为康德对此持有的观点是，为道德奠基的理性是个人自己的理性思想，而黑格尔反对这样的观点。对于黑格尔所描述的伦理发展过程来说，重要的是道德与伦理之间的区别。（一个注释者将这种区别描述为"或许是黑格尔伦理思想中最突出的主题"[2]。）道德与个别行动者的内在意志和意图有关。个别自我的使命是让他自己的特殊意志遵循普遍的意志。在这里，这个主体恰恰是通过它自己的意志和行动来实现它自身。但最重要的是，道德——黑格尔往往将之关联于康德的道德理论，并将之视为一种相对抽象的东西——必定最终隶属于伦理，即一个人所在的社会的"伦理生活"（因此这个术语有时也被译为"社会的道德"或"习俗的道德"）。也就是说，我们的道德义务的内容，是为在我们与其他个体以及我们与习俗之间形成的具体而又现实的关系所确定的。斯图尔特（Stewart）将伦理解释为"由在任何给定社会中普遍接受

1　对于黑格尔道德观的一个简要而又清晰的解释，参见 Inwood 1992: 191-193，当前的这段文字也受益于这个解释。

2　Wood 1993: 222.

的惯例、义务、制度和习俗构成的明确具体的领域"[1]。按照黑格尔在《精神现象学》(*Phenomenology of Spirit*)中的说法（这标志着黑格尔赞同"最明智的古人"），"智慧与美德在于按照一个人所属国家的习俗[*Sitten*]来生活"[2]。重要的是要注意到，黑格尔所建议的并不是未经反思地接受一个人所属社会的习俗与制度的现状(*status quo*)。相反，现代国家的那些受过教育的成员之所以接受这些习俗与制度，是因为他们已经考虑过，这些习俗与制度有可能以何种方式获得理性的辩护。[3]事实上，黑格尔自己的哲学就旨在提供这样一种辩护。

我要请读者注意的是，这个目的以何种方式影响了"伦理就是具备普遍性的事物"这个论断对黑格尔的意义。只要伦理生活[*Sittlichkeit*]是由一个特定社会的法律、习俗和制度构成的，它就是"普遍的"。根据这种对"普遍性"的理解，倘若认为作为单独个体的亚伯拉罕"高于"普遍性，这就相当于在主张，亚伯拉罕认为他自己对于上帝的那种私人性的个别关系，要优先于亚伯拉罕作

1　Stewart 2003: 311.

2　Hegel 1977: §352.

3　参见 Hegel 1996: §258。埃文斯补充说："黑格尔相信，现代国家已经实现或正在实现一种社会制度，其中的理性要求不再对立于社会要求，因为那些社会本身就实现了理性的诸多要求。"(Evans 2004: 68)

为社会生物与良好市民所承担的义务。[1]对于我们当代的社会道德来说，这种认为父亲可以根据所谓的上帝命令来准备献祭自己儿子的想法，在道德上看来是不可容忍的。[2]我们的社会道德与黑格尔或克尔凯郭尔的社会道德在这方面都没有什么不同。因此，我们就可以理解约翰尼斯为什么会坚持认为，黑格尔实际上应该明确地谴责亚伯拉罕。(约翰尼斯说，黑格尔应当"宏亮清晰地抗议亚伯拉罕作为信仰之父所享有的荣耀，而亚伯拉罕本应当被遣送到某个低级法庭进行审判，并揭露他作为杀人犯的身份"[FT 84]——也就是说，一旦亚伯拉罕的行动与法律产生了冲突，就应当这么对待亚伯拉罕。[3]）但黑格尔之所以谴责亚伯拉罕，还存在着一些额外的理由。为了弄明白这些理由，我们就需要简要地考虑黑格尔对于语言的某方面见解。这将表明让亚伯拉罕变得不体面的第三个特点与第

---

1 也就是说，考虑到亚伯拉罕的背景，这样的理解才是有意义的。约翰尼斯说过："在伦理的意义上说，亚伯拉罕与以撒的关系很简单：父亲应当爱儿子更多过爱自己。"(FT 86)构成这种说法之背景的东西或许是黑格尔的这种想法：伦理是在家庭、公民社会与国家中呈现的，对于亚伯拉罕来说，没有什么东西比家庭"更高"。因此，约翰尼斯稍后做出的评论是，"在亚伯拉罕的生命中，没有什么伦理 [det Ethiske] 的表达比'父亲应当爱儿子'更高。在伦理生活 [det Sædelige; 试比较Sittlichkeit] 意义上的伦理 [det Ethiske] 是完全不值得考虑的"(FT 88)。它之所以不值得考虑，是因为伦理的这些"更高的"表达只能在最低限度上适用于亚伯拉罕（除了以下这一点：未来的民族与国家都"隐藏"在以撒的"腰部" [FT 88]）。也可参见疑问III，约翰尼斯在那里明确地表示，"对于亚伯拉罕来说，伦理并没有比家庭生活更高的表达"(FT 136)。

2 或许我们做出这样的判断是正确的，我们在第6章考虑亚伯拉罕的处境与我们的处境之间的区别时就会看到这一点。

3 Stewart 2003: 315.

四个特点之间的关联。

私密性与语言

对于黑格尔来说，语言构成了一个公共的领域，它运用的是诸多可共享的概念。亚伯拉罕无法用语言让他自己被人们理解，因此就极其令人困惑。黑格尔深深地怀疑一个人与"绝对"或神明形成这种无法用语言表述的直接关系的可能性：对于黑格尔来说，这种想法已经具备了意见的可疑气息。

黑格尔在谈到意见或看法〔*Meinung*〕时将之关联于个人的特质。一个意见是

> 一种主观的表现，一种随意的想法，一种想象，我能够按照我希望的任何方式来形成意见，而其他的某个人也能够按照不同的方式来形成意见。**意见**是属于我的；就其本身而言，它并不是一种具备普遍本质的思想。但哲学是一门有关真理的客观科学，是一门有关真理必然性与概念认知的科学，而不是用来发表意见与维持意见的。[1]

与之相一致的是，黑格尔反对在他看来与自己处于相同时代的德国人所拥有的一个倾向，即"围绕着感情与幻想来对哲学进行

---

1 这段引文出自黑格尔的《哲学史讲演录》（*Lectures on the History of Philosophy*）的导言，转引自 Inwood 1992: 48。

系统化"：[1]用这些术语的一种通俗意义来说，即过度的主观性，黑格尔在这里的一个特定批评对象是浪漫主义的个人主义，按照它的设想，"个人的武断意志将作为道德判断的绝对标准"[2]。正是由于这个原因，黑格尔反对思辨哲学，并与"被他在《哲学科学百科全书》（*The Encyclopedia*）中称为哲学'任性的骑士作风'的倾向进行斗争，黑格尔辩称，这种任性已经导致了'每个人都［想要］拥有他自己的哲学体系的狂热'"[3]。在《精神现象学》中，黑格尔专门比较了我意指的东西——我的具备个人特质的特殊意义——与通过对公众有效的具备"普遍性"的语言表达手段可以说出的东西。主观的个人特质无法通过具备普遍性的语言表达手段表达出来。正如迈克尔·英伍德（Michael Inwood）所简洁表述的，"黑格尔总是支持语言的理性并贬低意见"[4]。

通过考虑黑格尔在讨论道德时所担忧的良知危机，我们就能更清楚地看到黑格尔的这个立场的重要性。"根据你的良知来行动"是费希特伦理学的核心原则。但在《权利的哲学》（*Philosophy of Right*）中，黑格尔认为，良知的自我中心是危险的。这种危险的表现是，"一个人坚持将他自己的意志作为他自身的有效权威"[5]。黑格尔担忧的是"意志的纯粹内在性"，它"有可能将绝对的普遍性转变为纯粹的任性。它或许可以从个性特质的独特事物中制造出一

1　Dickey 1993: 306.

2　Stewart 2003: 312.

3　Dickey 1993: 307.

4　Inwood 1992: 48.

5　Hegel 1996: §138.

个原则，将这个原则置于普遍事物之上，并通过行动来实现这个原则。而这是有害的"[1]。倘若我们回想到，约翰尼斯在谈论亚伯拉罕时曾经将他作为处于"与绝对事物的绝对关系中的那个单独个体"，那么黑格尔的这段文字对于我们目的的重要性就会变得清晰起来。对于黑格尔来说，任何求助于良知的做法，都有必要避免这种危险，而在这里，普遍、公共的语言表达手段能够有助于避免这种危险："语言是一种为了其他人而存在的自我意识……由于这种自我意识是普遍的……它恰恰按照其他人理解自身的方式来理解自己。"[2]

这正是亚伯拉罕不可能做到的。约翰尼斯坚称，亚伯拉罕无法"说话"，无法在语言的公共舞台上为他自己做出解释。接下来人们就应当清楚地看出，亚伯拉罕为什么会成为一个让约翰尼斯与黑格尔发生分歧的如此重要的例证。上帝的命令完全存在于上帝与亚伯拉罕的私人关系之中，这种关系正是黑格尔所厌恶的。对亚伯拉罕的这场考验的彻底私密性，看起来就像是意见的一个清晰明确的实际例证。同样值得注意的相关事实是，在黑格尔的成熟思想中，他将信仰［*Glaube*］关联于"直接的确定性"［*Gewissheit*］（尽管在所谓的《早期神学作品》［*Early Theological Writings*］中并非如此）："主观的确定性并不蕴含真理。"[3]同样与之相关的是黑格尔对信念伦理学的批评，信念伦理学主张，"我的善良意图以及我确信

---

1 Hegel 1996: §139.尽管国家能够支持某些形式的道德良知，但它无法容许那些抵触普遍有效的民法的行为（试比较 Stewart 2003: 314-315）。

2 Hegel 1977: §652.

3 Inwood 1992: 46.

这个行为是善良的信念，让这个行为成为了一种善良的行为"[1]，而黑格尔认为这种观点是荒谬的。

正是因为这些理由，黑格尔就像康德一样，他们都不准备宽容亚伯拉罕，不会认为亚伯拉罕的处境如此独特，以至于无法传达给其他人，因此亚伯拉罕无法正当地成为伦理要求的一个"例外"。[2]因此，尽管"普遍性"这个术语在康德与黑格尔那里产生了不同的回响，但这两位哲学家都坚持认为，伦理要求在某种意义上是普遍的，理性需要我们服从这些伦理要求。[3]亚伯拉罕无法做到

---

1 Hegel 1996: §140.

2 黑格尔在他早期的论文《基督教的精神及其命运》(*The Spirit of Christianity and Its Fate*，克尔凯郭尔没有途径读到这篇论文)中对亚伯拉罕的评论是"野蛮"。他得出了某些与约翰尼斯相同的结论，但最终他对亚伯拉罕做出了更加具有负面性的评判。黑格尔将亚伯拉罕描述为"对立于整个世界"，"正是仅仅通过上帝，亚伯拉罕与这个世界形成了一种中介性的关系，这是只有他才有可能形成的那种与世界的关系"(Hegel 1971: 187)。(请比较亚伯拉罕作为"单独的个体"的想法，它将亚伯拉罕自身视为"高于"普遍的事物。)"只有爱超出了他的权力；甚至他怀有的这种爱，他对自己儿子的爱，甚至他对自己子孙后代的希望——这是他所了解与希望的一种延续他自己生命的方式，一种让自己成为不朽的方式——也有可能让他沮丧，让他排除了一切的心灵感到困扰，并让他的不安达到了这样的程度，以至于他一度想要消灭这种爱；他只有通过以下这种确定的感受才能让自己的心灵获得安宁：这种爱不至于强烈到这样的程度，以至于让他无法用自己的双手杀死他心爱的儿子。"(Hegel 1971: 187)

3 埃文斯提出，表述"亚伯拉罕在他所处的社会中无法向其他人为自己的行为辩护"这个观点(因为"这种辩护必须诉诸被这个社会嵌入语言之中的公认价值")的一种更加具有当代风格的方式是说，亚伯拉罕无法求助于罗尔斯意义上的"公共理性"(Evans 2015: 73)。韦斯特法尔提出，亚伯拉罕也无权去运用哈贝马斯意义上的辩护(Westphal 2014: 56)。

这一点，这就意味着他必须遭受谴责。

伦理的首要地位

然而，约翰尼斯在这里进一步提出了一个重要的观点。以这种方式理解的伦理就是对它自身的辩护。这就是约翰尼斯通过断定伦理"内在地立足于自身"（FT 83）而想要表达的意思。它的目标或目的［telos］并非外在于自身；相反，它"自身是一切在它之外的东西的目的"（FT 83）。一切事物都是通过与伦理的关系来获得理解的，一切事物在重要性上都从属于伦理。我们非常有必要理解这一点。相较之下，请考虑这样一种"神令伦理学"，它将道德上的善等同于上帝的意志或命令。根据这种观点的某些版本，道德上的善之所以可以成为道德上的善，这仅仅是由于"上帝拥有这样的意愿"。在这种情况下，伦理（也就是说，在这个例证中是"道德上的善"）就确实拥有一个外在于自身的目的：上帝的意愿。我应当避免让自己杀死无辜者的理由是，上帝拥有这样的意愿。出于同样的理由，倘若上帝的意愿是，我应当杀死一个无辜者，那么我在道德的意义上就应当去这么做。然而，倘若道德就是这样的，那么约翰尼斯就希望我们能够看到，伦理不可能是它自身的目的：存在着一个更高级的上诉法庭（上帝的意愿）。因此，对于那个自始至终困扰着约翰尼斯的问题的一种表述方式是，是否存在任何比伦理更高的上诉法庭？也就是说，是否有可能存在某种"更高的"东西，根据这种东西就可以悬置伦理（个人对于"普遍"要求所承担的责任）？

不难看出，为什么某些人会认为，上述形式的神令伦理学恰恰就是在《恐惧与颤栗》中的约翰尼斯所支持的东西。根据这种解读，对于第一个疑问，即"是否存在一种对伦理的目的论悬置？"的回答是"不存在"，因为亚伯拉罕的行为在伦理上是正确的：他服从了上帝的命令（一个人格化的上帝做出了应许并发出了命令）。对这个问题的回答之所以是"不存在"，这是由于对第二个疑问，即"是否存在一种对上帝的绝对义务？"的回答是"存在"。我们将在第6章中考虑那些根据其支持的神令伦理学而对《恐惧与颤栗》做出的解释。

为了避免留下任何不清晰之处，我有必要在这里明确指出，被约翰尼斯仔细考察的那个观点，对我们的这个问题（"是否存在任何比伦理更高的上诉法庭？"）的回答是否定的。正是由于这一点，"个人的伦理任务就是……取消自身的特殊性，以便于成为普遍的"（FT 83）。此外，倘若没有任何事物高于伦理，那么就没有任何东西可以阻止我们将宗教的用语与伦理的用语混为一谈，实际上就是让我们持有这样一种观点：宗教的事物可以被归结为伦理的事物。这就是约翰尼斯在说出下面这段话时在心中想到的：

> 一旦这个单独的个体想要断定他的特殊性，并让自己直接对立于普遍的事物，那么他就是在制造罪孽，而只有通过承认这一点，他自己才能重新与普遍的事物和解。每当这个单独的个体进入普遍的事物之中，他都会感到有一种想要断言他的特殊性的冲动，他就处于一种遭受诱惑的状态之中，只有在忏悔中放弃他对于普遍事物的特殊性，他才能从这种

98

遭受诱惑的状态中解脱出来。

（FT 83）

这段文字的重要性恰恰在于，它挪用了宗教的用语来描述违反伦理的罪行。约翰尼斯现在持有的问题是，这种观点是否就是"最高的"观点？也就是说，以上这种观点是否恰当地体现了基督教的宗教观点？倘若它确实做到了这一点，那么"伦理的事物与一个人的永恒福祉就是完全相同的，一个人的永恒福祉在全部的永恒中、在每一个瞬间里都是这个人的目的"（FT 83）。换句话说，获得救赎所需要的是，过一种在伦理的意义上无可指责的生活。（根据对康德宗教哲学的最常见解读，这也是康德的见解。[1]）倘若实际情况就是这样的，约翰尼斯说，接下来就可以从中推断出两件事。第一，黑格尔的以下说法或许就会成为正确的：将一个人视为"单独的个体"是一种"恶的道德形式"，它必定会"在伦理生活的目的论中被扬弃"（FT 83）。换而言之，根据黑格尔的观点，当一个人并不按照他的特殊性来思考自身，而是将自己归入社会整体的一个组成部分，这个人就能从那种将自身主要视为个体的"罪过"中被拯救出来。对于黑格尔来说，这就是道德生活的表现：一个人通过让自身服从普遍伦理的要求而获得了理性存在者的最高尊严。第二，如果黑格尔是正确的，那么犹太教与基督教事实上就会成为多余的事物，不管黑格尔以何种方式宣称，这种哲学就是基督教的哲

---

1 康德的宗教观已经在 Phillips and Tessin 2000 中的某几篇论文中获得了讨论，而这几篇论文还质疑了康德的某些论点。

学。虽然黑格尔与我们在上述引文中看到的约翰尼斯在用一种明显的黑格尔式的思维方式来解释这些问题时，运用了罪过、诱惑与救赎这样的措辞来进行谈论，但这种圣经的措辞实际上对于那些要求来说是多余的。倘若伦理生活确实是"最高的"，"那么人们除了需要希腊哲学家的那些范畴之外，就不再需要其他的范畴了"（FT 84）。也就是说，作为一个人最高目的的伦理生活，可以完全根据希腊的异教观点来获得理解。（这就是约翰尼斯在他即将进行的对悲剧英雄的讨论中利用希腊悲剧不断强调的一个要点。）这就是克尔凯郭尔想要攻击黑格尔的论断——"黑格尔的哲学是一种基督教的哲学"——的一种方式。

99

因此，这就是约翰尼斯抵达我们先前已经有所暗示的那个结论的方式：倘若黑格尔是前后一致的，那么他就应当"宏亮清晰地抗议亚伯拉罕作为信仰之父所享有的荣耀，而亚伯拉罕本应当被遣送到某个低级法庭进行审判，并揭露他作为杀人犯的身份"（FT 84）。在黑格尔主义与亚伯拉罕之间，必定有一方是错误的。

亚伯拉罕是一位非道德主义者吗？

那么，亚伯拉罕是否就像约翰尼斯对他的描述那样，完全忽视了"普遍的"伦理要求？并非如此。为了看到这一点，我们就应当注意到约翰尼斯在这里做出的一个重要限定。他对亚伯拉罕的描述是，他"已经进入了普遍的事物之中"（FT 84）。一个人将他自己"隔离为比普遍事物更高的特殊事物"的一个显著表现是：成为了一个彻头彻尾的非道德主义者，他有意识地拒斥道德的命令与要求。对约翰尼斯的目的来说重要的是，他将这样的人物与亚伯拉罕区分开来——这就是约翰尼斯用这个限定旨在完成的目标。我们相信，亚伯拉罕认真地对待伦理的要求，在大多数情况下认为自己是接受这些伦理要求的束缚的：这就是为什么这个讨论关注的是对伦理的"目的论悬置"，而不是对伦理的完全放弃的原因。[1]然而，这个论断似乎表明，存在着某些例外的场合，在这种场合下，伦理确实有可能被悬置。按照约翰尼斯的观点，相信这一点并按照这一点来行动，这就是信仰的一个最重要的特征。

约翰尼斯是通过如下这种说法来表达这一点的：

> 信仰恰恰就是这样一个悖论：作为特殊事物的单独个体［*den Enkelte som den Enkelte*］高于"普遍的事物"，他可以正当地以这样的方式面对后者，并非从属于后者，而是优越于后者，但请注意，是以这样一种方式：正是这个单独的个体，在作为特殊事物从属于普遍事物之后，如今他借助于普遍的事物成为了这样一种个体，这种个体作为特殊的事物，与绝对的事物处于一种绝对的关系之中。这个立场是不可能有中介的，因为所有的中介恰恰是根据普遍的事物而存在的；它不仅永远是一个悖论，而且永远将自己保持为一个悖论，它是一个思想无法理解的悖论。然而信仰**就是**这个悖论。

（FT 84-85）

---

1 这个观点在疑问Ⅲ中得到了进一步的讨论，约翰尼斯在那里旨在表明，亚伯拉罕对那些最直接受其影响的人们隐瞒目的的做法与各种"审美的"（附属于伦理的）隐瞒行为之间的区别。尤其可以参见"第一个"直接性与"随后的"直接性之间的区别（FT 109）。

这段重要的文字将卸下某些负担。首先，"作为特殊事物的单独个体高于普遍的事物"和"与绝对的事物处于一种绝对的关系之中"这两个论断的意思如今应当已经变得相当清晰。从最基本的层面来说，这就相当于在断言，一个个体可以用更为直接的方式与"绝对的事物"——约翰尼斯将之理解为（亚伯拉罕的）上帝——形成一种关系，而不需要以普遍的事物为"中介"。但对于黑格尔来说，一个人不可能在没有某种中介的条件下接近神明。在《精神现象学》中，黑格尔将基督教称为"天启宗教"，在这种情况下，这个中介就是基督的化身（基督是"作为个体自我的圣灵"[1]）。事实上，黑格尔在《精神现象学》中明确将基督描述为"中介者"[der Vermittler][2]——考虑到基督实际上以这种方式描述过自己（"我就是道路，真理，生命。若不借着我，没有人能到父那里去。"[3]），黑格尔的这种描述是不足为奇的。亚伯拉罕的故事冒犯了这种意识的原因在于，亚伯拉罕与上帝的关系似乎远比这种意识所设想的更为"直接"。在《创世纪》的这个故事中，上帝的意志并不是通过诸如教士、神圣经典或上帝之子的化身这样的中介来得到揭示的，亚伯拉罕拥有直接通往上帝的途径。

然而，我们应当注意到，约翰尼斯似乎是以一种完全不同于黑格尔的方式来使用"绝对"这个术语的。正如在上文中提到的，

1　Hegel 1977: §762.

2　Hegel 1977: §785.

3　John 14:6.

对于约翰尼斯来说，"绝对的事物"似乎意指"上帝"：亚伯拉罕的上帝。对于黑格尔来说，就像在康德之后的德国哲学传统中的许多哲学家所认为的那样，"绝对的事物"就是没有条件的终极实在：在某种意义上，"绝对的事物"被等同于作为一个整体的宇宙。但由于这也包括了你和我，约翰尼斯和亚伯拉罕，因此"绝对的事物"并不是我们有可能与之形成任何关系的某种事物。于是对于黑格尔来说，倘若说亚伯拉罕"与绝对的事物处于一种绝对的关系之中"，那么这种说法简直完全没有任何意义。

但为了理解"中介"的意思是什么，我们就有必要对此做出更多的评述。此外，中介在何种意义上"凭借普遍的事物"而存在？

101　　"中介"[*Vermittlung*]是黑格尔的关键术语，用阿拉斯泰尔·汉内的话来说，它是"消解对立的概念，并让它们进入更高级的概念统一体"（FT 154n58）的过程。这是黑格尔的哲学方法的一个重要组成部分。例如，人们或许会自然而然地认为，义务（职责）与欲望（癖好）处于对立的状态：人们的欲望（比方说，彻夜的寻欢作乐）经常显得对立于人们的义务（比方说，待在家里照顾年幼的子女）。欲望与义务之间的表面对立的表现可作为一个例证，黑格尔与克尔凯郭尔在《非此即彼》中塑造的威廉法官都讨论过这个例证，汉内也提到了这个例证。这就是人们经常会表达的想法，即个人自由对立于公共职责。你告诉我，你无法形成任何具有约束性的关系或承诺，因为这将"束缚你"，限制你的自由。（克尔凯郭尔对这个观点的最著名描述是《非此即彼》中的唯美主义者A的文章《轮作》。）黑格尔与法官威廉的目的是要表明，这是一种肤浅的自由观，对自由的真正理解表明，自由依赖于公共职责。他们何以会得出这样的结论？

他们对此的基本想法如下。对于黑格尔来说，一个人是自由的，当且仅当他"是独立的与自决的，他既不是由某个并非［他］自身的事物决定的，又不依赖于某个并非［他］自身的事物"[1]。但人们不能假定，按照自身的欲望来行动就是自由的表现，因为一个人的欲望通常都是由外部强加给这个人的。这种想法存在诸多不同的版本。例如，请考虑这样的想法，一个人最基本的肉体欲望——柏拉图笔下的苏格拉底在《理想国》中称之为"性欲与其他欲望的骚动，非理性癖好的要素"[2]——并不是一个人的真实自我或最高自我的表现。根据这种观点，我的欲望并不是真正的"我"：我真正的自我并不应当等同于我的"非理性癖好"，而是应当等同于我的理性。不过，黑格尔认为，一个人以禁欲的方式压制自己欲望的做法经常会趋于过度，因为对于一个经过开化的成年人来说，他的欲望很少纯粹是粗野的肉体欲望，而是充斥着各种来自文化与伦理的影响。在所有这些想法背后的潜在问题是，对于自我与外在于自我的事物，我们应当在何处为它们划出界线。黑格尔的总体思路是想要证明，试图通过忽视或废除一个人觉得束缚了自己真实自我的东西（如柏拉图反对肉体的禁欲主义）来获取自由的尝试是不会发挥作用的。相反，自由在于承认一个人觉得是"他者"的东西可以与自身等同。因此，当这个"他者"是公共职责时，解决方案就是承

102

---

1 Inwood 1992: 110.

2 Plato 1974: 439d.

认公共角色与公共承诺为创造自我做出的贡献。例如，由于我认真地对待了我作为丈夫、父亲与当地医生的角色，我就发展形成了诸多的关怀与承诺，而它们是我的身份与自我意识的重要组成部分。归根到底，我在没有这种角色的条件下又如何能够拥有一个身份呢？我们所有人都拥有某些这样的角色——儿子、女儿、兄弟、姐妹、公民、邻居。但通过"拥有"这种角色，公共职责与个人自由就能够协调，从而进入一种"更高级的统一体"。这就是"消解对立的概念，并让它们进入更高级的概念统一体"的一个例证。

中介的第二个关键特征——我们在这里需要回想我先前在评述意见与语言时提出的诸多要点——是，它是一种概念操作，这种操作发生在语言与概念的公共舞台之上。我认为，这就是约翰尼斯在说"所有的中介恰恰是根据普遍的事物而存在的"时想要表达的意思。在此处通过楷体字强调的那段话指的是这样的想法：概念是公众可以理解的——正是在这个意义上概念是"普遍的"。正如我们已经看到的，约翰尼斯坚持认为，亚伯拉罕不能够"说话"：他无法在语言与概念的公共舞台上为自己的行为做出解释。倘若人们认为"思想"就存在于公众必定能够有效理解的概念之中，那么即便约翰尼斯的亚伯拉罕真的是"一个思想无法理解的悖论"，这种真实性也是微不足道的。

总之，约翰尼斯似乎断定，中介无法"解决"亚伯拉罕的问题。对于黑格尔主义者来说，"单独的个体与绝对的事物处于一种绝对的关系之中"，"单独的个体"可以与上帝形成一种直接的关系，这都是不融贯的思想，它们无法通过中介来消解这种不融贯，并以某种方式让自身变得融贯起来。在这个语境下，约翰尼斯在我们的这句引文（"然而信仰就是这个悖论"）中最终坚持的立场，应当被解读为如下意思：不管所有这一切，亚伯拉罕的这种生存方式是可能存在的。信仰的典范不仅有可能存在，而且确实存在着。因此，倘若我们想要能够认真地对待亚伯拉罕的这个故事，那么我们就有必要认真对待与上帝形成这种直接的、没有中介的关系的可能性，就有必要认真对待诸如亚伯拉罕这样的人类个体（这就是约翰尼斯真正要表达的意思——后文将对这一点的重要性做出更多论述）。

　　事实上，约翰尼斯谴责的或许是那种对于黑格尔的中介观的 103歪曲或误解。对于黑格尔来说，"中介的事物"可以与诸如"复杂的事物"或"发展的事物"这样的东西形成回响，并对立于"直接的事物"，而后者则与诸如"简单的事物"或"被给定的事物"这样的东西形成回响。不过，绝对的、没有中介的直接性是虚构的妄想：在这种意义上，一切都是拥有中介的，都是可以概念化的。另一方面，黑格尔断言，中介与直接性之间的对立本身也需要中介，因此最终没有什么事物是纯粹的中介或纯粹的直接性。因而存在的是不同等级的中介，而根据英伍德的观点，"黑格尔的诸多观点之所以模糊不清，这经常是由于那些发挥作用的中介与直接性处于不同的层面之上：如绝对的事物、完全无中介的事物、直接性（这从未发生过）、相对不加掩饰的直接性与拥有中介的直接性"[1]。就我们的目的而言，我们没有必要完全陷入这个错综复杂的主题之中。但我们确实需要对这个主题说这么多。根据黑格尔的见解，我对于自

1　Inwood 1992: 186.

己生存的认识是（相对）直接的，而我对于上帝的认识是（相对）间接的。但为了表明这一点，并非必须去断定，基督、神圣经典或教士是通向上帝的唯一道路。对于中介来说，还有另一个可以适用于亚伯拉罕的实际情况的重要维度，而约翰尼斯似乎忽略了这个维度。由于任何事物都不是纯粹直接的事物，这就意味着，倘若根本没有任何中介，亚伯拉罕的上帝就会仅仅成为一种怪异而又空洞的声音。恰恰只有通过中介，这种声音才能被亚伯拉罕辨认为上帝：那位创造了这个世界，将亚当与夏娃从伊甸园中驱逐出去，发起了大洪水，与亚伯拉罕签订圣约，摧毁了索多玛与蛾摩拉并完成了其他壮举的神明。因此就这种"中介"的意义而言，约翰尼斯不应当以具有误导性的方式说，亚伯拉罕与上帝形成绝对关系的那个立场"不可能拥有任何中介"。处于某个等级的中介必定已经提供给了亚伯拉罕，这样他才能够从根本上将他的对话者确定为上帝。[1]

因此，我们应当将与我们的关切有关的中介区分出三个维度。第一，在最宽泛的意义上，亚伯拉罕与上帝的互动是有中介的（正如我刚刚描述过的），只不过约翰尼斯错误地认为，亚伯拉罕与上帝的关系"不可能拥有任何中介"。这种说法本身就已经是一种中介了。但就中介进一步拥有的两种其他的意义而言，约翰尼斯或许是有充分理由的。其中的第一种意义指的是这样的想法：一个人不可能在没有诸如基督、《圣经》或教士这类中介的情况下接近上帝。这个想法肯定是约翰尼斯所针对的某部分目标。其中的第二种意义是黑格尔所持有的这个想法：由于一切事物都是要被中介调和的

104

1　在这里请比较康德在上文出自《学科之争》的第一段引文中提出的观点。

（在可概念化的意义上），那么就没有什么东西不能用语言来进行表述。因此，黑格尔就会不得不与约翰尼斯在表面上持有的这个论断进行争辩：亚伯拉罕根本不能"说话"——因而就不能够交流。然而，我们将在后面找到理由来提出这样的问题：约翰尼斯自己能否前后一致地坚持这个观点。

根据我在以上倒数第三段文字中的描述，约翰尼斯想要在一个重要的方面提出更高的要求。在他看来，亚伯拉罕并不是信仰的重要典范之一，而是独一无二的代表——或接近于独一无二的代表。对此持有强烈怀疑态度的人会找到诸多与亚伯拉罕类似的故事，但约翰尼斯说："我会非常怀疑，人们在整个世界里能否找到哪怕一个类似者，除非后来的类似者是一个什么也证明不了的类似者。"（FT 85）我们将在第6章中回到这个令人困惑的神秘评论的某方面内容上——但就目前而言，我们需要将我们的注意力转向另一种类型的人物，亚伯拉罕或许显得与之类似，但约翰尼斯坚持认为，两者并不相似。相较于我们先前对于无限弃绝的骑士的讨论，我们现在需要对"悲剧英雄"添加一个更加充分的讨论。

阿伽门农与其他的悲剧英雄

正如我们已经看到的，约翰尼斯强调，亚伯拉罕"不可能被中介调和"：他"要不就是一个杀人犯，要不就是一个信仰者"（FT 85）。约翰尼斯现在为之辩护的方式旨在表明，不同于悲剧英雄这种主要"在伦理意义上的"人物，亚伯拉罕的行为无法用"普遍的"伦理术语来做出解释与辩护。换言之，亚伯拉罕并非仅仅是另一个"悲剧英雄"。[1]

但谁是"悲剧英雄"呢？正如我们先前看到的，约翰尼斯在"开场白"中简要地提到了这种人物，但现在他考虑了三个例证。第一个例证是阿伽门农，特别是欧里庇得斯在他的戏剧《伊菲革涅亚在奥利斯》(*Iphigenia in Aulis*)中描绘的阿伽门农。阿伽门农是希腊军队在特洛伊战争中的领袖，他试图率领一支舰队去洗劫特洛伊。但若女神阿尔忒弥斯不送来一阵顺风，阿伽门农就不可能实现这个计划。为了换取有利于这支舰队的顺风，阿伽门农获得的指示是，阿伽门农应当以嫁给英雄阿基里斯为借口，将他的女儿召唤到奥利斯港。但实际上，阿伽门农的女儿将被献祭给阿尔忒弥斯。阿伽门农所面对的是在他作为国王的城邦义务（某种类似于黑格尔意义上的"普遍事物"）与他对伊菲革涅亚的爱（特殊的事物）之间形成的悲剧性困境。问题在于，阿伽门农自己能否为了一种"更高级的"善（因为它是"普遍的"）而下命令让自己的女儿去死。在欧里庇得斯那个版本的故事中，阿伽门农确实下达了这个必要的命令，但在献祭的那一刻，诸神夺走了伊菲革涅亚，并让她与诸神住在一起。[2]但这里的关键是，就像亚伯拉罕一样，阿伽门农准备完

1 请回想上文关于悲剧英雄与无限弃绝的骑士的重叠部分的论述，参见第3章（注12）。

2 或许这不过是向克吕泰涅斯特拉（她是阿伽门农的妻子与伊菲革涅亚的母亲）传递消息的信使所理解的结果。欧里庇得斯的戏剧拥有一个模棱两可的有趣结局。根据信使所说的情况，所有出席祭祀仪式的人都听到了祭司用刀切割伊菲革涅亚脖颈的声音，但当他们抬头观看时，他们并没有看到一个死去的女孩，而是一头死去的母鹿。这被理解为以下这种情况的迹象：伊菲革涅亚的英雄气概所获得的奖赏，将她送往诸神所在之处并与诸神一起生活。不过，克吕泰涅斯特拉仍然想要知道，这是否仅仅是为了让她觉得好受一些而编造的一个故事。

成这次献祭："正是由于英雄气概，这位父亲不得不做出这样的牺牲"（FT 86）。他愿意"为了全体人民的福祉"（FT 86）而牺牲他的女儿。

约翰尼斯的第二个例证是耶弗他的故事，这个故事出自《旧约》的《士师记》。[1]耶弗他是对抗亚扪人的以色列人的首领，他按照如下方式向上帝许愿：

> 你若将亚扪人交在我手中，我从亚扪人那里平平安安回来的时候，无论什么人，先从我家门出来迎接我，就必归你，我也必将他献上为燔祭。[2]

上帝对耶弗他的祈求做出了回应，亚扪人被彻底击败。但悲剧性的意外进展是，在耶弗他回家时，恰恰是他唯一的孩子，即他的女儿来迎接他。

研究圣经的学者对于应当如何解读这个故事存在着诸多分歧。这个文本并没有明确表示，耶弗他真的杀死了他的女儿，虽然某些早期的犹太教与基督教的注释者断定耶弗他确实这么做了。另一种解读强调的是"燔祭所象征的奉献原则"[3]。也就是说，耶弗他对上帝的许愿，被解读为耶弗他将自己的女儿供给上帝，让她终生侍奉上帝——而《圣经》的文本明确说过，她发誓终身保持自己的

1　参见 Judges 10:6–12:7。

2　Judges 11:30–31.

3　参见英王钦定版《圣经》的注释，pp. 427–428。

贞洁。耶弗他因此就失去了自己的一个继承人。相较于前面那种解读，后面这种解读或许让耶弗他的处境变得不再那么具有悲剧性，而约翰尼斯对待这个故事的方式，与他对待阿伽门农和布鲁图斯（我们马上就要谈到布鲁图斯）的方式是相同的，这意味着他在心中想到的是前面那种解读。

106　　约翰尼斯的第三位悲剧性英雄是"布鲁图斯"，即罗马第一任的执政官卢修斯·朱尼厄斯·布鲁图斯（Lucius Junius Brutus）。他最著名的事迹或许是，他严格的正义感让他将可能犯了叛国罪的两个儿子处以死刑。在约翰尼斯说出以下这段话时，他心中想到的就是这位悲剧英雄："当儿子忘记了自己的义务，当国家将审判之剑交给父亲……正是由于英雄气概，这位父亲必须忘掉那个有罪的人就是自己的儿子。"（FT 87）

在每个故事中，都有一位为了某种"更高的"事物而至少准备牺牲自己的儿子或女儿生命的父亲。因此，不难看出，人们为什么会认为，亚伯拉罕的故事可以与这些故事相类比。那么，为什么根据约翰尼斯的观点，这就会是一种错误的想法呢？

约翰尼斯似乎认为，阿伽门农、耶弗他与布鲁图斯在伦理上都是正确的：我们被告知，在每种情况下，每个人都应当敬佩这些悲剧英雄。这一点远非显而易见，约翰尼斯的某些论断所具备的争议性似乎已经达到了荒谬的程度。例如，倘若伊菲革涅亚确实将要结婚，我们被告知，"未婚夫不应当发怒，而是应当为自己能参与这位父亲的功业而感到骄傲"(FT 86)。[1]但不管我们对于这样的论断可能做出何种回应，过于重视这些论断就会让约翰尼斯的主要观点变得模糊不清。而他的主要观点只不过是，在这些"悲剧英雄"的每一个例证中，在伦理的范围之内是有可能对这些行为做出辩护的。倘若我们回想起我们先前对于伦理所做的论断，那么我们就能看到，我们的某部分论断是，悲剧英雄的行为是公众可以理解的。我们相当清楚阿伽门农的困境是什么：他实际上能否承担得起将他对自己女儿的爱置于他作为国王与军队领袖的义务之上所带来的后果？阿伽门农可以根据国家的要求胜过家族的要求来为他要牺牲伊菲革涅亚的意愿做出辩护。类似地，耶弗他向上帝做出了一个公众可以理解的许愿，因此他就可以根据履行诺言的重要性来解释他做出的抉择。（他遵守诺言也有一种实际的考虑：倘若他背弃了自己的诺言，"难道胜利不会从这个民族那里重新被拿走吗？"[FT 87]）布鲁图斯可以根据维护法律的重要性来解释他做出的决定。但约翰尼斯坚持认为，对于亚伯拉罕所处的情况，无法给出任何公众可以理解的伦理理由来为他的行为辩护。亚伯拉罕与上帝的关系的私密本质，让任何其他人都完全无法理解他为什么要准备杀死以撒。约翰尼斯发现，悲剧英雄与亚伯拉罕之间的差别是，倘若悲剧英雄就　107

---

1 请回想黑格尔的"伦理生活"在历史语境上的本质，或许这种语境恰恰让这种观点显得没有那么荒谬。因此，埃文斯再次断定（作为他用来支持如下论断的部分论证：在《恐惧与颤栗》中的伦理观是广义上的黑格尔主义的伦理观，而不是康德主义的伦理观）："在这些人物存在的伦理世界中，他们的伦理义务导源于他们共享的社会制度，他们显然认为，一个人对于国家的义务要胜过那些对于家庭的义务。"(Evans 2015: 72)

像亚伯拉罕那样做出这样的回应："这是一场我们在其中接受测试的考验"（FT 87），那么我们就无法理解悲剧英雄。换句话说，约翰尼斯断定，我们可以理解这些"悲剧英雄"的行为，这仅仅是因为我们能够看到，可能存在一种伦理上的正当理由来为他们的行为辩护（如"全体人民的福祉"或"履行诺言"）。即便我们并不赞同这种辩护理由是高于一切的，这一点也能成立。比方说，我们或许从属于这样一种文化，在这种文化中，家族的忠诚比"全体人民的福祉"更为重要，因此我们（或许会强烈地）不赞同人们认为，阿伽门农做出了一个正确的选择。但这些情况都不会真正影响约翰尼斯的主要观点：这种不赞同是在伦理领域之内的不赞同。约翰尼斯的立场似乎是，不管我们多么强烈地反对捍卫这些悲剧英雄的辩护者所提供的辩护理由，我们最终都可以理解辩护者坚持这种立场的理由。人们可以对每一种伦理可选项的相对价值进行论证。而约翰尼斯的观点是，在亚伯拉罕的情况下就不可能进行这样的论证，倘若亚伯拉罕能够提供的辩护方式，仅仅是诸如"这是一场我在其中接受测试的考验"或"我是根据荒谬之力而怀有信仰"这样没有正当性的理由。总之，倘若伦理是"普遍的"、公开的，那么亚伯拉罕就完全站在伦理的范围之外："在他的行为中，他完全逾越了伦理的事物，并且在此之外拥有了一个更高的目的，正是在与这个目的的关系中，他悬置了伦理。"（FT 88）

这就是为什么约翰尼斯断言，"亚伯拉罕的整个作为都与普遍的事物没有任何关系，而是一件纯粹的私事。因此，悲剧英雄由于其伦理美德 [*sin Sædelige Dyd*] 而伟大，但亚伯拉罕则是由于纯粹个人的美德［*en reen personlig Dyd*］而伟大"[1]（FT 88，译文有所调整）。换言之，按照我们已经表述过的说法，亚伯拉罕"与绝对的事物处于一种绝对的关系之中"。约翰尼斯暗示，将这种关系描述为一场"考验"或一种"诱惑"，这可能具有误导性。一种"诱惑"通常会让陷入诱惑的人不履行伦理的义务（FT 88）——但就亚伯拉罕的情况而言，伦理本身就是一种诱惑，因为伦理诱使一个人想要让自身被人们理解。因此，被理解为普遍事物的伦理与公众都无法容纳亚伯拉罕。因而约翰尼斯才断言，我们需要"一种新的范畴来理解亚伯拉罕"（FT 88）：一种新的范畴——难道是信仰？——在这种范畴中，一个人与上帝之间的关系有可能是私人的与没有中介的（至少根据"中介"这个术语的某种意义来说是这样的）。

108

就像无限弃绝的骑士一样，悲剧英雄也是可以理解的。相较之下，信仰的骑士"不能够说话"（FT 89）。我们先前提到的黑格尔关于语言的见解表明了这个论断的意思是什么。"说话"意味着"表达普遍的事物"："一旦我说话，我就是在表达普遍的事物，而倘若我不这么做，那么就没有人可以理解我。"（FT 89）（约翰尼斯随后以同样的方式说道："在我说话的时候，倘若我无法让自己被人们理解，那么我就没有在说话，即便我日日夜夜不停地说话也无济于事。"［FT 137］）约翰尼斯对黑格尔的这种语言观抱有某种程

1　在我看来，沃什在这里的译法更明确地忠实于丹麦语的原文。汉内将"ven sin Sædelige Dyd"译作"他的那些作为伦理生活表现的行为"，但这种译法实际上丢失了"美德"［Dyd］这个词，而这个词在描述悲剧英雄与亚伯拉罕时都被明确提到过。

度的赞同态度，这在他的如下说话中有所暗示："在亚伯拉罕唤起我崇敬的同时，他也让我感到惊骇。"（FT 89）

最后，约翰尼斯强调，亚伯拉罕由于不能让自己被人们理解，他就无法获得慰藉。（这就是另一个让约翰尼斯认为，伦理——通过说话来为自己辩护——是"一种诱惑"的理由。）此外，约翰尼斯还想要知道，这样一个人自己如何能够确信，他是有正当理由的（FT 90）。同时代的黑格尔主义者不断重复这样的说法："可以根据结果来对之做出判断"，但这并不会带来慰藉。这部分是由于"结果"来得最晚，一个人显然无法从尚未发生的结果中吸取教训。（虽然在亚伯拉罕的视角与我们的视角之间或许存在一个重要的差异，我们将在第6章中重新回到这个问题上。）约翰尼斯似乎将这种对"结果"的关切关联于旁观者漠不关心的视角，这是那种被他称为"训导者"［Docenterne］（FT 91）的人所持有的视角。约翰尼斯提到"结果"，这也表明了他的如下这种担忧：人们或许会以某种方式认为，亚伯拉罕可以根据"他'通过了'上帝的考验"这个事实而获得正当的理由。这是否就意味着，倘若亚伯拉罕完成了这次献祭——倘若上帝没有为他提供那头公羊——那么亚伯拉罕就会变得"没有那么多的正当理由"（FT 92）?（注释者将在这一点上发生分歧，我们在第6章中也会看到这样的分歧。）约翰尼斯在这里的主要关切是，亚伯拉罕的这个故事不应当仅仅变成一个与"曾经发生之事"有关的问题："正是结果引起了我们的好奇，就像我们对于一本书的结局感到好奇一样；对于恐惧、困苦、悖论，人们并不想知道与此相关的任何事情。人们用审美的方式与结果调情。"（FT 92）换句话说，约翰尼斯在这里的关切，是他以另一种方式表现了自己所坚持的如下立场：亚伯拉罕的这个故事不应当"遗漏这种忧惧"，"伟人正是在这种恐惧与困苦中接受考验的"（FT 93）。

109

在接下来三段离题的文字中，约翰尼斯从亚伯拉罕的"伟大"转向了圣女玛利亚的"伟大"。通过将《创世纪》的相关故事与《路加福音》的相关故事（Luke 1: 26-38，其中，玛利亚提前被告知了基督降生的预言）进行对比，我们就能更为充分地理解这些段落的文字。玛利亚惊讶地得知了自己即将成为母亲的消息，接下来她心甘情愿地接受上帝的这个意愿，这仿效了《创世纪》中亚伯拉罕与撒拉对上帝意愿做出的回应。[1]约翰尼斯还强调了玛利亚的孤独（"天使只是来到玛利亚这里，而且没有人能够理解她。"[FT 93]），这也类似于约翰尼斯对亚伯拉罕的孤独所做的论证。埃文斯（Evans）认为，这应当被解读为克尔凯郭尔向在"基督教世界"中的那些自满的同时代人传递的一则信息，其大意是，在某种意义上，所有的基督徒都会发现自己处于一种类似亚伯拉罕的位置。尽管人们或许会在沉思中陷入令人向往的想象，"看到基督在身所应许的土地上行走"，但这再一次相当于忘记了这种处境的"恐惧、困苦、悖论"（FT 94）（"这个走在其他人中间的人就是上帝，这难道不是一种可怕的想法吗?"[FT 94]）。埃文斯提出："要成为一位基督徒，就要相信上帝会与历史上一个特殊的人进行交流，上帝所传达的信息总是超越了伦理并有可能与之发生冲突，迫使这个信

1　撒迦利亚和以利沙伯在他们年老时根据预言得知了施洗约翰的诞生（Luke 1:5-23），这效仿的也是亚伯拉罕与撒拉在他们年老时成为父母的主题。

仰者与已经确立的思维方式决裂，成为'那个单独的个体'。"[1]

在这种意义上，这几段文字所传达的信息就是，今日的信仰在某些方面并不比亚伯拉罕那个时代的信仰更为轻松。[2]

总之，倘若伦理是具备了普遍性的事物，那么"亚伯拉罕的故事就包含了一种对伦理的目的论悬置"（FT 95）。也就是说，被理解为具备普遍性的伦理，为了更高的目的（亚伯拉罕对他的上帝的承诺）而被悬置。但黑格尔主义者无法接受这种例外，除此之外，根据这种观点所得出的推论也会给我们带来难以处理的问题。正如我们已经看到的，据此可以推断出来的是，亚伯拉罕与上帝之间必定拥有一种没有中介的私人关系。这就是约翰尼斯在说亚伯拉罕"作为那个单独的个体变得高于普遍性"时想要表达的意思。这是一种"无法用中介进行调和的悖论"。"倘若亚伯拉罕的情形并不是这样，那么他甚至没法成为一个悲剧英雄，而是一个杀人犯。"

110 （FT 95）换句话说，不同于悲剧英雄，亚伯拉罕甚至无法用伦理来为他的行为进行辩护，更不用说用"高于"伦理的理由或目的来为之辩护了。

---

1 Evans 2006: xxv.

2 Evans 2006: xxv. 韦斯特法尔认为，《恐惧与颤栗》包含的那种意识形态批判直接反对的是一种普遍存在的基督教世界，而这种基督教世界更具有黑格尔主义的色彩，而不是基督教的色彩（Westphal 2014: 80-81）。

疑问 II：是否存在一种对上帝的绝对义务？

我们刚刚已经看到，疑问 I 中的核心内容是普遍与特殊的关系，对于约翰尼斯来说，评价亚伯拉罕，就会让我们公开地赞同这样的想法："这个单独的个体"有可能"高于普遍的事物"。疑问 II 提出了一个相关的问题——对上帝的具体而又特殊的义务的地位问题。正如我们将看到的，关于"单独的个体"与普遍事物的关系，它也得出了一个与疑问 I 相同的结论。

正如我们已经提到的，每个疑问在开篇都会提出某方面的论断，据说我们在坚持认为伦理是具备"普遍性的事物"时就会承诺于这样的论断。疑问 II 提出的论断初看起来或许是最古怪的。它在一开始就断定："伦理是具备普遍性的事物，就其本身而言，它又是神圣的事物。"（FT 97）

这里的基本问题原来是我们对于上帝的义务的本质，约翰尼斯按照如下方式处理这个问题。人们或许会断言，所有的义务最终都是对上帝的义务。[1]但约翰尼斯想要知道，这种论断的实际价值是什么？倘若所有的义务都是对上帝的义务，这会给那种对上帝（亚伯拉罕所面对的那种上帝，对于这种上帝，人们可以进入与之有关的亲密的私人关系）的具体而又特殊的义务留下什么空间呢？难道"对上帝的义务"事实上仅仅是对伦理义务、对"普遍事物"的义务的缩略形式吗？如果是这样，约翰尼斯认为，"上帝就变成了一个无形的消失了的基点……他的权力只能在伦理的事物之中被发现，而伦理的事物充实着一切存在"（FT 96）。在这种情况下，这个被考察的观点是否最终有可能将"上帝"归结为"伦理的事物"？（请比较我们先前在疑问I中的相关讨论［"伦理的首要地位"］。）康德在《纯粹理性界限内的宗教》（*Religion within the Boundaries of Mere Reason*）中提出的如下主张就相当接近于这种说法："'我们应当服从上帝而不是服从人'这个命题的意思仅仅是，当某些人下达某种本身就是邪恶的命令（直接对立于伦理法则）时，我们就不仅不能，而且也不应当遵守这样的命令。"[2]康德还做出了这样的断言："在一种普遍的宗教之中，并不存在任何对于上帝的特殊义务；因为上帝不可能从我们这里接受任何东西；我们也没有能力通过行动来影响上帝，或通过行动来成为上帝的代理。"[3]约翰尼斯似乎要说的是，诸如此类的观点，乃至对上帝的口头许诺，在我们这个"世俗时代"的常见人群中甚嚣尘上。

111

1　请比较康德的这个定义："宗教就是（通过主观考虑）承认，我们所有的义务都是神明下达的命令。"（Kant 1998: 153）

2　Kant 1998: 110n.

3　Kant 1998: 153n.

约翰尼斯的目的是要解释信仰为什么是一个悖论。他的讨论主要集中于疑问I已经做出相关讨论的那个"普遍的"维度，而他的解释是根据"普遍事物"的公开本质而做出的。在黑格尔的哲学中，约翰尼斯告诉我们，外在的事物高于内在的事物：正如我们已经看到的，一种外在的、公开的表现，高于意见或"纯粹的"主观性。根据这样的观点，信仰——它在这里被定义为"内在性高于外在性"（FT 97）的条件——确实是一个悖论。在"对于生命的伦理观"——请记住，这是根据"普遍的事物"来理解的——中，"个人的任务恰恰是，剥夺自己的内在决定因素，并且将之表现于外在的事物之中"（FT 97）。但对亚伯拉罕的考验是按照完全私密的方式进行的，它是"一种内在性，它对于外在的事物是无法共通的"（FT 97）。因此，人们或许会将信仰作为隶属于伦理的事物而不予理会——人们或许会回到关于直接性的一种幼稚的或"审美的"形式之中——除此之外，人们也就只能以如下这两种方式之中的某一种来表述这个信仰的悖论了。这种表达或者是"这个单独的个体高于普遍的事物"（FT 97），或者是"这个单独的个体……是通过他与绝对事物的关系来决定他与普遍事物的关系的，而不是通过他与普遍事物的关系来决定他与绝对事物的关系的"（FT 98）。正如我们在疑问I的相关内容中有所暗示的，后一种表述悖论的方式意味着，这个个体的伦理关系（"他与普遍事物的关系"），导源于他与那个做出应许与命令的上帝（"绝对的事物"）的关系，而不是相反。约翰尼斯接下来马上提供了另一种表述这个悖论的方式，只有这种表述方式添加了某些在本质上新颖的东西："这个悖论也可以用这样的方式来表述：一种对于上帝的绝对义务是存在的。"（FT

98）换而言之，约翰尼斯以肯定的方式回答了疑问 II 提出的问题。因为在信仰中，个人与上帝的关系涉及一种与绝对事物的绝对关系，据此可以推断出，"伦理被缩减为相对的事物"（FT 98）。倘若绝对重要的是我对上帝承担的义务，那么我对于伦理（只要伦理并不等同于上帝）所承担的义务就只拥有相对的重要性。因此，约翰尼斯说"一种对于上帝的绝对义务是存在的"，他想要表达的意思是：第一，这种义务高于一个人对于伦理的义务；第二，相较于一个人对于上帝的义务，一个人对于伦理的义务具备的是相对的价值。只有在这样的立场上，我们才能为亚伯拉罕进行辩护。

（为了完整起见，我们应当补充说，约翰尼斯还用了另一种方式来表述他关于信仰的悖论本质的观点，这种表述方式是，"这个单独的个体完全无法让他自己被任何人理解"［FT 99］——正如我们已经看到的，这仍然是由于对亚伯拉罕的考验的彻底私密性。我们先前对于意见的讨论就已经暗示了相关的原因，我们目前将暂时打消进一步讨论这方面问题的念头，因为这是疑问 III 的一个核心主题。）

约翰尼斯接下来考虑了另一段来自《圣经》的文字，他这次引用的文字出自《新约》，它同样关注对于上帝的绝对义务的含义。在《路加福音》第 14 章第 26 节中，耶稣说道："人到我这里来，若不恨自己的父母、妻子、儿女、弟兄、姐妹，和自己的性命，就不能做我的门徒。"重要的是要注意到，约翰尼斯论述这段文字的方式，就类似于他论述亚伯拉罕的那个故事的方式，这种相似性表现为，他坚持认为，不应当削弱这些文字提出的主张，而是应当按照字面意思来理解它们。他始终对这样一种注释家保持藐视的态度，他们用自己装备的古希腊知识，得出了如下结论：这里的

"恨"实际上大致意味的是"爱得少一些"或"给予较少的优先性"（FT 100）。约翰尼斯坚称，这种逃避的"结果是说傻话，而不是让人感到恐惧"（FT 101）。这可以在两方面与亚伯拉罕的故事进行比较。第一，约翰尼斯坚持主张，这段来自《路加福音》的文字与那个有关亚伯拉罕的故事都应当按照字面的意思来进行理解："倘若那段［来自《路加福音》的］文字要有任何意义，那么它就必须按照字面的意思来进行理解。"（FT 101）相同的假设也存在于约翰尼斯对于亚伯拉罕故事的整个论述之中：请回想约翰尼斯在"开场白"中对那个教士的鄙视，这个教士认为，这个故事所要传达的信息多少是模糊不清的，它大概是要求我们将"最好的东西"给予上帝。第二，将这两段经文联系起来的是，倘若按照字面意思来理解，它们都能够引起人们恐慌：它们能够撼动其听众的世界观基础。（正是由于这一点，这些听众想要按照不同于字面意思的方式来理解它们。）我们再次回到了信仰悖论的"困苦与恐惧"（FT 103）之中。

在亚伯拉罕愿意牺牲以撒的那一刻， 113

> 对于他所做之事的伦理表达是这样的：他恨以撒。但倘若他真的恨以撒，那么他就可以肯定，上帝不会要求他那么做；因为该隐与亚伯拉罕并不相同。他必定是用他全部的灵魂来爱着以撒。当上帝要求得到以撒时，亚伯拉罕必定爱着以撒，甚至可能爱得更为强烈，只有在这种情况下他才能够牺牲以撒；因为事实上正是亚伯拉罕对以撒的爱，以其悖论性的方式对立于他对上帝的爱，这才让他的行为变成了一种

牺牲。但在这个悖论中的困苦与忧惧是，他从人情上说完全无法让自己被人们理解。

（FT 101）

请考虑这段文字的最后一行。亚伯拉罕的"困苦与忧惧"在于如下事实："他从人情上说完全无法让自己被人们理解。"或许可以原谅那些怀有对立想法的人们，在他们看来，相较于杀死自己儿子的前景，让自己获得理解可以在某种程度上减少困苦与忧惧。这就突出表明了公开的表达与可交流性——"让自己被人们理解"——在约翰尼斯审视问题的方式中占据了多么重要的位置。

约翰尼斯接下来再次将亚伯拉罕与悲剧英雄进行了对比。让自己被人们理解的主题又一次与普遍性和特殊性的中心主题结合到了一起。"悲剧英雄宣布放弃自己来表达普遍的事物；信仰的骑士宣布放弃普遍的事物来成为特殊的个人。"（FT 103）但后者既不是容易做到的事情，也不是令人欣喜的个人特质。将信仰的骑士与纯粹的"浪子和漂泊的天才"（FT 103）相区分的是，前者"知道……从属于普遍的事物是一种荣耀"（FT 103）。也就是说，正如我们在疑问I的相关讨论中看到的，信仰的骑士能够认识与感受到普遍事物的吸引力，包括那种将自己公开，"让所有人都能够读懂自己"（FT 103）的能力。请回想，这就是让伦理成为一种对信仰骑士的"诱惑"的原因。通过回到普遍的事物之中来让自己被人们理解，这是在信仰骑士的"持久考验"中不断出现的诱惑（FT 105）。约翰尼斯在这里的讨论相当详细地强调了信仰的骑士的孤独："他在一切事物中都是孤独的"（FT 106），他"始终处于绝

114

对的孤独之中"（FT 106），他是"一个个体，绝对仅仅是一个个体"（FT 107），他"独自肩负着自己的可怕责任而向前行走"（FT 107）。（在这里请回想亚伯拉罕与玛利亚的类似之处——两者都在自己的道路上成为了孤独的人物——这在先前评述疑问I时就已经有所讨论。）

疑问II就像疑问I一样，用一种非此即彼的方式来结束自身。初看起来，这个文本似乎可以解读为，约翰尼斯向我们提出了四个选项，但事实上，后面三个选项都是一个相同主题的变化形式而已。后面三个选项所呈现的第一种可能性是"信仰从来就没有存在过，因为它总是存在着"（FT 108）。换句话说，信仰并不是像亚伯拉罕所例示的那种非同寻常的事物。这个选项为我们呈现的是"淡化"信仰的一个实例。因此，第一个选项就类似于第三个选项：《路加福音》第十四章若被"富有鉴赏力的圣经注释者"解释，就必定会被淡化，并最终沦落到了"说傻话"的境地。由于信仰会变成某种彻底不同于亚伯拉罕所表现的东西——更轻易地顺从于"世俗的理解"，那么这两个选项实际上就相当于后面这三个选项所呈现的第二种可能性："亚伯拉罕已经迷失了。"（FT 108）因此，真正非此即彼的选择如下：或者对于做出应许的上帝，存在一种绝对的义务，一个个体能够与上帝形成一种个人的亲密关系，在这种情况下的悖论是，"作为特殊的单独个体高于普遍的事物，作为特殊的单独个体与绝对的事物处于一种绝对的关系之中"（FT 108），或者亚伯拉罕确实是"迷失了"。换言之，这个"悖论"是对以下这两种做法的唯一可替代选项：或者淡化信仰，或者将亚伯拉罕作为无情的杀人犯而不予理会。

小　结

　　让我们重述要点。倘若以上内容概括了疑问Ⅱ传递的信息，那么疑问Ⅰ传递的信息就可以按照如下方式进行概括。倘若"伦理是具备普遍性的事物"——这是约翰尼斯在论述这些疑问的过程中自始至终都在严密考察的一个假设——那么亚伯拉罕的故事就包含了一种对伦理的"目的论悬置"。亚伯拉罕以四种相关的方式挑战了这种伦理观：他是一个例外；他体现了一种让"单独的个体"能够"高于""普遍事物"的悖论；他与人格化的上帝形成了一种直接的关系；他不能在语言的公共舞台上解释自己。据说在以下方面，他不同于诸如阿伽门农这样的悲剧英雄：悲剧英雄的困境在"伦理的范围"之内，悲剧英雄可以在语言的公共舞台上为自己做出解释。"然而信仰是这样的悖论"：亚伯拉罕这个人物意味着，我们有必要认真对待这样一种可能性：通过让个体高于普遍的事物，与上帝形成一种直接的、"没有中介的"（至少在某种意义上是没有中介的）关系。

　　这最起码似乎是约翰尼斯说出来的东西。尽管如此，我们将

115

在第6章中看到，存在着大量不同的方式来剖析《恐惧与颤栗》在表面上传递的这些信息。不过，在考虑这个问题之前，我们首先应当转向第三个疑问（最后一个疑问），约翰尼斯在那里进一步反思了亚伯拉罕的沉默与隐瞒。

第五章

沉默的声音：疑问 III

疑问III或许是由《恐惧与颤栗》最难理解的那部分内容构成
的，在教授这个文本的过程中，我怀疑人们通常读得最少的就是这
部分内容。尽管这个开篇将我们导向某种在风格上类似于前两个疑
问的东西，但接下来则是一个更为漫无边际的漫长讨论。与疑问I
和疑问II相一致的是，约翰尼斯开始讨论疑问III的方式是挑选出
被理解为普遍事物的伦理的另一个特征，即它是公开的或被揭示的
[*det Aabenbare*]。正如我们已经看到的，伦理要求它的拥护者说出
（揭示）他们的行动。然而亚伯拉罕保持着"沉默"。因此约翰尼
斯的问题就是："亚伯拉罕向撒拉、以利以谢和以撒隐瞒他的目的，
他能否在伦理上为此做出辩护?"[1]

约翰尼斯以如下方式开始论述这个疑问：

> 伦理就其自身而言是普遍的事物；作为普遍的事物，它
> 又是公开的。个体被视为直接的、仅仅是感觉的与精神的存
> 在者，因而是隐秘的。他的伦理任务则是从这种隐秘状态中
> 解脱出来并公开于普遍的事物之中。因此每当他想要停留在
> 隐秘状态中，他就犯下了罪过并处于受诱惑的状态之中，他

---

1 丹尼尔·康威注意到，所有这些发生的隐瞒行为都与这三个人物有关，而这三
个人物在后文中被描述为"伦理的权威 [Instantser]"（FT 136），亚伯拉罕在他
的旅途开始时隐瞒的对象是撒拉，在旅途之中隐瞒的对象是以利以谢，在旅途结
束时隐瞒的对象是以撒，撒拉与以利以谢在前期就已经被留在了后面（Conway
2015b: 212）。康威还注意到，这个故事的《古兰经》版本并没有产生隐瞒的问
题，亚伯拉罕在这个版本中将他梦境的内容直接透露给了他的儿子。

只有通过公开自己才能摆脱这种状态。

（FT 108）

我们在第 4 章中已经做出了充分的阐释，这足以让读者明白约翰尼斯将伦理与公开关联起来的原因。约翰尼斯重复的是威廉法官的这个观点（可以在克利马克斯于《附言》中引用的一段文字中找到这个观点）：可以为审美的生存领域[1]与伦理的生存领域划分界线的观念是，对于后者来说，关键是要坚持"让每个人的义务都变得公开"（CUP 254）。隐瞒在伦理上应受谴责的最基本理由是，倘若要让一个道德共同体有可能存在，诸多道德行动者之间的交流就是必要的。正如马克·C.泰勒（Mark C. Taylor）所说，"保持沉默并拒绝用诚实而又直率的方式表达自己，这就恰恰否定了让道德关系存在的可能性……在没有交流的情况下，道德共同体是不可能存在的"[2]。沉默在伦理上是应受谴责的，因为它让一个人坚持自己神秘内心的特殊性，而不是旨在用"普遍的"语言工具来为自己做出辩护。当然，这么说并不是要否定以下这个显而易见的事实：你可能并不会接受我对于我所做之事的解释，或不会承认我的理由是一种正当的理由。但就像悲剧英雄的情况那样，这一点并不影响约翰尼斯的观点，他并没有否定产生道德分歧的可能性，而是主张倘若完全保持沉默，就没有希望来理解彼此。

因此，倘若公开是伦理的标志，而亚伯拉罕处于隐瞒的状态

1　参见第 131 页，注 1。

2　Taylor 1981: 180.

之中，那么就会存在一个显著的问题。究竟是什么让我们没有把亚伯拉罕判断为纯粹转向了隐瞒或"隐秘性"的审美领域之中呢？[1]这就是激发了疑问III的中心问题，这就是约翰尼斯提出如下说法的原因：

> 除非这种隐瞒的根据是单独的个体高于普遍的事物，否则亚伯拉罕的行为就无法得到辩护……不过，倘若存在着这样一种隐瞒，那么我们就会面对一个悖论，这个悖论是无法用中介调和的，而这恰恰是由于它的根据是这个单独个体的存在，即他的特殊性，高于普遍的事物。
>
> （FT 109）

约翰尼斯在这里进行仔细考察的仍然是黑格尔的那种所谓的想要鱼与熊掌兼得的愿望。因为约翰尼斯断言，"按照黑格尔哲学的设想，不存在任何具有正当理由的隐瞒"（FT 109），于是就不应当将那个有所隐瞒的亚伯拉罕称颂为信仰之父。因此，这些就是激发了这种"审美考虑"（FT 109）的疑难问题，它们占据了疑问III的绝大部分内容。正如约翰尼斯所说："关键是要表明，这个悖论［在亚伯拉罕那里例示的信仰］与审美的隐秘是如何在彼此之间形成绝对差异的。"（FT 112）

重要的是要承认，约翰尼斯在这里使用的"审美"这个术语更接近于它的标准用法，而不是在《非此即彼》中的那个唯美主义

¹²¹

1　尤其可参见CUP 253-254关于"作为隐秘范围的审美"的论述。

者A所体现的"唯美生活"。约翰尼斯在这段引文之中所给出的例证就清晰地表明了这一点。这些例证的"审美"意义在于,人们或许在轻松的戏剧或浪漫的戏剧中才会发现这样的可能性:一个年轻的女孩秘密地爱上了一个人,但或许是出于义务,她嫁给了另一个人,并对她自己的真实感情始终保持沉默;一个男孩也保持沉默,因为他知道他的爱将"毁掉整个家庭",他希望他所爱的人或许可以在另一个人那里找到幸福。这些个人的隐瞒"是一种自由的作为"(FT 112)。然而,约翰尼斯暗示,"审美"不太可能满足于这种悲伤的故事,因为"审美是一种恭敬而又敏感的科学,它知道的解决问题的办法比任何管家都多"(FT 112)。因此,在每个例证中,这对陷入爱河的人各自"听到了另一方所做出的高贵决定的风声"(FT 112),他们接下来就对彼此做出了必要的解释,男孩与女孩就得到了他们的爱人,并且"还额外获得了与真正的英雄相等的地位"(FT 112),所有人自此以后都幸福地生活在一起。因此,这种沉默与隐瞒在剧院晚间的那些要求不高的娱乐中起到了一定的作用。

不过,这种故事缺乏伦理的深度与严肃性。约翰尼斯坚持认为,"伦理既不知道这种偶然事件,也不知道这种多愁善感"(FT 112-113)。由于在上文中已经讨论过的那些理由,伦理对这种故事中的个体的要求是公开的。因此,约翰尼斯的结论是,"审美需要隐瞒与对隐瞒的奖赏。伦理需要公开与对隐瞒的惩罚"(FT 113)。

然而,也有可能存在一种"甚至让审美也需要公开"的处境(FT 113)。在以上这些例证中,"审美的幻觉"让男孩或女孩认为,他们的沉默可以拯救另一个人，不同于上述例证，可能存在这样的处境，其中我们的老朋友"悲剧英雄"需要"干涉"另一个人的生活，而在干涉的过程中则需要公开秘密。但这个结果仅仅表明了以审美的方式审视一个故事与以伦理的方式审视那个相同的故事之间存在的另一个差别。约翰尼斯让我们回到了阿伽门农的故事，阿伽门农将要下命令牺牲伊菲革涅亚。审美在这里同样想要鱼与熊掌兼得。一方面，它要求阿伽门农的沉默，因为"英雄寻求另一个人的安慰，这是与身份不符的"（FT 113）。由于阿伽门农不得不独自面对他的命运，戏剧所包含的风险得到了提升。但另一方面，倘若阿伽门农面对的考验是"克吕泰涅斯特拉［他的妻子］与伊菲革涅亚的眼泪所带来的可怕诱惑"（FT 113），那么戏剧所包含的风险同样会得到提升——也就是说，这种诱惑是阿伽门农不顾他作为国王的（公认）义务而饶恕他女儿的性命。审美如何能够通过这些选择而让戏剧的张力最大化？倘若阿伽门农不说话，克吕泰涅斯特拉与伊菲革涅亚如何能够发现残酷的真相？审美再次诉诸偶然事件："它安排了一个老仆人站在旁边，他向克吕泰涅斯特拉揭示了一切。于是一切就都到位了。"（FT 114）换句话说，哭泣声与戏剧的张力在这时就能够（而且也确实能够）真正达到最高的程度。（克吕泰涅斯特拉哭泣着恳求阿基里斯代表她女儿的立场去干预这件事，克吕泰涅斯特拉的恳求方式激发了合唱队的一位成员做出了这样的评论："任何动物的斗争都不像母亲为了自己子女所做的斗争那么激烈。"）

然而，伦理"既没有偶然事件，也没有站在旁边的老仆人"（FT 114）。在伦理提出的需要公开的要求与审美提出的仅仅在表面上类似的要求之间有一个区别，即前者要求阿伽门农亲自向伊菲革涅亚解释她的命运，而不顾那种让他保持沉默的诱惑。由于在上文讨论过的那些有利于公开的理由，倘若阿伽门农在向伊菲革涅亚解释为什么她必定要被牺牲时，在语言的公共空间中"表达了普遍性"，那么他作为悲剧英雄将始终只是"伦理的爱子"（FT 114）。[1]此外，阿伽门农的部分悲剧是，在完成伦理下达的（所谓的）强烈要求时，他不能由于自己女儿的恳求与哭泣而违背他所理解的那些自己应当承担的义务。也就是说，他必须不能让她运用语言来误导自己。需要在语言与辩护的公共领域中承认个人的责任，这就让这个"伦理的"阿伽门农有别于上文描述的那个"审美版本的"阿伽门农。这就是约翰尼斯在做出如下概述时想要表达的意思："审美要求公开，但要用一个偶然事件来协助自己；伦理要求公开，并且在悲剧英雄中得到了满足。"（FT 114）

人们相当容易忽略约翰尼斯接下来在此处插入的一段文字的重要性：

> 悲剧英雄是伦理的宠儿，他是纯粹的人，他是我能够理解的某个人，他的所有事业都处于公开的状态。倘若我继续前进，我就会碰到悖论，神圣的悖论与恶魔的悖论；因为沉默同时既是神圣的又是魔性的。沉默是魔鬼的圈套，一个人

---

[1] 尽管如此，约翰尼斯在这里似乎忽略了以下这个事实：在欧里庇得斯的戏剧中，伊菲革涅亚在此时已经知道了她的命运，根据推测，她发狂的母亲已经将这个消息告知了她。

越是保持沉默，恶魔就变得越可怕；但沉默也是神明与个体
之间的交融。

（FT 114）

约翰尼斯接下来在表面上转变了主题（"然而，在我们回到亚
伯拉罕的故事之前，我想先召唤出几个诗意的人物"），他的这种
做法却增加了这段随意文字的意义。而无论是想要理解这些关于
"诗意人物"的讨论（这个讨论将占据疑问Ⅲ剩余部分的绝大多数
篇幅），还是想要理解这些人物与亚伯拉罕的重要关系，这段文字
都是至关重要的。因此，在进一步追随亚伯拉罕之前，让我们暂停
片刻来评估这段文字在表面上告诉了我们什么。首先，我们迄今的
讨论已经让我们足以理解第一句话。悲剧英雄是"伦理的宠儿"，
因为他在服从"普遍的"要求时并没有左右摇摆。倘若我们再次以
阿伽门农为例，我们就可以看到，他不仅撇开了（想要饶恕他女儿
性命的）个人喜好与（可以饶恕他女儿性命的）特殊条件，而且还
服从了伦理要求公开的命令，正如我们刚刚看到的，就此而言，他
将"亲自将那个可怕的命运告诉自己的女儿"接受为他的部分义
务。所有这一切都处于"公开的状态"，因此约翰尼斯就可以理解
阿伽门农。但任何"隐藏的"事物都会碰到沉默的"悖论"。约翰
尼斯似乎要告诉我们，这种沉默或者有可能是"魔性的"，或者有
可能是"神圣的"。困难在于区分这两种彻底不同的沉默。约翰
尼斯努力地试图在亚伯拉罕的这两种沉默，即"神圣的"沉默与"魔
性的"沉默之间找出诸多差异。我们很快会看到，后者在约翰尼

124

斯的两个"诗意的"故事——有关阿格妮特和男人鱼、撒辣和多俾亚的故事——中占据了重要的位置。[1]

1　值得注意的是，沉默并非总被克尔凯郭尔描述为一个问题。虽然这里的"沉默"是亚伯拉罕的忧惧与苦恼的主要来源，在《关于自我的考察》(*For Self-examination*) 中，约翰尼斯将沉默描述为聆听上帝话语的必要姿态（FSE 46-51）。类似地，在他关于百合和飞鸟的后期讲演中，沉默是我们需要从那些"被神明指定的教师"那里学到的关键事物之一（参见WA 7-20）：恰恰是由于人类说话的能力，"这种沉默的能力成为了一种技艺"（WA 10）。因此，《恐惧与颤栗》这部分讨论的问题并不是沉默本身，而是所谓的让自己被人"理解"的可能性。

四个诗意的人物

约翰尼斯改编与讨论的这四个故事占据了疑问III的绝大多数篇幅。但尽管如此，他对这些故事的态度显得有点"不容讨价还价"。约翰尼斯用一种让人感到前途无望的方式来介绍这些故事，他断言："他们在自己感受到的忧惧中或许会发现某些东西。"（FT 115）一旦他结束了对这些故事的讨论，他对它们做出的论断也同样谦卑："在所有这些被描述的阶段之中，并不包含一个可与亚伯拉罕类比的对等者，它们之所以被详细阐述，仅仅是为了以它们各自范围的立场，用矛盾的观点去标出那块未知土地的边界。"（FT 136）

后面这段引文表明了这些故事所发挥的作用。约翰尼斯希望，它们或许有助于让他更接近于理解亚伯拉罕，但它们仍然仅仅是用否定的方式来帮助他做到这一点的。也就是说，这些故事继续推进了约翰尼斯的那个在整体上呈现否定性的规划，该规划将信仰与那些表面上类似但其实并非信仰的实例进行对比，旨在更全面细致地理解信仰。正如本节第一段引文所暗示的，在某种意义上，这四个故事的表面相似之处是，它们都涉及了遭受"忧惧"折磨的人。

约翰尼斯似乎只需要每个故事的梗概就可以开始他的论述。

德尔斐的新郎

第一个故事与一个在德尔斐的新郎有关，这个故事出自亚里士多德的《政治学》（*Politics*）。[1]约翰尼斯能够以一句话来概括他的原始素材："占卜师对这个新郎做出了预言，这个新郎将因为他即将到来的婚事而遭受一场不幸，于是新郎就在他去接新娘的那个关键时刻突然改变了自己的计划——他不想举行婚礼了。"（FT 115）约翰尼斯在这时试图通过想象将自己代入那个年轻新娘的处境之中（参见 FT 116），正如我们已经看到的，他在这里运用的这种想象性认同的方法，恰恰与他在论述亚伯拉罕的处境时所使用的方法相同。值得注意的是，约翰尼斯在这里的讨论所犯的过错，与他先前谴责"审美"所犯的过错如出一辙：依赖于偶然事件。当不安的新郎走出神殿时，新娘"羞涩地……垂下了自己的目光"（FT 116），由此导致的结果是好的，她没有看到他脸上不安的表情。尽管看到了新娘的美丽，新郎却得出了这样的结论，即这就是占卜师会做出这种预言的原因："上天必定是在妒忌新娘的可爱与他的好运。"（FT 116）因此仅仅是这个转移的目光，确保了新娘在新郎得出这种结论的那一个瞬间仍然保持无忧无虑的状态，而没有意识到接下

125

---

1 请注意，这四个故事中有三个涉及男女关系，有两个明确涉及结婚。这或许是最明显地滞留于克尔凯郭尔与雷吉娜那段破裂婚约之上的那部分文本——它滞留于这个主题之上的诸多方式很快就会变得显而易见。

来自己将遭到拒绝。或许是由于这种依赖于偶然事件的做法，让约翰尼斯在说出"我不是诗人，而仅仅是在练习辩证法"（FT 116）这句话之后，停止了这种倾向于想象的叙述。

约翰尼斯接下来提出了三个观点，并考虑了可能去实施的四条行动路线。不难看出，第一个观点只不过是克尔凯郭尔对雷吉娜所采取行动的自我辩护。约翰尼斯断言，由于这对男女并没有结婚（即便在几分钟之后就将举行结婚仪式），新郎就是"纯粹的与无可指责的，[他]并没有不负责任地让自己与被爱者结合"（FT 116-117）。尽管剩下的两个观点同样潜在地具有自我辩护的作用，但它们更为重要。第二个观点旨在表明，新郎的行动具有一种宗教的重要意义（由此就让这个故事更接近亚伯拉罕，而不是纯粹的"审美"故事）。由于占卜师所说的预言具有宗教的权威，正是根据这种"神圣的话语"，新郎才不得不这样行动。因此他拒绝前去结婚并不纯粹是一种"自负的态度"（FT 116）。第三，新郎的行动甚至让他自己变得比新娘更为不幸，因为他与他的行动是让他们彼此不幸的"缘由"。（这个想法似乎依赖于某种类似于苏格拉底的思想，即一件罪行的作恶者比他的受害者处于更糟糕的处境之中。）

接下来，约翰尼斯为这个新郎设想了四种可选的行动路线。第一种行动路线是保持沉默并举行婚礼。根据这个方案，新郎可以寄希望于不幸不会立刻到来，因此仍然有可能为他的妻子维持一段时间的婚姻幸福，而不管这种幸福有多么短暂。他也有可能告诉自己，他已经"忠实于[他的]爱情，而且他并不担心会让[他]自己变得不幸"（FT 117）。在这种可能性中最重要的做法是虽然与新娘结婚，但新郎向新娘隐瞒他的理由并保持沉默。约翰尼斯对这种可能性做出了简短的忏悔，因为它"侮辱了这个女孩"（FT 117）。他按照如下方式对此做出了解释："通过保持沉默，他就以某种方式让这个女孩变得有罪过，因为倘若她知道这个真相，她就不会同意这样一种结合。"（FT 117）这个解释似乎最为合情合理，只要我们把它关联于约翰尼斯在稍早之前所提到的这个想法：占卜师的预言是结婚将给新郎带来不幸。如果是这样，那么我们就能看到，他妻子的"罪过"在于完成了某件将导致她丈夫（而不是她自己）衰败的事情。因此，约翰尼斯得出的结论是，就这个选项而言，新郎"必定不仅要承担这种不幸，而且还要承担保持沉默的责任，以及承受她对于他保持沉默的正当的愤怒"（FT 117）。

第二个选项是"保持沉默但不举行婚礼"（FT 117）。尽管这个选项不同于第一个选项，它并没有让与他订婚的那个女孩变得"有罪过"，但约翰尼斯仍然摈弃了这个选项，因为它仍然涉及"对这个女孩与她的爱的实在性的侮辱"（FT 117）。约翰尼斯并没有明确指出支持这个论断的理由，这或许是因为约翰尼斯在这里的主要焦点是"审美或许会赞同"（FT 117）这个选项。这是由于审美会要求新郎"陷入一种幻觉之中，在这种幻觉之中，他在与她〔他的新娘〕的关系中消灭了自己"（FT 117）。也就是说，他的焦点放到了这个英雄内心遭受的折磨上，他悲剧性地无法向他的爱人揭示真相，因为在他的理解中，这是最符合她利益的做法。戏剧性的张力会由于英雄的这种受难而得到提升，并在"做出解释……的最后一瞬间"（FT 117）——在揭示真相的最后一瞬间——达到顶点，尽管如此，这并不能妨碍让这个英雄走向悲剧性死亡的"审美"必要性。约翰尼斯也对这个选项做出了简单的忏悔——或许这仅仅是因为在他看来，这种做法就像诚实地对待女孩一样，都是对她的"侮辱"。

第三个选项是约翰尼斯赞同的选项：这个新郎应当"说出来"。这个新郎将对他的新娘揭示他们的真实处境，他们就会变得像阿克塞尔（Axel）与瓦尔堡（Valborg）这对恋人一样，由于他们的近亲关系，教会禁止他们结婚：他们是"上天亲自拆散的一对恋人"（FT 117）。在一个脚注中，约翰尼斯考虑了第四个选项，但他很快就抛弃了这个选项：放弃结婚的想法，但可以"与她一同生活在一种浪漫的关系之中"（FT 118n）。这个选项也为约翰尼斯所抛弃，它也是对这个女孩的侮辱，因为这种爱"并没有表达普遍的事物"（FT 118n）。为了理解这个评论，我们有必要回想到，威廉法官在为婚姻辩护时将婚姻作为普遍事物的典型表现。[1]与之相关的是，克利马克斯在他回顾克尔凯郭尔的作品时，将婚姻描述为"揭示生命的最深刻形式"（CUP 254）。

约翰尼斯得出的结论是，这个新郎应当说出来，这仅仅是因为这种公开是伦理所要求的（FT 118）。于是，约翰尼斯关于第一个故事的基本论断是，这个新郎并不是伦理要求的一个例外。约翰尼斯仿佛已经预见到了当我们得出这个相当令人沮丧的结论时我们或许会产生的想法，于是他提出了这样一个问题："倘若我到了悲剧英雄这里就无法继续走得更远，那么我又为什么要做出这种概述呢？"（FT 118）这个问题的答案是，它"或许仍然会对我们理解这个悖论带来一些启发"（FT 118），也就是说，它或许会对我们理

127

1　尤其可参见《非此即彼》第2部分的"婚姻在审美上的有效性"。

解亚伯拉罕带来一些启发。不过它仍然是通过否定的方式来给出启发，这个故事与亚伯拉罕的关键差异在于，"占卜者的话语不仅仅对这个英雄来说是可以理解的，而且对每一个人来说都是可以理解的，由此导致的结果是，并不存在任何与神明形成的私人关系"（FT 119）。换而言之，占卜师的预言可以被每个人理解："并不存在那种只有这个英雄可以解读的秘密文字。"（FT 119）因此，这就是这个故事与亚伯拉罕的故事之间的区别。倘若"上天的意志……以某种相当私密的方式让这个新郎得知，倘若上天将自身置于一种与这个新郎有关的完全私密的关系之中"（FT 119），那么这个新郎就会变得类似于亚伯拉罕。我们再次被提醒注意这样一个与亚伯拉罕有关的要点：由于这种与上帝命令的"私密关系"（这是他"与绝对者的绝对关系"［FT 119］的一个关键维度），亚伯拉罕无法说话，"无论他实际上可能有多么想要这么做"（FT 119）。

阿格妮特与男人鱼

约翰尼斯的第二个故事是一个在丹麦广受欢迎的与阿格妮特和男人鱼有关的民间传说。他对这个故事感兴趣，这仍然是因为这个故事有可能被改编。[1]约翰尼斯迅速地抛弃了这个故事的标准版本，在标准版本中，男人鱼是"从深渊的隐匿处中冒出来的诱惑者"（FT 120），他"狂野的欲望"蹂躏了阿格妮特这朵正在聆听

128

1　德勒兹与瓜塔里将这种改编视为"类似于电影的先驱"，它"通过各种速度与放慢速度"来提供有关阿格妮特与男人鱼的故事的不同版本（1987: 281）。在这里可以回想"定调"中有关亚伯拉罕故事的不同版本，我们已经注意到，某些版本比其他版本更加具有"电影的"特征。

大海咆哮的"无辜鲜花"。约翰尼斯提出的第一个改编故事实际上讲述的是，诱惑者自己为"无辜的力量"所诱惑（FT 120）。阿格妮特并不是被男人鱼从海岸边抢走并强行拖入大海深处的，她情愿将自己交给男人鱼。约翰尼斯将原来那个传说中的阿格妮特描述为"一个热切期盼'有趣事物'的女人"（FT 121）。或许正是由于这个原因——约翰尼斯在这一点上的阐述是令人困惑的——她才愿意将自己交给男人鱼：据说男人鱼已经"为她的隐秘思想所诱惑"，已经成为了"她在低头凝视大海深处时寻求的对象"（FT 120）。在这里的要点是，阿格妮特在瞧着男人鱼时的态度是"绝对的信任，绝对的谦卑，恰如一朵卑微的花，她将自己视为这朵卑微的花；在这种绝对的信任下，她将自己的整个命运都交付给了他"（FT 120）。男人鱼无法忍受的恰恰就是这种轻信的无辜。由于"无法抵抗这种无辜的力量"，他就因此成为了一个没有能力去进行诱惑的诱惑者。作为男人鱼失去力量的一种象征，大海变得一片死寂。结果是，男人鱼向她隐瞒了自己真实的目的，将她重新送回海岸，并声称他只不过想要让她看看大海在平静的时候有多么美好。阿格妮特相信了他。但这个男人鱼知道，他已经失去了阿格妮特，因为"只有作为战利品，她才能够成为他的女人"（FT 121）：也就是说，他只能通过引诱她来占有她。因此，这第一个改编的版本给予我们的是让人受折磨或感到忧惧的隐瞒的另一个实例——相较之下，还存在着如下这些改编的版本。

或许是为了提高这个男人鱼的某个维度，以便于让他只能作为纯粹的诱惑而存在，约翰尼斯接下来的建议是"将一种人类的意识给予这个男人鱼"（FT 121）。上述改编的其他细节都保持不变：

"他为阿格妮特所拯救，诱惑者被粉碎，他屈从于无辜的力量，他永远不能再去诱惑他人。"（FT 122）但如今对于这个更加具有人性的男人鱼来说，出现了两种可能性："［独自］懊悔和与阿格妮特一起懊悔"（FT 122）。（可以推测，这个男人鱼懊悔的是他作为诱惑者的过去，以及他愿意诱惑与摧毁阿格妮特这个事实。）这两种可能性对于约翰尼斯的这个范围广泛的讨论的重要性立刻就变得清晰起来：倘若占据了这个男人鱼的是"独自懊悔"，他就会继续保持隐瞒；倘若占据了这个男人鱼的是"与阿格妮特一起懊悔"，那么他就会被公开。这两种做法会产生什么差异呢？

男人鱼感到懊悔，却隐瞒他从阿格妮特那里感受到的懊悔，这种做法的重要意义在于，引入了一个新的范畴：那"魔性的"事物。这种隐瞒懊悔的做法让阿格妮特与男人鱼都遭受了不幸。阿格妮特是不幸的，因为她轻信的爱在表面上收获的回报，仅仅是一次外出观赏刚刚平静下来的大海的旅行。不过，约翰尼斯真正感兴趣的是男人鱼。（请注意，这一点也类似于他对亚伯拉罕和以撒的态度，他对亚伯拉罕的兴趣要大于对以撒的兴趣。）这个男人鱼的不幸更为复杂：他无法"带着许多种不同的激情"去占有这个"他爱着的"女孩（FT 122），但他还拥有这样的过错：认识到他已经准备诱惑她与摧毁她。他进入了那魔性的懊悔之中："懊悔那具有魔性的一面如今无疑会对他做出这样的解释：这恰恰就是他所受的惩罚，而且他越受折磨越好。"（FT 122）

欣然接受"懊悔那具有魔性的一面"的做法相当于意味着什么呢？为了弄清楚这一点，让我们首先重新概述要点。这个男人鱼的懊悔导源于他被阿格妮特的信任之爱唤醒了通向更本真之爱的

129

可能性，相较之下，他先前的欲望——实际上或许是他先前的自我——显得是可怕的。因此他将自己的不幸视为自己应得的惩罚。"魔性的沉默"的根源，被马克·C.泰勒称为"对这种由于欺骗行为而引发的内在折磨的理解"[1]。但悖谬的是，正如泰勒所指出的，这种魔性的沉默能够产生某种独特的吸引力。这样一个男人鱼

> 与他所受折磨的关系是模棱两可的。一方面，他厌恶这种折磨，他无比希望从这种折磨中解脱出来，但另一方面，他为这种折磨所吸引，并拒绝舍弃这种折磨。对一个人自身的堕落与折磨的依恋，导致了这个人守护沉默并拒绝宽恕的可能性，这就是克尔凯郭尔用"魔性"所要表达的意思。[2]

因此，人们可以想象，这个版本的男人鱼沉迷于具有自我惩罚性质的自怜自艾。重要的是要看到，这种态度与约翰尼斯所强调的屈从于"魔性可能性"的那方面行为是可以并存的。在一段暗示了克尔凯郭尔在雷吉娜面前做出的自我辩护的文字中，他考虑了这样一种可能性：这个男人鱼的目的是"通过求助于恶……来拯救阿格妮特"（FT 122）。他的目的是通过"将她的爱从她身上……撕扯掉"来拯救她。他非但没有提供"坦率的忏悔"（FT 122），即公开，他反倒是"试图激发她身上所有阴暗的激情，讥笑她，嘲弄她，将她的爱情变成可笑的事物，如果有可能还要唤起她的傲慢"

1　Taylor 1981: 174.

2　Taylor 1981: 174-175.

（FT 122）。也就是说，通过以可怕的方式来对待她，他或许就能让她觉得，没有和他在一起，她就会过得更好——这是克尔凯郭尔在对待他与雷吉娜的关系时所采纳的策略。尽管这条行动路线看起来几乎不像真正的沉默，它仍然可以与隐瞒共存，因为他向她隐瞒了这件事的真相。

接下来出现的是一个令人困惑的论断，它的要点似乎是要为上文有关亚伯拉罕的"神圣沉默"的讨论进行辩护。约翰尼斯断言，魔性的沉默与神圣的沉默之间拥有一种类似的，但又具有误导性的关系。在上文已经描述过的那个男人鱼的行为中，他"会……渴望作为特殊者，成为那个比普遍的事物更高的单独个体。魔性的事物与神圣的事物拥有一个相同的性质，即个体能够进入一种对它的绝对关系之中"（FT 122-123）。但为什么这个男人鱼对阿格妮特所做的那些违背伦理规范的欺骗性行为，其目的却相当于要成为"那个比普遍的事物更高的单独个体"呢？我认为，这个问题的答案是，这个男人鱼的行为并非仅仅违背了伦理规范。这些行为并非仅仅意味着无法让自己达到表现普遍性的要求。请回想泰勒对"魔性"做出的这个解释："对一个人自身的堕落与折磨的依恋，导致了这个人守护沉默并拒绝宽恕的可能性"。这样一种导向并不像无法瞄准目标那样，仅仅是无法表现普遍的事物。相反，这个男人鱼表明他以专注于自我的方式欣然接受了他的那种（魔性的）隐秘性。在这个方面，不同于那种在道德上努力追求获得普遍理解的目标，结果却无法达到他的道德目标的人，这个男人鱼或许显得类似于亚伯拉罕，在亚伯拉罕的孤独状态中，他与上帝的关系同样无法为人所见。但这种相似仅仅是表面的，并且还具有"误导性"：这恰恰是因为这个男人鱼的隐秘性是"魔性的"而不是"神圣的"。
前者完全专注于自我,后者则以一种与他者的关系为前提:与上帝的关系。

但也可以假定,这个男人鱼并不抵抗那种魔性的事物。约翰尼斯继续考虑了另外两种可能性。第一种可能性仍然是一个关于隐瞒的实际例证(他"保持在隐瞒的状态之中"[FT 123]),在这种可能性中,这个男人鱼"发现自己依靠的是这个相反的悖论:神明将拯救阿格妮特"(FT 123)。换句话说,他只不过相信上帝会把阿格妮特从她的不幸之中拯救出来。第二种可能性更为重要,因为这种可能性——"与阿格妮特一起懊悔"——与"独自懊悔"形成了最重要的对比。在这里,只要男人鱼的真实情况被公开,他就会得到拯救,并因此与阿格妮特结婚——请回想以下这个观念:结婚是"揭示生命的最深刻形式"。初看起来,这直接就是伦理的一个例证,它实现了普遍的事物:这是威廉法官会赞同的一个男人鱼。但约翰尼斯主张,这种可能性并不是那么直接地成为了这样一个例证。他坚持认为,对于这个版本的男人鱼来说,仍然存在着某种悖论性的东西。为什么是这样?因为"这个个体通过他自己的过错而到了普遍的事物之外,这时他只有作为特殊者进入与绝对事物的绝对关系之中,才能回到普遍的事物之中"(FT 124,我为了强调而改变了某些引文的字体)。紧跟这个令人困惑的言辞的是某些关于罪的精辟评论,某些注释者已经断定这些评论是整本书的关键所在。

罗纳德·M.格林(Ronald M. Green)就是这样一个注释者,他提出,约翰尼斯在这里有意暗示的是,"亚伯拉罕与这个男人鱼是相对应的人物，是对于同一个问题的正面与反面的表现。两者都悬置了伦理的事物，一个人通过服从，另一个人通过罪，两者都仅仅是为那种与上帝的直接的、超越伦理的关系所拯救"[1]。倘若我们通过这个角度来审视问题，并准备混淆过错与罪，那么前面这段引文就会意味着，这个在罪中的个体（"通过他自己的过错"）为了避免让自己迷失，就需要一种与上帝的直接关系（形成的方式是"作为特殊者进入与绝对事物的绝对关系之中"）。我们将在下一章中看到，这完全符合对于这个"目的论悬置"的基督教解读。格林的这个解读所包含的最重要观念是，亚伯拉罕的作用是"成为一个罪与赎罪的人物"[2]，在阿格妮特与男人鱼的故事中提到的罪"并不是偶然的离题论述，而是通向《恐惧与颤栗》的最深刻关切的一扇窗户"[3]。我们将在下一章中重新回到这个问题与格林的相关解读。

132

这个版本的男人鱼的重要性似乎取决于他自己的过错所造成的差别。这种差别所关切的是，他如何能从"迷失"中被拯救出来。这种救赎只有让他进入"与绝对事物的绝对关系之中"才能发生。但这种基督教解读的另一个支持者，斯蒂芬·马尔霍尔（Stephen Mulhall）指出了某些没有被格林明确论述的东西。倘若这个男人鱼与阿格妮特结婚，因而让她可以去拯救他，那么尽管这事实上需要公开（就他们将结婚而言），却不仅仅是伦理的关系。相反，它是这样一种关系，在这种关系中，"他在这个世界中珍视的

1　Green 1993: 202.

2　Green 1993: 202.

3　Green 1993: 202.

东西［阿格妮特］将通过被沉默的约翰尼斯称为悖论的东西归还给他，这个悖论就是单独的个体获得一种与绝对事物的绝对关系而产生的悖论"[1]。换而言之，它看起来明显类似于《恐惧与颤栗》的"信仰"概念。亚伯拉罕"重新得到了以撒"，这在更深的层面上被理解为上帝的馈赠。类似地，这个男人鱼通过放弃他先前与阿格妮特的关系（阿格妮特在这种关系中是一个被诱惑者），他也重新得到了她——这仍然被理解为上帝的馈赠（因为他需要进入一种与绝对事物的绝对关系之中才能得到这个结果）。

不难看出，为什么有人会像莎伦·克瑞夏科（Sharon Krishek）那样提出，我们应当将"没有阿格妮特的懊悔"解读为无限弃绝，将"与阿格妮特一起懊悔"解读为信仰。[2]克瑞夏科认为，这个男人鱼的重要性在于，相较于亚伯拉罕这个典范，他是一个"更接近于我们"的人物。就像我们一样，他或许会"以魔性的方式"积极地选择罪孽的状态，选择"一种由他的恶魔来支配的生存方式"[3]：这个有罪的人拒绝忏悔。作为一种替代的选项，他或许会做出弃绝的运动，承认他作为有罪的人的过错与敏感性，重新陷入他以往的那些诱惑道路，因而将他自己置于上帝的完全支配之中。由此他或许会找到某些心灵的宁静，我们已经看到，这种心灵的宁静就是弃绝的典型特征。不过，这意味着"［不断地］完全接受""他已

1　Mulhall 2001: 385.

2　Krishek 2009: 184.

3　Krishek 2009: 185. 克瑞夏科在她的这部分讨论中提供了一种对于斯坦利·库布里克（Stanley Kubrick）的电影《大开眼戒》（*Eyes Wide Shut*）以及该电影的原著小说的有趣分析（2009, 179-183）。

经失去了"阿格妮特。[1]他的第三个选项是，让他自己"通过阿格妮特而获得拯救"（FT 124），根据克瑞夏科的解读，这种拯救与信仰相一致。阿格妮特能够通过她的爱来拯救这个男人鱼："通过[不断]接受他（包括不断接受他的恶魔）；通过她和自己受伤的自尊心以及自己对未来的恐惧达成和解的力量……；通过足以去信任和希望，通过足以在他身上与在他们的爱情关系中找到快乐的完整信仰。"[2]就这个男人鱼而言，"与阿格妮特一起懊悔"就意味着重新建立他与有限性的关系，这"表现在他可以在［她身上］找到快乐（包括身体与性爱的快乐）的能力上"[3]。（"倘若我拥有信仰，我就会与雷吉娜待在一起。"）这样一个男人鱼就会过上一种"不安全却又让人快乐"的恋爱生活，在这种生活中，他能够"找到可以期望与信赖的力量"，尽管人类的爱情必定存在着风险与脆弱，但"由于无限恩典的力量，他们还是能够享受上天赐予他们的有限馈赠"[4]。克瑞夏科暗示，这种爱对于我们所有人都是一种真正存在的可能性。

但约翰尼斯坚持主张，这样的男人鱼仍然不是亚伯拉罕。为

---

1 Krishek 2009: 185.

2 Krishek 2009: 186. 卡莱尔提示，阿格妮特的"拯救"行为包括了宽恕在内，卡莱尔注意到的事实是，"阿格妮特"这个名字（在洪与沃什的译本中，这个名字被译为"阿格尼斯"［Agnes］）是拉丁词语Agnus的一种形式：这个拉丁词语可以被用于"上帝的羔羊"［Agnus Dei］这个短语之中，而"上帝的羔羊"可以"带走这个世界的罪孽"（John 1: 29; Carlisle 2010: 151-152）。

3 Krishek 2009: 187.

4 Krishek 2009: 187. 请注意，克瑞夏科在这里触及了信任与希望的重要性，我在第6章中的目的就是进一步发展对这两个概念的论述。

什么他不是亚伯拉罕呢？这仅仅是因为亚伯拉罕不同于这个男人鱼，他并不存在于一种罪的状态之中，而是"上帝拣选的义人"（FT 124）。在约翰尼斯看来，这个男人鱼对我们来说是似乎可以理解的，而亚伯拉罕对于我们来说则是无法理解的。这个想法似乎是这样的：尽管这个男人鱼陷入了一种罪的状态（因此他是有罪过的），但他更接近于我们，而那个无罪的亚伯拉罕则超越了我们的理解范围。这个想法初看起来是怪异的。亚伯拉罕之所以是无法理解的，部分原因想必是，对于约翰尼斯和我们来说，无罪状态的观念是无法理解的。但为什么会认为，亚伯拉罕代表了这种无罪的状态呢？这肯定违背了《圣经》的大事记：既然亚伯拉罕的生活年代晚于伊甸园存在的年代，那么他难道不也是居住在一个有罪的世界之中吗？对此可以做出两种回应。第一种回应要求我们回想起亚伯拉罕在基督教思想中作为义人之伟大典范的地位（第3章就提到了这一点），而这在很大程度上根据的是保罗在《罗马书》第4章中做出的某些评论。正如我们在第1章中就已经注意到的，保罗在那里将亚伯拉罕描述为这样一个至高的典范，他并不是通过其工作来称义的，而是仅仅通过其信仰来称义的："亚伯拉罕信神，这就算为他的义……惟有不作工的，只信称罪人为义的神，他的信就算为义。"[1]但义人肯定不同于无罪。相反，它的意思是，在克尔凯郭尔信奉的路德宗传统中，一个罪人是有可能仅仅通过信仰（对上帝的信仰与对基督的信仰）"称义的"。然而，这种说法仍然没有清晰地表明亚伯拉罕的信仰（基督出生以前的信仰）与"基督殉难事

134

1　Romans 4:3, 5.

件"以后的信仰之间的准确关系。那么第二种可能的解决方案是什么？这要求的是以寓意的方式来对《恐惧与颤栗》做出基督教式的解读，其中亚伯拉罕象征着圣父上帝。我们将在第6章中回到这个解读上。就目前而言，应当注意到的是，对于这两个版本的基督教式解读来说，关于阿格妮特与男人鱼的讨论都具有特殊的重要性，因为约翰尼斯在这个讨论中对罪与懊悔做出了令人困惑的评论。我们确实有必要在下文中重新回到这个问题上。

撒辣与多俾亚

约翰尼斯的第三个故事又介绍了另一对不幸的爱人，这个关于撒辣与多俾亚的故事出自《新约外传》的《托比特书》。在原本的故事中，撒辣试图结婚七次，但她未来的新郎都死在了新婚行房之夜。约翰尼斯对此的判断是，这个故事充满悲剧性的那一面为以下这个具有喜剧性效果的想法所遮蔽：这种事情竟然不只是发生了一次，而是发生了七次。约翰尼斯的这个判断似乎是正确的。于是他再次改编了这个故事，让撒辣在故事中成为了一个首次订婚的女人。但"她知道，那个爱着她的恶魔将在新婚之夜杀死新郎"（FT 128）。约翰尼斯以他那典型的方式花费了一页左右的篇幅来做出想象，以便与完全处于恐惧状态中的撒辣产生共鸣。虽然多俾亚知道了这个威胁，但他还是完成了婚礼，他与撒辣一起向上帝祈祷，祈求上帝对他们仁慈（FT 128-129）。然而，约翰尼斯坚持认为，不管多俾亚在这么做的过程中显得有多么勇敢与高贵，撒辣才真正称得上是英雄。她表明了"对上帝的爱""伦理上的成熟""谦卑"与"对上帝的信仰"（FT 129）。

约翰尼斯再次将"神圣的事物"与"魔性的事物"进行了对比，他进行对比的方法是，将撒辣的那种虔诚的英雄性行为与倘若我们"让撒辣成为一个男人"而有可能孕育的那种"魔性的"可能性进行对比（FT 129）。我们被告知，"骄傲高贵的天性无法忍受怜悯"（FT 129）。只要在这种类似的处境下，撒辣必定会引起怜悯，于是这个男性的撒辣就"完全有可能选择魔性的事物，他将自己封闭在自身之内，就像魔鬼的本性那样在自己的内心暗自说话，'谢谢，我并不是各种仪式与繁琐细节的朋友，我根本就不坚持要求爱情的快乐，我完全可以像蓝胡子那样高兴地看着那些女孩子们在新婚之夜死去'"（FT 130）。（不容易知悉的是，约翰尼斯的那方面性别刻板印象在这里是否更为糟糕：他在表面上持有的信念是，只有男人才能拥有［骄傲的与］高贵的天性——这明显与他刚刚对女性撒辣的高贵品性所做的暗示相矛盾——这种对于男人的见解或许就包含于以上这句引文之中。）这样一种魔性的天性——最令人难忘地在葛罗斯特（后来的理查三世）身上得到了描绘，他是"莎士比亚曾经描绘过的最具有魔性的人物"[1]（FT 130）——"原本就存在于这个悖论之中"（FT 131）。这意味着什么？我们如今所处的位置可以看到这样一种区分，它仿效的是关于阿格妮特与男人鱼的讨论所做的区分，约翰尼斯断言，这些天性"或者在魔性的悖论中得到诅咒，或者在神圣的事物中得到救赎"（FT 132）。我们在这里认为，这个对比暗示的是在葛罗斯特（魔性人物）与撒辣（神圣人物）之间的比较。葛罗斯特"处于悖论之中"，在这种意义上他就

135

---

1 当然，这是就莎士比亚在《理查三世》中塑造的人物而言的。

不可能实现普遍性。正如约翰尼斯所说,"像葛罗斯特这样的天性是无法通过中介调和到社会的理念之中来获救的"。(FT 130)葛罗斯特让自己变得不可能实现普遍性的那方面天性是他驼背的体形。[1]他无法忍受怜悯,而这让其他人确信,他永远不可能在社会中感受到充分的"自在"(FT 130)。在这种意义上,葛罗斯特的天性让他不可能为伦理所"拯救",因此他必定或者信奉魔性的事物,或者信奉神圣的事物。葛罗斯特追求的是前者。撒辣在这个相同的意义上也"处于悖论之中":由于先前给出的理由,她无法成功地结婚,正是在这种意义上,她同样无法实现普遍性。(这需要特别参照结婚的背景来进行理解。倘若我们向自己提出这样的问题:什么东西阻止了撒辣用结婚之外的其他方式来成为普遍性的某个组成部分,那么约翰尼斯提出的观点似乎就不再有效。)按照约翰尼斯的看法,存在着两种方式来让一个人能够"从一开始就被置于普遍的事物之外":通过"天性"或通过"历史的处境"(FT 131)。尽管可以设想诸多阻碍了撒辣结婚的处境,而这些处境都可以被归于后一种方式(如疾病或缺少机会),但约翰尼斯似乎暗示,撒辣与葛罗斯特都可以被归于前一种方式。[2]不过,关键的对比是在"或者在魔性的悖论中得到诅咒,或者在神圣的[悖论]中得到救赎"这两种选项之间进行的对比。葛罗斯特怨恨他激起的怜悯,再加上他天性的骄傲,让他导向了前面这种命运,而撒辣代表的是后面这

---

1 请注意约翰尼斯所强调的葛罗斯特的那次关于自己外形的令人产生怜悯的演说(FT 130)。

2 这也是克尔凯郭尔对他自己的感受,参见Keeley 1993: 147-148。

种命运。"一个人从一开始就不是因为自己的过错而成为了跛足者，这个人把自己对上帝的爱理解为想要获得治愈的希望。"（FT 129）这种人物的重要特点是，由于伦理无法拯救他们，倘若他们从根本上获得了救赎（撒辣获得了救赎，而葛罗斯特并没有获得救赎），那么这种救赎必定来自神明。[1]

令人同情的浮士德

约翰尼斯考虑的最后一个"诗意的人物"是某个版本的浮士德。这个浮士德是"一个怀疑者"（FT 132）——怀疑倘若被释放出来，就有可能令人恐惧。在这里请回想《恐惧与颤栗》的开篇对怀疑所做的简要讨论，这成为在后文中讨论的那种表面上对立于信仰的怀疑的先声。在1835年的一则日记中，克尔凯郭尔将浮士德描述为"怀疑的化身"（KJN 1 AA: 12［p. 14］）。正如我们已经在第2章中注意到的，怀疑是约翰尼斯·克利马克斯未发表文本的核心主题，而约翰尼斯·克利马克斯这个人物与《哲学片段》和《附言》的作者的名字相同，他被描述为一个年轻的学生，"热爱……思考"（PF/JC 118）。[2]约翰尼斯·克利马克斯不断听到人们重复说"必须怀疑一切"［De omnibus dubitandum est］，但他注意到，那些这么说的人似乎并没有认真对待他们的这个说法。这个年轻的学生想要知道，认真对待怀疑，这真正意味着什么，而不是像某些人那

---

1 感谢安东尼·拉德（Anthony Rudd）帮我澄清了这一点。

2 洪意味深长地断言，约翰尼斯·克利马克斯最有可能是在1842年11月到1843年4月之间的作品的假名作者，而恰恰是这段时期之后，克尔凯郭尔开始撰写《恐惧与颤栗》。（参见PF/JC的"历史导论"，p. x。）

样仅仅在讲台上说"必须怀疑一切"[1]，而一旦讲演结束，他们接下来的生活方式就显得仿佛这种说法并不是真实的。在添加到约翰尼斯·克利马克斯手稿上的一段文字中，克尔凯郭尔解释说，这个文本的意图是攻击思辨哲学。根据这种说法，约翰尼斯·克利马克斯的重要意义如下：

> 约翰尼斯所做的就是我们被告知应当去做的事情——他在真正的意义上怀疑一切——他在这么做的过程中自始至终都在遭受痛苦……当他沿着这个方向尽其所能走得如此之远并想要沿着原路返回时，他却无法做到这一点。他察觉到，为了坚持怀疑一切这个极端的立场，他已经运用了自己所有的理智力量与精神力量。倘若他放弃了这个极端的立场，他很有可能得到某些东西，但在这么做的过程中，他也会放弃他对一切事物的怀疑。如今他已经绝望了，他浪费了自己的生命，他将自己的青春耗费在这些沉思之中。他的生命并没有获得任何意义，而这就是［思辨］哲学的过错。[2]

因此，这就是认真对待怀疑的危险。但让我们回到《恐惧与颤栗》，由于沉默的约翰尼斯所设想的浮士德拥有"一种令人同情的天性"，由于他意识到他的怀疑如果被释放出来，就有可能给其

---

1 在这里请回想斯图尔特的这个论断：这种嘲笑的可能对象是马滕森和他的追随者。约翰尼斯在FT 134中将这个判断施加于"科学的怀疑者"身上；克尔凯郭尔在其他作品中，对思辨哲学家、"助理教授"或"讲师"也做出了类似的批评。

2 引自"历史导论"，参见PF/JC: xiii。

他人带来的有害影响，"他就保持沉默，他在自己的灵魂中把他的怀疑隐藏起来"（FT 133）。也就是说，通过独自面对伴随真正怀疑的那些痛苦，"他将自己变成了普遍事物的牺牲品"（FT 134）。换句话说，浮士德通过将自己献祭给怀疑的痛苦来保护其他人。请注意，这个浮士德在他的怀疑中生活，他的这种生存方式在《恐惧与颤栗》的前言中就获得了赞颂，而与之形成鲜明对比的是"思辨哲学家"（马滕森与他的同类？），他们以肤浅的方式表现怀疑；他们的怀疑仅仅是理论上的。

但由于伦理要求的是公开，因此伦理就谴责浮士德的沉默（FT 135）。此外，这个怀疑者所遭受的部分折磨是，倘若一切都将被怀疑，这也就包括了他自己的动机。他无法绝对肯定，"促使［他］做出这个决定的并非某种隐藏的傲慢"（FT 135）。

然而，还存在着一条摆脱困境的道路——一段起初令人困惑的文字就给出了这样的道路：

> 另一方面，倘若怀疑者能够成为那个单独的个体而在与绝对事物形成的绝对关系中占据一种特殊的立场，那么他就得到了对于他的沉默的授权。在这种情况下他必定会把他的怀疑转化为过错。在这种情况下，他就处于悖论之中。但他的怀疑接下来将获得治愈，即便他还会产生别的怀疑。
>
> （FT 135，译文有所调整）

我认为，这段文字所要表达的意思如下。对于浮士德的沉默的唯一可能的"辩护"所根据的是与绝对事物的绝对关系。伦理本身要求的是公开，它不可能提供辩护——任何对浮士德做出的辩护都必定是比伦理"更高的"辩护。为了获得这种关系，浮士德就要"将他的怀疑转化为过错"。也就是说，他需要承认自己是有过错的：为了要让这种与绝对事物的绝对关系（一种与上帝形成的不以伦理为中介的关系）成为可能，浮士德就必须接受他自己是一个罪人。这么做，就会将浮士德置于"这个悖论之中"。这有可能意味着什么呢？约翰尼斯有可能仅仅重新陈述了那个迄今为止已经让读者不再感到陌生的观念，即与绝对事物处于一种绝对关系之中的单独个体是一个悖论。但约翰尼斯似乎不太可能这么做，因为倘若他所说的只不过是在引文倒数第二句话中重复这一点，那么我们就无法弄清楚这段引文的中间这句话添加了什么东西。因此我们就需要用另一种意思来解释"在这个悖论之中"。这种意思可以由浮士德提供，浮士德与基督这个"神人"的"绝对"悖论处于一种关系之中，而根据基督教，通过这种关系就可以让罪孽获得宽恕。在这种情况下，约翰尼斯所要表达的意思就有可能是，倘若浮士德将他自己理解为一个罪人，并将他自己关联于有可能宽恕他罪孽的基督，那么"他的怀疑将获得治愈"：也就是说，他的罪孽将得到宽恕。为什么要将对怀疑的治愈与对罪孽的宽恕混为一谈？我们无法确信这种解读，但克尔凯郭尔大约在这段时期所撰写的日记中做出的一个论断，即"怀疑并不是为体系所战胜的，而是为信仰所战胜的"（JP 1: 891），为这种解读提供了某些支持。在这则日记中，这段引文之前就直接提到了基督教，据此就可以表明，克尔凯郭尔在这里明确谈到了基督教信仰。过度的怀疑是罪孽尚未为对基督的信仰所救赎的表现。倘若这种解读是切题的，那么就请注意，这又是一个证据来支持以下这个观念:《恐惧与颤栗》潜在地以基督教作为其文本的基础——由此我们就更加需要在第6章中去考虑那些与基督教有关的解释。

重新回到亚伯拉罕

这段漫长的附带讨论占据了约翰尼斯这本书的重要篇幅。在疑问III的结尾重新回到有关亚伯拉罕的讨论时，约翰尼斯对这一点几乎感到尴尬："我还没有忘记，读者现在或许也乐于回想起来，前面所有讨论的意图就是达到这一点。"（FT 136）因此这里似乎是个不错的地方来重述要点。疑问III试图提出如下问题：倘若伦理的标志是开放或公开，亚伯拉罕（信仰的典范）的标志是隐瞒，那么这是否恰恰要回归到审美之中呢？为了表明这个问题的答案是否定的，约翰尼斯接下来通过将亚伯拉罕与其他例证进行对比时所采纳的总体否定策略，指出亚伯拉罕与其他例证的差别："我这里的步骤必然是，辩证地通过审美与伦理来完成这种隐秘，因为关键是要表明，这个悖论与审美的隐秘是如何在彼此之间形成绝对差异的。"（FT 112）因此这个总体的想法是，将亚伯拉罕的信仰所称的那种必不可少的沉默与那些表面上类似的沉默区分开来，而在后面这类沉默中，某些沉默是应当受到谴责的。

在疑问III中的这些故事（德尔斐的新郎、阿格妮特与男人鱼、撒辣与多俾亚或浮士德）中，没有任何人物真正类似于亚伯拉罕。约翰尼斯认为，对他们的描述可以有助于实现让人们更加接近亚伯拉罕的目的，但这仅仅是以否定的方式来实现这个目的的。约翰尼斯似乎认为，相较于这四个主要的故事的每个细节，或许更为有用的是他自己可以从关于这四个故事的讨论中得出的整体结论。在所有这些讨论中浮现出了一种新的人物，即"审美的英雄"。约翰尼斯在前文中就已经断言，审美"要求个人的沉默，以便于他能够通过沉默来拯救另一个人"（FT 136）。（请回想德尔斐的新郎。）约翰尼斯在这样的"审美英雄"——某个审美观点下的英雄，他为了拯救另一个人而保持沉默——与亚伯拉罕之间找到了不同之处。亚伯拉罕的沉默并不是为了拯救另一个人：他的沉默恰恰面对着要牺牲另一个人的命令。"他的沉默绝不是为了拯救以撒，正如在总体上他的全部任务恰恰是，为了自身与上帝的缘故而献祭以撒，对于审美来说这是一种冒犯。审美可以很好地理解我牺牲自己，但无法理解我们应当为了自身的缘故而牺牲另一个人。"（FT 136-137）换句话说，亚伯拉罕与审美英雄之间的不同之处表明，亚伯拉罕不仅会冒犯"伦理"，而且还会冒犯"审美"。

"审美的英雄"与伦理意义上的"真正的悲剧英雄"之间的区别是，前者的沉默"所依据的是他的偶然特殊性"（FT 137）：比方说，那个新郎处境的诸多细节导致了他保持沉默。而诸如阿伽门农这样的悲剧英雄"为了普遍的事物，牺牲了他自己与他所拥有的一切"（FT 137），他承担的义务得到了公开的表现，因而就得到了"揭示"。概括地说，审美的英雄能够说出来，但（为了拯救另一个人而）不会说出来。伦理的悲剧英雄不仅能够说出来，而且应

140

当说出来——伦理提出了公开的要求——而悲剧英雄也确实说了出来。亚伯拉罕与这些英雄都有所不同：因此我们需要一种"新的范畴"来描述亚伯拉罕。

要在这里重点强调的是，约翰尼斯并非仅仅断定亚伯拉罕没有说话，而是还断定亚伯拉罕"不能说话……在这之中存在着苦恼与忧惧"（FT 137）。他以此想要表达的意思在接下来的一句话中清晰地呈现出来："因为倘若在我说话的时候，我无法让自己被人理解，那么我就没有在说话，即便我日日夜夜不停地说着。这就是亚伯拉罕的情形。"（FT 137）换句话说，约翰尼斯所谈论的并不是亚伯拉罕失去了说话的能力——他并非在打击下真正变成了一个哑巴——而是他无法通过交流来让人们了解他的处境："有一件事是他无法说出来的，因为他不可能把它说出来，也就是说，他的说话方式，无法让另一个人能够明白他所说的。"（FT 137）

让我们重述要点。正如我们已经看到的，亚伯拉罕无法说话，从黑格尔的观点来看，这尤其应受谴责：请回想我们先前关于意见的讨论。为了说出某件事，我就需要利用对公众有效的、"普遍的"语言工具。这恰恰是亚伯拉罕无法做到的。这就是约翰尼斯在心中想到的，而这可以通过他的如下评论来获得清晰的证明："说话的慰藉作用是，它将我翻译成了普遍的事物。"（FT 137）尽管悲剧英雄能够"公正地"对待"所有反对的抗辩"（FT 137-138）——让自己的情况变得可以获得公开的辩护——但亚伯拉罕无法做到这一点。于是问题的焦点再次聚集到了他的孤独之上："[就像悲剧英雄所做的那样] 与整个世界斗争是一种安慰，但与自己作斗争是可怕

的。"（FT 138）[1]

除了我们的这四个诗意的人物之外，疑问Ⅲ还给予我们一个更加具有否定性的类似亚伯拉罕的人物："智识意义上的悲剧英雄"，苏格拉底则是这种悲剧英雄的典范（FT 140-141）。考虑到约翰尼斯的这个论述似乎收回了他对于亚伯拉罕的"说话"能力的重要性所坚持主张的某些见解，他对这个人物的论述似乎给读者留下了令人困惑的印象。诸如阿伽门农这样的悲剧英雄与他在智识上的对应者之间的差异是，阿伽门农能够在英雄的沉默中完成他的献祭，而苏格拉底在他的生命受到审判（正如柏拉图在《申辩篇》中做出的描述）时，他"需要在这最后一瞬间拥有充分的精神力量来完成他自己"（FT 141）。他需要说话。约翰尼斯提出了如下见解来作为他对苏格拉底的"决定性评论"："人们向他宣告死亡判决，他在这个瞬间死去，并在那个著名的答辩中完成了他自己，他感到奇怪的是，他被多出来的三票定罪了。"[2]（FT 141n） 141

虽然约翰尼斯对苏格拉底的观点自始至终都是令人困惑的，

1　与自己进行斗争，这是克尔凯郭尔在这段时期的某些陶冶性讲演的一个重要主题。例如，在"信仰的期待"（*The Expectancy of Faith*，第6章将对这篇讲演做出更多的论述）中，克尔凯郭尔断定，与未来进行斗争，实际上就是与自己进行斗争，因为未来对我们施加的力量，仅仅是我们给予未来的力量（EUD 18）。

2　约翰尼斯对此的解释有一点误导性，这种误导性在于，在苏格拉底做出这个评论的时候，他刚刚被宣判有罪，而苏格拉底的控告者之一梅勒图斯（Meletus）提议，对苏格拉底施加的惩罚应当是死刑。但在这个时候，陪审团尚未投票表决支持这种惩罚。（对于那个时代的雅典法庭来说，陪审团将依次对原告与被告提议的不同刑罚进行投票表决。众所周知，苏格拉底所建议的惩罚是由第三方替自己递交罚款。）

但按照如今的说法，在苏格拉底与亚伯拉罕之间的关联是，亚伯拉罕在这一点上不同于阿伽门农，而是类似于苏格拉底，他也需要"说出某些东西"（FT 141）。尽管约翰尼斯说，他能够通过想象将自身置于苏格拉底的立场之上，即便柏拉图对这场审判的报道并没有提供"决定性评论"，他也可以为之提供"决定性评论"，但约翰尼斯始终坚持认为，亚伯拉罕的情况对于他的想象力来说是一场过于严酷的考验。因此，他断言自己无法想象亚伯拉罕在当时有可能说些什么，而他得出的这个论断并不让人感到惊奇。然而，在这里的相关文本仍然为我们提供了亚伯拉罕的"起决定性作用的最后一句话"。现在的情况实际上变得相当古怪。虽然约翰尼斯坚持认为，亚伯拉罕"不能说话"——不能让他自己被人理解，但约翰尼斯指出，亚伯拉罕确实说过某些话："我儿，神必自己预备作燔祭的羔羊。"（FT 139, 142）约翰尼斯告诉我们，这个模棱两可的回复"有着反讽的形式，因为在我说着一些什么却又不在说着一些什么的时候，这总是反讽"（FT 142）。通过运用"反讽"这个术语，约翰尼斯在心中想到的似乎是某种被格雷戈里·弗拉斯托（Gregory Vlastos）称为"复杂反讽"的东西，在这种反讽中，"所说的既是又不是所意味的东西：它的表面内容在一种意义上是真的，在另一种意义上是假的"[1]。根据对此的最常见解读，亚伯拉罕的这句话在以下这种意义上是假的：实际上他并不期待上帝会提供一头真正的羔羊来作为祭品；但在以下这种意义上是真的：以撒自身就是一头"献祭的羔羊"。不过，以下这个事实肯定进一步加深了这

1　Vlastos 1991: 31.

个反讽的层次：结果上帝确实提供了一头用来献祭的动物，虽然这是一头山羊而不是一头羔羊。但我们是否真的可以说，亚伯拉罕的这句话可以被精确地描述为"正在说着一些什么却又不在说着一些什么"？约翰尼斯先前就已经强调，亚伯拉罕完全是孤独的，他完全无法让自己被人理解。但一句仅仅拥有两三种可能意思的反讽话语几乎算不上是完全孤独的，几乎算不上将亚伯拉罕置于语言可以触及的范围之外。亚伯拉罕的这句话肯定比"正是你将要被献祭"这句直接表述的话语更为深奥——约翰尼斯告诉我们，亚伯拉罕在这个决定性的瞬间不会说出后面这句话。（这既是因为倘若亚伯拉罕从根本上会说这样的话，他先前就会这么说了；又是因为这种轻易就可以获得"直接"理解的话语将亚伯拉罕带到了"悖论之外"，并将他置于普遍的事物之中［参见 FT 142］。）但亚伯拉罕实际做出的这个评论的双重（或三重）犀利含义，是否真正可以算得上是一种完全无法理解的话语呢？

142

在这里出现了某种古怪的想法。约翰尼斯似乎犯了某种错误。[1]但这种错误的意义是什么？它难道仅仅是这个文本的一个缺陷吗？——抑或是说，这个缺陷拥有某种更大的意义？斯蒂芬·马尔霍尔在将《恐惧与颤栗》解读为一个自我颠覆的文本时详细地考虑了后面这种可能性——我们将在第 7 章中考虑他所做的这个解读。因此我们在那时将回到约翰尼斯对亚伯拉罕的"最后一句话"所做

---

[1]　关于这一点的论述，参见 Conway 2008: 183，他注意到，约翰尼斯毫不费力地（与颇成问题地）从"亚伯拉罕的打算悄悄转向了亚伯拉罕知道将会发生的事情"。

的令人费解的评论。

接下来就是疑问III的结尾，约翰尼斯在这里重述了读者迄今为止已经熟悉的那个悖论："要么这个单独的个体作为特殊者，与绝对的事物处于一种绝对的关系之中，要么亚伯拉罕就是迷失了。"（FT 144）

尾　声

在这些疑问之后,《恐惧与颤栗》用一个简短的"尾声"结束自身,这个"尾声"回到了《恐惧与颤栗》这本书在开篇时使用过的那些与经济有关的比喻。约翰尼斯提到了丹麦的香料商人在香料的市场价格骤降时所使用的一个策略:他们将船里的某些货物沉入海底,以便于"迫使"剩余货物的"价格提升"(FT 145)。约翰尼斯断言:"这是一种可以原谅的,也许是必要的策略。我们在精神世界中所需要的是不是类似于这样的东西呢?"(FT 145)请注意这如何响应了本书开篇的这个说法:这个时代正在推行"一种真正的清仓大甩卖"(FT 41),以一种低廉得可笑的价格来推销信仰。在这个尾声中,约翰尼斯两次坚持主张,信仰是"一个人身上的最高激情"(FT 145, 146)。韦斯特法尔虽然承认,约翰尼斯并没有确切地告诉我们他用"激情"所表达的意思是什么,但他将"激情"解释为"对我们至关重要的事物……我们深刻关切的事物,我们对它的关切足以让它成为我们身份的一个组成部分"[1]。不管"黑格尔主义者"对时代的颂歌会让我们相信什么,约翰尼斯坚持认为,一个人无法比信仰"走得更远"(FT 147)。[2]正如我们如今已经知晓的,约翰尼斯反对黑格尔主义者将历史视为精神自我实现的过程,反对黑格尔主义者将信仰视为我们通过参与伦理就可以完全拥有的某种东西。这种理解遗漏了某种至关重要的东西:"不管一代人能够从另一代人那里学到多少东西,任何一代人都无法从上一代人那里学到真正具备人性的要素。在这方面,每一代人都是原始地〔*primitivt*〕开始的,没有什么不同于从前的每一代人的任务,也并不比他们走得更远。"(FT 145,译文有所调整)

143

这种"真正具备人性的要素"就是"激情";一个人的"最高激情"就是信仰;而在这里"每一代人都从头开始"(FT 145)。在这种重要的意义上,人的使命始终是相同的,正是在这种意义上,我们可以将自己的注意力转向我们对于疑问I的讨论的结尾。信仰要求开放的一种可能性是,来自上帝的召唤或许会与我们普遍的社会道德命令相冲突,因此就要求我们"悬置"这些社会道德命令——在这种意义上,任何时代的个人处境都不会完全不同于亚伯拉罕的处境。但在另一种意义上,这种考验的性质或许是极为不同的——实际上几乎可以肯定是极为不同的。正如我们将在第6章中提出的,亚伯拉罕之所以能够充当"拯救忧惧者的领路星辰",这

1　参见Westphal 2014: 102-120,特别是第120页的结论。这段文字引自第106页。

2　请注意这本书结束自身的方式,它在结尾处还讨论了一个自诩为赫拉克利特门徒的人,他试图比他的老师"走得更远",但最终还是倒退到了赫拉克利特已经放弃的学说之中(FT 147)。

或许并不是由于他愿意抽出刀，而是由于他愿意将信任与希望寄予上帝的那种方式。

因此，《恐惧与颤栗》是一个目的在于"迫使"信仰的"价格提升"的文本。然而，这种参照点或许令人困惑。香料商人的这些行动所实现的肯定是人为抬高剩余香料的价格。难道这就是约翰尼斯对信仰的作为——人为地抬高信仰的价格？这种理解或许会支持那些对约翰尼斯的可靠性（第7章将更多地论述约翰尼斯的可靠性）产生怀疑的解读。或者我们是否可以做出这样的解读：约翰尼斯给予我们的是在他看来信仰所具备的真实价值，并以此应对他的同时代人贬低信仰价值的趋势？在这种情况下，约翰尼斯的这种做法是在这个不顾一切的时代里为了支持信仰而采纳的"必要的策略"。我们无法真正回答这个问题，除非我们已经考虑了约翰尼斯的可靠性问题——这个问题转而又需要我们去考虑对约翰尼斯的这个文本的各种不同解释，而这恰恰是我们接下来必须致力于完成的任务。

第六章

与《恐惧与颤栗》真正相关的是什么？

在我们以自己的方式梳理完这个文本之后，现在是时候对这个文本做出评价了。《恐惧与颤栗》是否存在一个核心的主张？倘若存在，这个主张究竟是什么？这个主张是否真的就是来自上帝的命令可以不顾伦理的职责，即便上帝的命令是杀死某个人的孩子？抑或是说，这种理解没有抓住要害，将重点放错了地方？到目前为止出现的绝大多数解释都采纳了后面这种观点（我也采纳了这样的观点）。在这群注释者之中，某些人还认为，《恐惧与颤栗》传递了一种"秘密的"或"隐秘的"信息。因此，我们在本章中就设定了三方面的目标。第一，我将在某种程度上简要地勾勒《恐惧与颤栗》的接受史，这主要是为了在某种程度上阐明人们完全是以多样化的方式接受这本书的。第二，我将对我选择的某些这样的解读多少做出一些更为深入的挖掘，我将特别关注这样一些解读，它们已经被归类为那种从"更高伦理"的角度对这个文本所做的解读。[1]在对这些解读做出回应的过程中，我将继续探索信任的重要性（特别是达文波特提出的那种"末世的"信任）与信仰中的希望——这是一个相对来说还没有得到充分探索的主题。最后，对于"通常被归于《恐惧与颤栗》的'表面'信息是否是它真正传递的信息"这个问题，我将通过特别考虑那些根据基督教立场而对它的"间接"信息所做的解读，为这个问题揭示出一个重要的维度。

---

1 约翰·达文波特根据以下这个说法来描述这些解读的特征：亚伯拉罕的信仰超越了伦理，这"意味着相较于黑格尔的社会道德，或（更广泛的）道德法则和导源于理解的任何合理根据（亚里士多德主义、康德主义、功利主义、道德感等）的普遍命令，亚伯拉罕遵循的是一种更高的义务、召唤或职责"（Davenport, 2008b: 169）。

介绍《恐惧与颤栗》的接受史

克尔凯郭尔对许多人物都产生了影响，不仅包括哲学家与神学家，而且还包括像爱德华·蒙克（他对克尔凯郭尔做出的著名评论是："阅读克尔凯郭尔，就是体验自己。"[1]）这样的艺术家，像弗朗茨·卡夫卡与 W. H.奥登这样的作家，像格奥尔格·卢卡奇与马丁·路德·金这样不同的政治人物，其中某些人物受到了《恐惧与颤栗》的极大影响。

政治语境为纯粹属于解释的范围增添了某种趣味。以卢卡奇为例，安德拉斯·纳吉（Andras Nagy）将匈牙利接受克尔凯郭尔的那段时期定为20世纪早期，在这段时期内，匈牙利学者对克尔凯郭尔的悖论给出了一种从根本上是马克思主义的解答。卢卡奇将克尔凯郭尔称赞为这样一个人物，他帮助卢卡奇"失去了对上帝的信仰"[2]。根据纳吉的看法，第一次世界大战为《恐惧与颤栗》所展示

1　来自蒙克档案馆的笔记，转引自 Grelland 2013: 183。

2　Lukács 1982: 281，转引自 Nagy 2009: 165。

的困境赋予了新的意义，而卢卡奇将这种意义理解为"根据一种神秘的道德，人们必须要变成残酷的政治家，因此必定会违背'汝不应当杀人'这个绝对戒律"[1]。但正如纳吉注意到的，这两种情况存在着一个关键的区别："人们会永远地失去这些牺牲的对象；在这个历史塑造的世俗世界中，不会再出现任何人去拯救'以撒'。"[2]相较之下，在苏联进行改革（perestroika）的年代中，亚伯拉罕由于一个完全相反的目的而受到了普遍的推崇，在克尔凯郭尔的译者谢尔盖·亚历山德罗维奇·伊萨耶夫（Sergey Aleksandrovich Isayev）看来，亚伯拉罕这个"支配了普遍事物"的个体已经成为了"在这个最近刚刚从政治压迫中解放出来的国家里的一种非常勇敢而又适时的表现"[3]。但这两种"解读"或许会让我们想到加布里埃尔·马塞尔（Gabriel Marcel）的这个告诫："对于例外的个体性来说，始终存在着这样一种危险：它用自己无可否认的宏伟庄严，将自身描述为一种悲剧哲学，这可能在民众的水平上纯粹成为一种可以被中间商与投机者利用的实用主义。"[4]在"是否有任何根据来支持人们将如此作为的亚伯拉罕与那些主张他们的行径拥有宗教启示性质的当代恐怖分子和杀人犯区分开来"这个长期存在的问题背后的，恰恰就是这种担忧——而我将在本章之后的论述中重新回到这个问题上。我们接受以下这个建议：我们有必要比这两种解读理解更多 148

1　致保罗·恩斯特（Paul Ernst）的书信，1915年5月4日，参见Fekete and Karádi 1981: 595，转引自 Nagy 2009: 165。

2　Nagy 2009: 165.

3　参见Loungina 2009: 271。

4　转引自Goulet 1957: 177

细微的差别。

让我们回到文学的语境之中，有无数来自斯堪的纳维亚的人物讨论过这本书，[1]而在这个区域之外的那些讨论过《恐惧与颤栗》的作家则包括W. H.奥登、豪尔赫·路易斯·博尔赫斯、弗朗茨·卡夫卡与沃克·珀西（Walker Percy）。[2]克尔凯郭尔与卡夫卡之间的关系得到了人们的特别关注。卡夫卡从三十岁开始就以极大的兴趣阅读克尔凯郭尔。由于与菲丽丝·鲍尔（Felice Bauer）缔结的那个让他深受折磨的婚约（这个婚约不止一次破裂），卡夫卡似乎着迷于克尔凯郭尔解除婚约的那些策略。但根据尼古拉·伊丽娜（Nicolae Irina）的说法，"明显激起卡夫卡对克尔凯郭尔作品的全面兴趣的事物是，克尔凯郭尔在《恐惧与颤栗》中通过描绘亚伯拉罕而提出的那些伦理问题与宗教问题"[3]。在一封写给他的好友马克斯·布罗德（Max Brod）的信件中，卡夫卡向好友告知了自己对于克尔凯郭尔持有的那种模棱两可的看法，他对克尔凯郭尔的"敬佩之情"混杂了"某种冷却我的同情心的东西"。虽然卡夫卡强烈建议布罗德阅读《恐惧与颤栗》，但他告诫说，克尔凯郭尔的

> 肯定态度真正显现出了可怕的印象，只有在遇到一个完全普通的舵手时才有可能抑制这种印象。我的意思是，这种肯定态度达到过高的程度时，就会变得令人厌恶。他的眼

1　参见Stewart 2013, Tomes II and III。

2　参见在Stewart 2013, Tomes I, IV and V中的相关文章。

3　Irina 2013: 123. 关于考验与审判在卡夫卡叙事中的核心地位，参见Danta 2011，特别是pp. 1–25, 76。

里并没有普通人（他大致上知道如何相当得体地与普通人交谈），并不着边际地描绘了这个可怕的亚伯拉罕。[1]

卡夫卡对于克尔凯郭尔描绘的亚伯拉罕所产生的那种介于敬佩与深刻怀疑之间的矛盾情绪，似乎在此后又持续了一段时间。[2]

在卡夫卡对克尔凯郭尔的兴趣与哲学家对克尔凯郭尔作品的兴趣之间，存在着一种有趣的关联。存在着大量对克尔凯郭尔感兴趣的哲学家、神学家与宗教思想家，他们彼此之间又有着巨大的差异，其中包括了诸如卡尔·巴特、西蒙娜·德·波伏娃、莫里斯·布朗肖、迪特里希·朋霍费尔、马丁·布伯、斯坦利·卡维尔、雅克·德里达、伊曼努尔·列维纳斯、阿拉斯戴尔·麦金泰尔、艾丽丝·默多克（Iris Murdoch）、吉利恩·罗斯（Gillian Rose）、让-保罗·萨特、保罗·蒂利希、米格尔·德·乌纳穆诺

1　Kafka 1977: 199-200, 转引自 Irina 2013: 123。

2　例如，卡夫卡在 1921 年写给罗伯特·克洛普施托克（Robert Klopstock）的书信中告诉这位朋友说，他已经对克尔凯郭尔的亚伯拉罕进行了"大量的沉思"，而且他还补充说："但这些是陈旧的故事，它们不再值得讨论；特别是这并不是真正的亚伯拉罕。"（Kafka 1977: 285; 转引自 Irina 2013: 126）关于克尔凯郭尔与卡夫卡对《创世纪》第 22 章的不同解读的更为详细的比较，参见 Danta 2011, 也可参见 Blanchot 1982 与 Rose 1992。海科·舒尔茨（Heiko Schulz）将《恐惧与颤栗》描述为卡夫卡"持久的灵感之源"（Schulz 2009: 333），他注意到，比方说，布罗德断定，《城堡》（*The Castle*）中与索迪尼（Sortini）有关的情节的灵感就来自《恐惧与颤栗》（这个论断公认是有争议的）。

和路德维希·维特根斯坦这样的人物。[1]《恐惧与颤栗》通常是让这些人物形成他们对于克尔凯郭尔的看法的主要文本之一。克尔凯郭尔经常被描述为一个声名狼藉的存在主义先驱，人们断言，正是克尔凯郭尔对卡夫卡施加的影响，引起了法国存在主义者对克尔凯郭尔的兴趣。[2]西蒙娜·德·波伏娃明确表示，她在1945年撰写的小说《他人的血》（*The Blood of Others*）应当归功于《恐惧与颤栗》对她的影响，她在这部小说中描写了一群法国抵抗组织的战士所面对的极其痛苦的道德选择。[3]沿着这条相同的路线，萨特在他于1946年发表的著名演讲《存在主义与人道主义》（*Existentialism and Humanism*）中明确地提到了克尔凯郭尔对于亚伯拉罕的论述，并将亚伯拉罕作为萨特自己所描述的彻底自由的一个榜样。[4]为了对存在主义的关键术语"忧惧""放弃"与"绝望"给出解释，萨特在以下文字中对忧惧做出了这样的描述：

> 当一个人亲自做出某种承诺时，他就会充分意识到，他不仅选择了他所意愿的事情，而且他因此也成为了给整个人类做出决断的立法者——在这种时刻，这个人就无法逃避那

1　这些人物各自的论文，可以在属于乔恩·斯图尔特编辑的系列丛书《克尔凯郭尔研究：来源、接受与资源》（*Kierkegaard Research: Sources, Reception and Resources*）的几卷相关的论著中找到（参见参考书目）。

2　Irina 2013: 115. 伊丽娜（Irina）补充说，甚至在丹麦的文学世界中，人们对于克尔凯郭尔的兴趣也是由于早期翻译的卡夫卡作品而被激发出来的（2013: 115）。

3　参见 Green and Green 2011: 6。

4　除了《恐惧与颤栗》，萨特显然还读过克尔凯郭尔与卡夫卡的日志和日记，参见 Hackel 2011: 338。

种完整而又深刻的责任感。[1]

萨特进一步展开了这个论述，而在这个过程中，他明确提到了克尔凯郭尔对捆绑以撒的论述：

> 这种忧惧被克尔凯郭尔称为"亚伯拉罕的忧惧"。你们应该也知道这个故事：一个天使命令亚伯拉罕献祭自己的儿子：倘若这确实是一个天使，这个天使确实出现并说过，"亚伯拉罕，汝应当献祭你的儿子"，那么亚伯拉罕就会出于义务而服从。但任何人处于这种情况时都会想要知道：第一，这是否真的是一个天使？第二，我是否真的是亚伯拉罕？支持我这么认为的证据是什么？……倘若一个天使向我显现，那么证明它是一个天使的证据是什么？或者倘若我听到了声音，又有什么东西可以证明这些声音来自天堂，而不是来自地狱，不是来自我自己的潜意识［原文如此］，不是来自某种病态？谁能证明它们是真正向我提出的要求？
>
> 因此，又有谁能证明，我恰恰就是这样一个人，我可以通过我自己的选择，将我对于人的设想强加于人类之上？无论如何，我永远都无法发现任何可以做到这一点的证据。[2]

在经过了一两页篇幅的论证之后，我们就接触到了那个著名

1　Sartre 1948: 30.

2　Sartre 1948: 31.

243

的论断，即我们"被宣判为自由"[1]，并且对我们的选择承担责任。而获得大量援引的相关例证是在"二战"时期的一个年轻人，他需要在加入"自由法国"的抵抗组织去和纳粹进行斗争与待在家里帮忙照顾自己生病的母亲之间做出选择。[2]在这种意义上，我们所有人都必定会追随亚伯拉罕所引导的方向。[3]我们所有人都在亚伯拉罕的处境之中，都不得不做出我们自己的决定，而无法为我们的决定做出辩护，并因此陷入"亚伯拉罕式的沉默"。（正如我们将看到的，萨特的同胞德里达随后将发展出一种相关的思想。）但在接下来的内容中，萨特（就像上文提到的卢卡奇那样）在沿着他的道路前进时，却将与亚伯拉罕的考验有关的特别具有宗教色彩的语境远远地抛在后面。因此，曼纽拉·海克尔（Manuela Hackel）就合情合理地提出了这样的问题："萨特对于克尔凯郭尔的描绘是否仍然与克尔凯郭尔本人相似？——抑或是说，这种描绘是否已经变得过多地体现了萨特本人的特点？"[4]

1　Sartre 1948: 34.

2　Sartre 1948: 35.

3　关于德·波伏娃在她的《模糊性的伦理》（*The Ethics of Ambiguity*）中呈现的那个与克尔凯郭尔相关但又有所区别的亚伯拉罕，参见 Stewart 2009b: 446–447。

4　Hackel 2011: 346.

列维纳斯：反对克尔凯郭尔的"暴力"

其他的思想家或许也过多地将他们自己的成见融入了他们对于克尔凯郭尔的批评之中。伊曼努尔·列维纳斯就是这样一个颇具影响力的思想家，他"直接"解读约翰尼斯，并因此报告说，他发现了克尔凯郭尔思想的"暴力"。有必要暂停我们的论述，并考虑列维纳斯对于《恐惧与颤栗》的简要评论，因为许多当代人对于列维纳斯的思想与克尔凯郭尔的思想的相似之处与不同之处感兴趣。杰弗里·汉森（Jeffrey Hanson）注意到，尽管列维纳斯对于克尔凯郭尔的论述所造成的影响，在一定程度上已经为法国哲学所吸收，但列维纳斯对这个丹麦人的讨论"相对较短"并且"几乎没有深入论述"。[1]事实上，列维纳斯对于克尔凯郭尔的诸如生存领域这样的核心主题所做的过度简化的解释是令人吃惊的。他在下文中第一次提到了克尔凯郭尔的"暴力"：

---

1 Hanson 2012: 174.

克尔凯郭尔的暴力是在这个时候开始的，生存在走出了审美阶段之后，为了着手进入宗教的阶段与信仰的领域而被迫放弃伦理的阶段（或更准确地说，被迫放弃被视为伦理阶段的事物）。但信仰不再寻求外在的辩护。信仰甚至内在地将交流与孤独结合起来，因而将暴力与激情结合起来。这就是将伦理现象贬降为次要地位并蔑视存在的伦理基础的根源，这种做法通过尼采，导致了新近哲学的非道德主义。[1]

这段文字对克尔凯郭尔做出了相当多的谴责，而且这些谴责是不正当的。第一，列维纳斯在克尔凯郭尔更宽泛的作者身份中赋予了"伦理的目的论悬置"一种地位，但他没有在任何地方对之做出论证。第二，列维纳斯仍然在没有论证的情况下假定，沉默的约翰尼斯（与其他的假名作者）明确地代表克尔凯郭尔来说话。此外，列维纳斯似乎认为，克尔凯郭尔仅仅是由于亚伯拉罕愿意杀死以撒才赞扬亚伯拉罕。如今我们已经几乎不需要指出，实际情况要比列维纳斯的这些理解更为复杂与暧昧。列维纳斯在这里没有提到，约翰尼斯虽然"敬佩"亚伯拉罕，但与此同时又对亚伯拉罕产生了多么"惊骇"的感受。列维纳斯也没有考虑到亚伯拉罕试图努力克服的那些可能性，没有阐明在将亚伯拉罕称赞为信仰典范时所冒的风险是什么，更没有将他持有的特定伦理观置于严格的考察之下，以便于弄清它是否是恰当的。

列维纳斯甚至以更加强硬的论调来重复这些对克尔凯郭尔的

1　Lévinas 1998: 31.

谴责。通过重复"让我对克尔凯郭尔感到震惊的是他的暴力"这样的陈词滥调，列维纳斯又把克尔凯郭尔与尼采归为一类人，并谴责克尔凯郭尔具有"冲动与暴力的风格，他毫不顾忌丑闻与破坏"，并且"永远渴望做出挑衅并在整体上拒斥一切事物"。[1]列维纳斯进而将这种风格与国家社会主义关联起来，而据说这种堕落都可以在克尔凯郭尔对"伦理的超越［请比较'目的论悬置'］"中找到。[2]

尽管列维纳斯做出的这些指控是过分的，但他确实对《恐惧与颤栗》提出了一个有趣的见解。通过提出《恐惧与颤栗》所包含的伦理观是不恰当的，列维纳斯提供了一种由他自己构造的替代性的伦理观，这个如今已经众所周知的伦理观是一种在本质上"意识到对他人责任"的伦理观。[3]但列维纳斯提出的相关见解是，捆绑以撒这个故事的真正关键要点或许相当不同于他认为克尔凯郭尔所理解的关键要点。列维纳斯提出，应该以另一种方式来强调那个要求献祭以撒的命令："整部戏剧达到高潮的那一刻，或许就是亚伯拉罕停下来聆听的时候，那时又有个声音命令亚伯拉罕不要去牺牲一个人，并通过这种方式将他重新带回伦理秩序之中。"[4]

换而言之，关键是上帝发出的第二个声音：在这个时候，那

152

---

1 Lévinas 1998: 34.

2 Lévinas 1998: 34. 为了将列维纳斯的这些评论置入语境之中，我或许有必要在这里说明，对于列维纳斯来说，西方哲学的主流传统具有一种内在固有的"暴力"。对于这些评论的更宽泛语境的进一步论述，参见 Hanson 2012。对于克尔凯郭尔与列维纳斯的关系的更为翔实的解释，可参见 Sheil 2010, Simmons and Wood 2008 与 Westphal 2008。

3 Lévinas 1998: 34.

4 Lévinas 1998: 34.

个要求牺牲一个人的命令，为上帝赐予的那头可以让亚伯拉罕饶恕以撒生命的公羊所替代。[1]即使其他的某些注释者解读这段文本的方式要比列维纳斯更为审慎，但他们也注意到了这个要素的重要性——他们给予了这个要素一种相当不同的重要意义。本章后面所包含的内容介绍了若干按照这种方式对这个文本做出的解读，我们将在考虑这些解读的过程中重新回到这个问题上。在这些解读中存在着一种与"末世的信任"有关的解读，我将在本章随后的内容中大致讨论与支持这种解读。根据这种解读，上帝发出的第二个声音与他提供的山羊对于《恐惧与颤栗》都是至关重要的，讽刺的是列维纳斯却无法注意到这一点，因而无法意识到，约翰尼斯其实赞同上文提到的列维纳斯的那个判断。[2]

总体上说，列维纳斯的解读是相当不细致的。但关键是要注意到，列维纳斯发现克尔凯郭尔是"暴力的"，并因而感到震惊的理由是，他想当然地认为，《恐惧与颤栗》所传递的信息实际上是，上帝的命令应当无可置疑地推翻伦理的要求。许多注释者都通过各种各样的方式来质疑这一点。

1　在这里请比较马丁·布伯提出的这个问题：我们能否从根本上正当地将第一种声音（献祭的要求）当作上帝的声音（Buber 1975: 226）？

2　就这一点而言，参见Davenport 2008b: 176-177。

塔克文的罂粟花

　　并非仅仅是注释者对于这个貌似真实的结论所感受到的不舒适，才导致了许多注释者在解读中认为,《恐惧与颤栗》拥有一种"隐秘的信息"。事实上，这本书在卷首引用的格言就已经做出了这样的暗示。约翰尼斯（或克尔凯郭尔？）在那里提供了来自哈曼（Hamann）的一句具有代表性的精辟评论。哈曼是克尔凯郭尔极为敬佩的一位德国思想家，哈曼的某些作品可以算得上是"幽默作家"的典范。[1]《恐惧与颤栗》在卷首引用了哈曼的如下这句评论:"高傲者塔克文（Tarquin the Proud）在其花园中借助于罂粟花所说的东西，他儿子是明白的，信使却不明白。"（FT 39）这指的是一个有关罗马早期国王的故事，他有一个儿子成了盖比伊城的一个军队领袖，这个儿子派遣信使到他父亲那里，向他父亲寻求接下来该做什么的建议。塔克文无法确定自己能否相信这个信使，于是他没有直接给出任何回复，而是带着信使走到一片长满罂粟花的

1　对于克尔凯郭尔那里的"幽默"种类的更多论述，参见 Lippitt 2000。

153

园地之中，并砍掉了园中长得最高的罂粟花的花冠。这个信使回到盖比伊城之后，向塔克文的儿子重复了这个古怪的动作。塔克文的儿子——而不是信使——理解了这个动作的重要意义。这个"隐秘的"信息——请注意，它是以间接的方式交流的——是，塔克文的儿子应当对盖比伊城的领头市民判处死刑或将他们放逐。于是他的儿子就这么做了，而这导致了这座城市向罗马投降。于是这里的关键是，信使或许并不理解他所传达的信息。那么为什么这段古怪的格言会出现于《恐惧与颤栗》的卷首呢？这句格言究竟将以何种方式适用于这个文本呢？约翰尼斯是信使吗？——他无法理解的信息究竟是什么？他完全专注的关于亚伯拉罕与以撒的故事焦点，是否向他掩盖了这个故事真正"隐秘的"信息？约翰尼斯反复告诉我们，他缺乏信仰。那么我们究竟可以在多大程度上指望他告诉我们有关信仰的信息呢？据此推断出的答案并非必定是完全否定的。一个局外人的视角虽然是有限的，但或许仍然是有用的——可以向我们表明信仰不是什么，或者可以向我们表明信仰在某种意义上的正式结构，虽然它缺少了"局内人"对于信仰的"双重运动"的见解。[1]

我们在心中记住这一点之后，本章的剩余部分将提供一种考察，它的目的是剖析对于《恐惧与颤栗》的各种不同的解释。罗纳德·M.格林（Ronald M. Green）对这个文本的描述是，它可以根据不同的"层面"来获得解读。[2]如下内容在某种程度上受益于格林的考察研究，但我也提供了某些可供替代的焦点。

1　试比较 Evans 2004: 63–64。

2　参见 Green 1998。

向雷吉娜传递的信息？

有一种"隐秘的信息"是我们首先需要避开的。我们在第1章中已经简要地描述了克尔凯郭尔在解除他与雷吉娜·奥尔森的婚约时的周边环境。我们在第5章中还提到，克尔凯郭尔是在婚约破裂之后马上撰写《恐惧与颤栗》的，而这本书似乎包含了某些自我辩解的文字。但尤其需要回想的是，当克尔凯郭尔在明显意识到，他一旦与雷吉娜缔结了婚姻关系，他就有可能无法让雷吉娜获得幸福时，他断定自己有必要使用的那些策略。克尔凯郭尔认为，在所有的不幸之中，损害最轻微的是让雷吉娜认为他是一个骗人的恶棍，他对她完全不关心。按照当代流行心理学的说法，通过这种方式，雷吉娜就能够在她自己的生活中"继续前进"。就此而言，在"定调"中的第一个附属于亚伯拉罕的故事的主人公就呈现出了一种特别的重要性。正是这个人物在他想要将自己的刀插入以撒胸口的时候，告诉以撒他是"一个偶像崇拜者"，他是出于自己的愿望，而不是出于上帝的命令才要杀死以撒的。他这么做是因为"他以为我是一个怪物，但这还是好过他失去对〔上帝〕的信仰"（FT

154

45—46）。

这段文字对于那种"自传式"解读的重要性是相当明显的。[1]正如汉内所言,"倘若他能让雷吉娜相信,他是那种任何人都会想要与之解除婚约的骗人恶棍,那么克尔凯郭尔就能将她从失去对这个世界的信仰的危险处境中拯救出来"[2]——我们或许还可以补充说,就能将她从失去对上帝信仰的危险处境中拯救出来。汉内合乎情理地认为,这是一种"糟糕的心理状态……事实上如此糟糕,以至于任何如此推崇克尔凯郭尔心理洞识的人都会倾向于怀疑这种意图的诚实——不然的话,克尔凯郭尔的这些诚实的论断就会真正包含了这样糟糕的心理状态"[3]。然而,不管我们对此会持有什么想法,那些将《恐惧与颤栗》解读为包含了一种传递给雷吉娜的"隐秘消息"的人们,都会倾向于将这段文字视为克尔凯郭尔将关于他破坏婚约策略的"实话"告诉雷吉娜的一种手段。倘若一个人以这种方式将这本书解读为对雷吉娜传递的一种隐秘信息,那么它想要传递的就是如下核心信息。恰如亚伯拉罕在上帝的召唤下牺牲了对他来说最珍贵的人(以撒),克尔凯郭尔也在上帝的召唤下牺牲了对他来说最珍贵的人(雷吉娜)。用格林的话来说,根据这种观点,克尔凯郭尔感到自己被迫"将他对于世俗幸福的希望抛诸脑后,以便

1　请注意,这段文字的某个版本出现于1843年的一则日记之中,在这段文字之后克尔凯郭尔做出了这样的评论:"谁解释了这个秘密,谁就已经解释了我的人生。"(KJN 2: JJ 87[试比较JP 5: 5640])也可参见JP 6: 6473, 6491与6843。

2　Hannay 2001: 191.

3　Hannay 2001: 191.

于承担他作为宗教作家的孤独使命"[1]。

这种解读的另一个版本是由格雷戈尔·麦兰歇克（Gregor Malantschuk）提供的，在这个版本中，克尔凯郭尔成为了被他父亲"牺牲"的以撒。根据这种观点，克尔凯郭尔想要传递给雷吉娜——雷吉娜需要被告知的并不是她（明显由于婚约的破裂本身而）被牺牲这个事实，而是她被牺牲的原因——的"隐秘信息"是，克尔凯郭尔"自己被牺牲，因此他不得不牺牲她"[2]，至少这部分是由于与她结婚，就会让她卷入克尔凯郭尔与他父亲的关系的可怕细节之中，就会让她卷入克尔凯郭尔经常由于这种关系而陷入的忧郁之中。

毫无疑问，《恐惧与颤栗》确实存在着诸多"自传性的"特征。但它与这段发生于19世纪40年代的不幸而又短命的恋爱关系（或与克尔凯郭尔和他父亲的关系）的相关性，几乎无法解释这个文本何以在超过170年的时间里，能让众多注释家产生那种级别的兴趣。[3] 155
接下来让我们开始探索这个文本所获得的不同"层面"的解读。

---

1 Green 1998: 274. 请顺便留意在KJN 3 Not. 15: 15中那段自传性的文字使用"恐惧与颤栗"这个措辞的次数。

2 Malantschuk 1971: 236. 对于此处的麦兰歇克的理由的更多论述，尤其可参见pp. 236-239。

3 或许还有一些理由让人们不去过分强调这种对克尔凯郭尔论著的自传性解读。哈比卜·C.马利克（Habib C. Malik）提出，这种"传记式的心理进路"（它最著名的早期践行者是丹麦批评家乔治·勃兰兑斯［George Brandes］）聚焦于"克尔凯郭尔私人生活的具有戏剧性的那方面内容以及在克尔凯郭尔日记中勾勒的他自己心灵的内在运作方式，这种研究进路已经成为了这样一些人手中的［一种］便利工具，他们希望将自己的注意力从克尔凯郭尔论著的实质重要性上转移，因而逐渐削弱了这些作品在智识上与精神上的潜在重要性"（Malik 1997: 217）。

对承担义务的召唤：令人震惊的神学论述

　　格林的第一个"层面"仅仅是"对基督徒承担义务的召唤"[1]。在这个层面上，约翰尼斯将亚伯拉罕与以撒的故事作为"神学的"一种"令人震惊的论述"。[2]克尔凯郭尔看到，他那个时代志得意满地将"成为一个基督徒"与"出生于'基督教世界'（出生于类似丹麦这样的'基督教国家'、出生于父母信奉基督教的家庭、在丹麦的国家教会中受洗）"混为一谈。这种对于宗教所承担义务的"世俗"见解，与亚伯拉罕强烈表露的"原初"信仰形成了鲜明对比，亚伯拉罕的信仰需要按照某种确定的方式来行动与生活，甚至（其实是特别）在某些处境下要按照最严格的方式来行动与生活。克尔凯郭尔认为，他这个时代的一种更加具有迷惑性的混乱，来自黑格尔主义的威胁。正如我们已经看到的，《恐惧与颤栗》的某些文字嘲笑的是那种比信仰"走得更远"的观念：其中提到了黑

1　Green 1998: 258.

2　Green 1998: 258. 这个措辞是保罗·迪特里克松提出的（Dietrichson 1965: 2）。

格尔主义者所持有的一个想法，即相对而言信仰是智识发展的一个初级的阶段，而黑格尔主义的哲学会超越这个阶段。这种观点使根据第一人称的维度展现的信仰——克尔凯郭尔如此强烈地强调这种信仰——从属于对在世界历史中展示自身的精神［心灵或圣灵］的理解。

因此，就在这个层面上对《恐惧与颤栗》所做的解读而言，最为重要的一点是，它通过运用亚伯拉罕的故事而毫无掩饰地指出，宗教信仰与世俗生活并非必定没有冲突。对亚伯拉罕的这次考验，揭示了在"伦理的"义务与"宗教的"义务之间存在着潜在的冲突。宣讲亚伯拉罕故事的教士无法赞同这个故事的暗示，这就将读者的注意力引向了当代的基督教世界，它也同样无法看到这一点。根据这种观点，《恐惧与颤栗》传递的核心信息是，"当前的时代"贬低了信仰的价值。（在这里请回想这个文本所使用的那些与经济有关的比喻——特别是在这个文本开头与结尾时所使用的那些比喻。）根据这种观点，约翰尼斯的目的在于让人们注意到信仰的真正价值（与潜在的代价）。

信仰的心理状态

但这并没有解答我们的核心问题：约翰尼斯所谈论的"伦理的目的论悬置"，是否就相当于在主张，为了上帝意志所给出的更高目的，就应当悬置伦理的要求？尽管我们迄今的论述都没有对这个问题给出一个明确的答案，但格林在第一个层面上似乎倾向于给出一种肯定的回答。他的第二个层面与"信仰的心理状态"有关，这个层面仿佛对这个问题给出了一种否定的回答。按照格林的理解，这个探究的"出发点是在第一个层面上的如下假设：信仰是一种活生生的义务，但它寻求的是让信仰者理解信仰准确的精神内容"[1]。这个问题的关键是区分无限弃绝的运动与信仰的运动。在格林对这个问题的简要讨论的结尾处，他似乎赞同穆尼的这个观点：信仰需要"无私的关怀"，在这种关怀中，人们将放弃一切"与所有权有关的权利主张"。格林的结论是：

1　Green 1998: 261.

倘若穆尼是正确的，那么《恐惧与颤栗》在这个层面的意义就开始向我们暗示，这个文本在整体上完全不像它表面上呈现的面貌，它并不是对宗教下达的杀人命令的可怕辩护。相反，它开始显得就像一种对于无私之爱的更为传统的辩护，而这种爱是宗教生活的核心特征之一。[1]

但这仍然有可能遭受我们在前文提出的反对穆尼的诸多意见的攻击。在第一个层面上的关键是，让经常去做礼拜的哥本哈根"中产阶级"在震撼中从他们志得意满的态度中走出来，人们至少可以看出，这个有关亚伯拉罕与以撒的故事是恰当选择的结果，因为它以一种特别惊人的方式表明了在"伦理的"义务与"宗教的"义务之间的潜在冲突。但在第二个层面上所传达的信息仅仅是，宗教的生存需要无私的爱，而这个与亚伯拉罕和以撒有关的特殊故事似乎是一种糟糕的选择，因为人们无法清晰地弄明白，何以需要专门以这个故事来提出这样一个如此普通与传统的观点。

1　Green 1998: 262.

基督徒生活的诸多规范

格林的第三个层面是"基督徒生存的规范形式",这似乎比前两个层面更为直接地提出了我们的核心问题。正是在这个层面上,《恐惧与颤栗》主要成为了伦理学的研究,它探索了"应当引导坚定的基督徒的诸多行为规范"[1],正是在这个层面上,《恐惧与颤栗》所探讨的诸多疑问(特别是前两个疑问)成为了核心内容。

这个层面恰好将焦点放到了我们已经努力克服的那些问题之上,也就是放到了以下这两个事实之上:对于约翰尼斯来说,亚伯拉罕显得位于被理解为普遍事物的伦理范围之外,亚伯拉罕的行为无法得到解释或合理的辩护。

格林明确地对这个问题做出了如下的表述:

> 将《恐惧与颤栗》解读为这样一种论著,它意在对基督徒的道德生活至少提供一种初步的审视,但这种解读制造了

---

1 Green 1998: 262.

一种不协调的矛盾。《恐惧与颤栗》似乎举出了一种多少值得模仿的典范，但对于这种行为，我们又无法根据普遍的道德价值来进行鼓励、辩护或理解。[1]

格林讨论了试图避免这个问题的各种尝试，我将提到其中的三种尝试。前两种尝试分别将这个文本视为对康德与黑格尔的攻击，而第三种尝试将约翰尼斯视为在支持一种神令观的伦理学（它或许也是这么看待克尔凯郭尔的）。

康德的"绝对主义"

避免这个问题的第一种尝试是由埃尔默·邓肯（Elmer Duncan）提出的，在他看来，约翰尼斯的攻击目标是康德的绝对主义。我们在先前就已经提过康德的这个想法：对于伦理的要求来说，不能存在任何例外。根据邓肯的观点，克尔凯郭尔发现，这个极端的立场是"荒谬可笑的"[2]，而他的推断是，倘若一种伦理观无法允许例外的存在，那么就必定要在伦理的事物之外为例外制造空间——如在宗教的事物之中。但邓肯认为，这种改变是没有必要的，因为对待这种与例外有关的问题，还存在着不那么激进的有效进路，它将在伦理的事物之中找到让例外存在的空间。

格林对邓肯的这个观点提出了两个反对理由：其中的一个反对理由是合理的，另一个反对理由则不那么合理。首先，他合理地

1　Green 1998: 263.

2　Green 1998: 264.

指出，这种伦理的"绝对主义"本身似乎并不是约翰尼斯的目标。

请回想，约翰尼斯主要将之与亚伯拉罕进行对比的一个人物是阿伽门农这个悲剧英雄，据说，这个悲剧英雄按照"符合伦理的方式"来行动，尽管事实上他并没有遵循康德在伦理上的绝对律令：他准备夺走一个无辜者，即他的女儿伊菲革涅亚的生命。换句话说，阿伽门农完全准备为了完成他作为国王的职责而杀死这样一个人：这是严格的康德主义者不可能会赞同的行为。

第二，格林声称，邓肯的这个理解"忽视了约翰尼斯反复做出的以下这个论断：在悬置伦理的过程中，亚伯拉罕已经完全走出了伦理的范围"[1]。格林据此推断出，"根据这种理解，难以认为，亚伯拉罕摆脱严格的伦理限制，是为了表达一种对于道德义务的更为细致的领悟"[2]。

但格林的这个结论过于仓促。在格林看来似乎显而易见的是，我们应当按照表面的价值来审视约翰尼斯公开持有的对于伦理本质的理解。但存在一个合理的理由来质疑这一点。正如我们已经暗示的，位于每个疑问开篇的那些语句，都可以被解读为条件句：也就是说，这些疑问所带来的问题恰恰是，"伦理"是否就是"普遍的事物"？根据这种解读，约翰尼斯试图表明，承诺于这种伦理观会导致何种可能的后果。约翰尼斯忙于完成这个规划的一个理由是，他要表明，由于存在某些这样的可能后果，我们或许就需要拒斥导致这些可能后果的伦理观。也就是说，倘若这种伦理观无法解释为

1　Green 1998: 264.

2　Green 1998: 264.

什么信仰之父亚伯拉罕被奉为信仰的典范，我们或许就确实需要拒斥这样的伦理观。正如我们将在本章稍后的论述中看到的，这撼动了格林自身进路的关键部分。

黑格尔的伦理学

某些人（似乎更为合理地）将约翰尼斯的目标视为黑格尔的伦理学，对于这种理解，我们可以提出同样的反对理由。我们已经看到，黑格尔的伦理"普遍性"，是一个民族的具体公共生活的普遍性。格林提出，《恐惧与颤栗》可以按照两种不同的方式被解读为对黑格尔伦理学的批判。（我不清楚的是，这两种方式之间的区别是否特别重要。）在第一种解读方式中，《恐惧与颤栗》这本书是"一种伦理宣言，它抵制黑格尔几乎完全将个人从属于民族国家的做法，并具有预见性地为面对社会集体压迫的个体权利做出了辩护"[1]。按照类似于此的解读，这个文本为在集权主义的威胁下丧失自我的生存处境提供了"一种重要的修正"[2]。（请回想在本章开始时提到的那个"改革年代"做出的解读。）格林反对这种解读方式，因为它仍然试图为亚伯拉罕提供一种伦理的辩护——或许这是根据某种经常关联于存在主义的"个体伦理学"来理解亚伯拉罕的"纯粹的个人美德"（FT 88）——而这种做法与约翰尼斯"反复做出的如下陈述"发生了矛盾："亚伯拉罕无法在伦理的意义上'被调解'

---

1 Green 1998: 265.

2 Green 1998: 266.

或被人理解。"[1] 显然，我们就像在上文所做的那样，对这种解读方式做出了同样的回应，而且我们还提出了这样一个问题：为什么专门需要有关亚伯拉罕与以撒的故事来提出这个主张个体反抗集体的一般见解。

将《恐惧与颤栗》解读为对黑格尔伦理学的批判的第二种方式认为，《恐惧与颤栗》"是对个体赋予个性的呼吁"[2]，而格林恰恰也对第二种解读方式提出了以上这个反对的理由。杰罗姆·格尔曼（Jerome Gellman）是第二种解读方式的支持者之一，对于他来说，《恐惧与颤栗》是

> 一种要求自我离开"无限性"的呼吁，它支持的是将自我作为个体的定义，反对的是那种在社会制度之内，特别是在家庭之内所做的自我定义……这个故事讲述的并不是亚伯拉罕敢于杀死他自己的儿子，而是亚伯拉罕愿意勇敢地不将自己视为一个父亲，而是将自己视为一个个体……"上帝的声音"……只不过是在呼唤亚伯拉罕去成为一个超越了伦理普遍性的个体。[3]

格林似乎完全正确地提出了这样一个问题：为什么我们会特别需要《创世纪》第22章来传达这样的信息？事实上，格尔曼所

1　Green 1998: 266.

2　Green 1998: 266.

3　Gellman 1990: 297, 299.

提出的这个建议与穆尼将《恐惧与颤栗》解读为"对自我的召唤"的做法拥有一种深刻的家族相似性——而我们已经向穆尼提出了这样的质问。但令人困惑的恰恰是，格林并不承认，可以用这同一个问题去质疑他的第一种"反对黑格尔的"理解。

迄今所考虑的这两种解释——反对康德的解释与反对黑格尔的解释——似乎都没有充分注意到这个故事的特殊性恰恰是《恐惧与颤栗》的关键所在。但肯定被《恐惧与颤栗》进行过仔细审视的一个重要观点是"伦理是具备普遍性的事物"。无论是道德法则，还是任何给定社会的法律，它们都不是神圣的：对于约翰尼斯（与克尔凯郭尔）来说，认为这两者是神圣的假设，都是某种形式的偶像崇拜。

神令伦理学

这指的是在格林讨论过的诸多可能尝试中会被我们在这里考虑的第三种可能尝试。根据这种尝试，《恐惧与颤栗》赞同的是某种形式的"神令伦理学"。某些解释者提供了这个版本的解读，这在某种程度上是解读这个文本的"表面上"最自然的方式。但据此做出的一种在形式上最简单的解读，显然并不是最自然的解读。这种在形式上最简单的解读提出，这个文本所传达的核心信息是，在面对来自上帝的命令时，人们始终应当让上帝的命令优先于伦理的命令。因此，亚伯拉罕杀死以撒是不道德，但由于上帝下达了这样的命令，亚伯拉罕就有义务去这么做。

这个建议存在一个明显的问题：它没有对"定调"中的四个"附属于亚伯拉罕"的人物做出解释。这四个人物的一个共同点在于，他们都准备服从上帝的命令。但约翰尼斯相当清楚，他们都无法被视为像"真正的"亚伯拉罕那样的"信仰的骑士"。这明确地意味着，仅仅凭借愿意服从神的命令的意愿，并不能让亚伯拉罕成为"信仰的骑士"。[1] 那么，人们可以找到的那种更为精致的根据"神令伦理学"而做出的解读是什么呢？

倘若这种根据"神令伦理学"做出的解读所需要的是除了向神的暴虐屈膝之外的其他东西，那么我们就需要对上帝做出某种描绘。人们担心，倘若接受了"上帝是爱"之后，这种解读的部分可能后果或许会变得有所缓和，格林发现，约翰尼斯在这个文本的某个地方就提出了这种担忧（FT 63）。正如格林所言，"在这种信仰的背景下，即便上帝看起来是在要求做出可怕的事情乃至做出牺牲，不遗余力地服从上帝也是合乎情理的"[2]。埃文斯就接受了这种路线。亚伯拉罕准备去做的事情通常被认为是可怕的，这部分是由于人们认为，亚伯拉罕与以撒拥有一种实在的关系，相较之下，上帝的声音或许显得多少有点"不同"；神的命令在某种意义上是抽象的。但埃文斯强调的一个关键是，在《创世纪》的叙事之中，亚伯拉罕相当清楚自己与上帝存在一种"特殊的关系"。在一篇较早的论文中，埃文斯按照如下方式对这种关系做出了解释：

> 亚伯拉罕知道上帝是一个个体；他知道上帝是善的，他

1　就这个观点而言，约翰尼斯在某种意义上背离了路德与康德，参见Carlisle 2015: 56–57。

2　Green 1998: 267.

热爱上帝并信任上帝。尽管他不明白为什么上帝要求他去做
这件事或这件事的目的是什么，在这种意义上他并不理解上
帝的这个命令，但他明白，要求他做这件事的确实就是上帝。
由于他与上帝之间存在的特殊关系，亚伯拉罕对上帝的信任
是至高无上的。这种信任在认知上表现为一种解释框架，亚
伯拉罕根据这种解释框架得出的结论是，在这种特殊的情况
下，这种行为确实是一种应当去做的正确行为，即便一切都
显得对立于这个结论也无济于事。事实上，上帝不会向他
要以撒——即便上帝确实向他要以撒，他也会重新得到以
撒……亚伯拉罕愿意牺牲以撒的意愿，或许可以被比作一个
飞刀手凭借击中目标的准确性而建立起来的信心。[1]

然而，格林对此提出的异议是，《恐惧与颤栗》几乎没有强调
对上帝的爱。它几乎没有讨论上帝的这个特点会让这个命令变得更
容易理解。埃文斯或许可以做出的一个回应是指出，这可能是因为
约翰尼斯处于信仰之外的立场。但要对埃文斯的这个反驳做出回
应，我们可以补充说，爱几乎算不上是《创世纪》在这个地方的叙
事所表现的最明显特征。例如，请回想上帝在那个时候刚刚用地狱
之火摧毁了索多玛与蛾摩拉，而不管亚伯拉罕向上帝提出的保留这
两座城市的恳求。因此，为什么在亚伯拉罕心中呈现的最显著特征
是对上帝的爱，而不是对上帝力量的意识，对此的答案似乎远非显
而易见。

1　Evans 1981: 145. 沿着这些路线的更多论述，参见 Evans 2004: 315-316。

在这个背景下有趣的是，正如杰罗姆·格尔曼所注意到的，在最近的犹太教思想中，人们对于"亚伯拉罕的两个形象（它们分别出自《创世纪》第18章与第22章）中的哪一个形象才应当被认为是犹太教精神的典范"这个问题产生了分歧。换而言之，我们应当赞扬那个明显确信自己的道德信念，并据此就索多玛的命运而与上帝展开争辩的亚伯拉罕吗？抑或是说，我们应当赞扬的是那个面对捆绑以撒的命令而表现出对上帝的无条件服从的亚伯拉罕吗？[1]

162　　鉴于这种争论，就值得在这里简要地考虑埃文斯新近对与克尔凯郭尔相关的神令伦理理论做出的讨论。[2]在这个讨论中，发挥更重要作用的恰恰是《爱的作为》，而不是《恐惧与颤栗》，埃文斯认为，《恐惧与颤栗》并不是让人们去审视克尔凯郭尔自己的伦理观。[3]尽管如此，这个文本确实发挥了一个重要的作用，因为埃

---

1 格尔曼在讨论中将耶沙亚胡·莱博维茨（Yeshayahu Leibowitz）作为第一种传统的代表，将大卫·哈特曼（David Hartman）作为第二种传统的代表。根据前者的观点，捆绑以撒是一种精神异常导致的行为，这种观点的假设是，上帝"永远不会违背你有关正义与爱的基本道德直觉"（Hartman 1999: 13）。格尔曼发现这两种观点都是有欠缺的，他认为，亚伯拉罕通过这次捆绑以撒学到的并不是一种新的典范，而是"完全超越了典范的思维"（Gellman 2003: 113），并向一种崭新的未来保持了开放的态度。格尔曼如此简要地概述了他的观点，以至于我无法确定他的观点，尽管如此，我仍相信，格尔曼在这里勾勒的观点与我将在本章接下来的内容中勾勒的那种相关于"末世的信任和极端的希望"的解读之间存在着某些相似之处。乔治·帕蒂森注意到，在1843年10月所作的一篇陶冶性的讲演之中，克尔凯郭尔对第一个亚伯拉罕形象的理解，要多于约翰尼斯对这个亚伯拉罕形象的理解。参见EUD 66, Pattison 2002: 201以及正文之下的注释136。

2 特别可参见Evans 2004。

3 Evans 2004: 62-63.

文斯用捆绑以撒来作为一种"做出检验的实例",在这个实例中,埃文斯在他论著的先前章节发展形成的神令理论或许就可以得到检验。这里的篇幅仅仅允许我概述埃文斯的观点。[1]根据这种观点,上帝既通过普遍的启示又通过特殊的启示来发布命令,而这些命令所采纳的形式既包括了适用于所有人的普遍义务,又包括了充分考虑到特定个体、背景与使命的独特性的特殊召唤。[2]这种命令扎根于善的目的论概念,它也导向人类的善,对这种命令来说最重要的是诸多关系(最重要的关系是我们与上帝的关系[3])与信仰和爱的激情。[4]埃文斯明显赞同一个传统的观点,即亚伯拉罕对上帝的服从是至关重要的,并通过这种透镜来解读约翰尼斯提出的关于亚伯拉罕动机的问题("那么为什么亚伯拉罕会这么做呢?因为上帝的缘故,而与此同时又恰恰是因为他自己的缘故"[FT 88])。[5]那么,在这种观点的背景下,捆绑以撒就会变成什么呢?

---

1 相较于我在这里所做论述的篇幅,人们应当更为翔实地论述埃文斯的这部论著;但是,这种简要的论述或许也是有价值的。

2 特别可参见Evans 2004:第7章。

3 Evans 2004: 12-14.

4 Evans 2004: 28-29.

5 Evans 2004: 21. 通过这种方式,埃文斯试图表明,神令伦理学以何种方式既能吸收,又能奠基于伦理学的"人性"理论(特别可参见他的第6章),以至于"人类的幸福可以通过服从这种命令的生活而获得最好的实现"(Evans 2004: 113)。尽管一个人自身的幸福不可能是这个人服从命令的首要动机,但按照埃文斯的解读,这段来自约翰尼斯的引文确实表明,幸福能够产生重大的影响。"上帝的命令与人类的幸福有关,尽管这种关联或许只能通过信仰与希望才可以在此生中被辨别出来。"(Evans 2004: 113)

在其论著的最后一章中，埃文斯的目的是捍卫以下这三个论断：

（1）一个人确实应当执行上帝下达的任何命令，而这意味着，**倘若**上帝命令某个人夺走一个孩子的生命，那么采取这个行动就会是正确的做法。（2）上帝不可能下命令要求人们做出这种无情的行动；倘若一个被我们认为是上帝的存在者下达了这样的命令，我们就不再拥有正当理由将之视为神，而他下达的命令就不会让我们承担道德的义务。（3）在我们当前的认知条件下，我们不可能合理地相信，上帝已经下达了让一个人献祭孩子的命令，除非上帝用超自然的方式控制了这个人的诸多信念。[1]

换句话说，埃文斯在这里既试图维护亚伯拉罕作为"信仰之父"的地位（至少这部分是由于亚伯拉罕服从神的命令的意愿），又试图保留这样的想法：倘若任何人现在做出类似的事情，我们就应当毫不犹豫地去报警。[2]对于埃文斯的这个解释来说，亚伯拉罕是否是一个历史人物，上帝是否确实像《创世纪》第22章所记载的那样对亚伯拉罕下达过这样的命令，这些问题似乎都不如以下这个论断重要：我们如今通过普遍的启示与特殊的启示可以知道，这

---

1 Evans 2004: 305–306.

2 关于这个论点可以适用的外延，参见Evans 2015。

种用孩子作为祭品的做法是被上帝谴责的。[1]只要埃文斯愿意反思"为什么上帝会像《创世纪》第22章所描述的那样发布这样的命令"这个问题，他就会支持大多数人所持有的这个观点：犹太民众在教导下已经认识到，不同于周围那些异教文化所推崇的神祇，犹太人的上帝不会要求人的献祭。[2]对于那种根据更为简单的"神令伦理学"而做出的文本解读所产生的重要反对理由，这确实给出了一种解答。某些解读将其中的关键预设为上帝的话语应当优先于伦理，但这样的解读仍然让人们感到费解的是，为什么不应当完成这次献祭：根据这样的解读，让人们难以理解的是，上帝用公羊替代以撒并"取消"献祭以撒的重要性。还有一些解读确实对此提供了解释，我们稍后将转向这些解读。但请注意，埃文斯在这里也强调了"这个结果"的重要性——上帝从未想要让亚伯拉罕将刀插入以撒的胸膛：

> 即便这个故事的这方面特点……也不是决定亚伯拉罕行为的正确性的一个要素，因为亚伯拉罕预先并不知道，上帝

1　Evans 2004: 308.

2　那么，为什么要提出这个要求献祭的命令呢？埃文斯强调，"上帝成功地揭示了他的命令与性格"（Evans 2004: 318，我为了强调而改变了某些引文的字体），包括对亚伯拉罕揭示了自己的命令与品格（而我猜测，或许这是上帝专门对亚伯拉罕做出的启示）。因此，对于上文考虑过的那个主张这"是权力而不是爱"的异议，埃文斯给出的解答或许是，这一点显然也可以适用于那些通过经受亚伯拉罕式的考验来追随亚伯拉罕的人，而亚伯拉罕与上帝有密切的关系，以至于他有可能了解上帝的性格。这提出了一种有趣的可能性，即捆绑以撒这个事件在某种程度上不仅表明了亚伯拉罕对上帝的信赖，而且还表明了上帝对亚伯拉罕的信任。

事实上不会要求他去采取这些行动，因此他对上帝的信仰与信任并非基于这样的认识，在我们理解为什么上帝会让亚伯拉罕接受这样的考验的过程中，这种信仰与信任才有可能正确地成为这样的一个决定要素。[1]

埃文斯这个解读的关键是，根据他的解释，我们必须保留神的命令挑战伦理（在任何给定社会中盛行的道德规范）的可能性。埃文斯将这种可能性理解为《恐惧与颤栗》所传递信息至关重要的组成部分。所以根据这种观点，尽管我们现在可以（通过启示）确信，以人为祭品的献祭是被禁止的——因此，任何告诉你要献祭你自己子女的"声音"，都不是上帝的声音——但对上帝的信仰可能要求我们以其他方式去违背我们社会的规范，并让我们因此而遭受斥责。[2]正是在这种意义上，我们就有可能被召唤去仿效亚伯拉罕，因而正是在这种意义上，亚伯拉罕仍然与我们当代的宗教处境有关。[3]

164　　有趣的是，犹太教学者乔恩·D.利文森（Jon D. Levenson）沿着相似的路线得出了这样的论断：总的来说，当代任何犹太教徒、基督教徒或伊斯兰教徒都没有假定，《创世纪》第22章所传达的信息会允许那种杀死小孩的做法。利文森注意到，在《律法书》中存在的诸多要素禁止用活人来献祭，并且将献祭局限于耶路撒冷

1　Evans 2004: 311.

2　埃文斯已经讨论过这三个例证，参见Evans 2015: 70-76。

3　Evans 2015: 76-78.

的圣殿（它在公元70年被摧毁，此后一直都没有获得重建）之中，他得出的结论是，"犹太教完全禁止那种按照某些人的设想已经被《创世纪》第22章正当化的行为"[1]。类似地，为了要坚持反对利文森所论证的这种观点，基督徒就不得不相信，一个人可以没有任何疑问地把自己听到的声音当作上帝的声音，通过这种方式，这个人就可以得知上帝的意志，即便上帝的声音所发布的命令与《圣经》和教会传统相抵牾——因此这个人就会忽视除这种声音之外的所有宗教权威的源泉。尽管利文森的论断起初会让我们想到康德的回应，但利文森事实上严厉批评了康德，因为康德在对亚伯拉罕的讨论中不仅没有充分考虑到这个族长处境的特殊性，而且也没有充分考虑到那种与《圣经》的律法和神学有关的更为宽泛的语境。[2]因此，利文森批评了那种试图把亚伯拉罕描述为普通人或虐待子女的父亲原型的尝试（在利文森看来，克尔凯郭尔[3]也做出了这样的尝试）。[4]尽管利文森认为伊斯兰教的情况更加复杂，但他注意到，在伊斯兰教版本的捆绑以撒中，为谋杀行为提供的基础性辩护也是极为勉强的。[5]因此，他的整体结论是，"亚伯拉罕真正的功绩，无法被描述为某种可以为那些崇敬他名声的人所复制的事物"[6]。然而，

1 Levenson 2012: 109.

2 Levenson 2012: 107.

3 应当承认，利文森对于《恐惧与颤栗》的解读并不是特别精细的（他局限于对一个脚注的解读），参见Levenson 2012: 223n59。

4 例如，参见Delaney 1998，利文森将之作为这种类型的"首要例证"（Levenson 2012: 223n60）。也可参见Nørager 2008。

5 Levenson 2012: 110-111.

6 Levenson 2012: 112.

利文森也像埃文斯那样断言，这并不会让这个故事变得过时。相反，它将我们的注意力引向了"亚伯拉罕对上帝承担的绝对义务"的另一些特点：他服从上帝、信仰上帝与热爱上帝。[1] 我很快就将对这些特点以及它们与希望和信任的关系做出更多的论述。

不过，还是让我们先完成这个对与"更高伦理"有关的解读的考察，而为了完成这个考察，我们就要转向爱德华·穆尼作出的迄今尚未被我们考虑过的那方面解释。

1　Levenson 2012: 112.

穆尼：伦理学、两难的困境与主观性

在这一节中，我想要在格林所提供的描述范围之外来讨论穆尼提出的解释的两个相关方面。第一方面的内容聚焦于两难困境的本质，并将引导我们去专门讨论悲剧的两难困境的本质。我要证明的是，尽管约翰尼斯试图将信仰的骑士与悲剧英雄进行对比，但亚伯拉罕的处境是一种悲剧性的两难困境。第二个问题与穆尼的如下论断有关:《恐惧与颤栗》最终以一种对于伦理的"更为深刻"与"更为主观"的描绘取代了那种对于伦理的普遍而又"客观"的描绘。尽管我将挑战穆尼的这个相当不可靠的立场，但关注这方面的问题会让我们获得一个重要的好处：它突出表明，约翰尼斯在提到亚伯拉罕"纯粹的个人美德"（FT 88）时有可能会处于何种风险之中。

与我已经做出的论断相同的是，穆尼也认为，约翰尼斯提出质疑的观念是，伦理是具有普遍性的事物，应当拓展或加深伦理的职权范围，让它包括特殊的、主观的义务。这种考虑在道德生活的基础结构中发挥了核心的作用。正如我们已经注意到的，对穆尼来说，《恐惧与颤栗》在本质上是一种"对于自我的召唤"。此外，它传达的部分信息是，倘若任何处理两难困境的方法被认为对此给出了一个最终的"正确"答案，那么这个答案并不真正适用于这种两难困境的本质。它们是伦理理论无法解决的两难困境。因此，"目的论悬置"至少部分悬置的是这个想法：在道德的两难困境中，伦理（被理解为伦理理论）拥有权力来决定哪一个是"正确的"选择。因此，面对这样的两难困境，我们会以何种方式来决定自己的做法呢？一种选择或许可以参照本章先前提到的萨特对于学生做出的那个著名回应。"你们是自由的"，萨特说，"因此你们将做出选择——也就是说，你们将通过选择来进行创造"。[1]但穆尼正确地坚持认为，这种对自由和选择的强调可能具有误导性。这并没有公正地对待这种两难困境的"忧惧"。倘若年轻人恰好真正能做出"选择"，那这相当于认为，可以通过恰当的选择来让这种两难困境消失。但"这种意愿与随意的调节会让自我的本质变得空虚，违背自我的完整性，并由于虚伪和自欺而强行让自我付出无法忍受的代价"[2]。一个自我只要拥有了某种程度的深刻性，它本身就会不得不"承认、发现或证实那些在某种意义上独立于自身意志的价值"[3]。换言之，价值并非仅仅是由我们创造的某种事物。我们发现自己接受了某些价值，而这些两难困境不仅让我们深刻认识到，我们为之承

1　Sartre 1948: 38.

2　Mooney 1991: 68. 考虑到他强调了伴随着我们真正实现自由的过程的那种焦虑，这里提到的"随意的调节"似乎对萨特有点不公平。不过，我赞同穆尼的以下这个观点：萨特过度强调了选择。

3　Mooney 1991: 68.

担义务的价值真正是什么，而且还让我们深刻认识到，这些价值经常有可能发生冲突。在这种意义上，"接受能力"就位于信仰的中心。

"信仰考验"的部分结构是，可以按照公开的、"客观的"方式加以辩护的义务与不可以按照这样的方式加以辩护的"主观"义务之间的冲突。正如我们已经看到的，"悲剧英雄"能够为他的决定提供辩护，因此我们能够和他产生共鸣，并在这种意义上分享他的悲剧。但是，注视某种无法公开表述的东西的感受，只能增加一个人的苦恼。尽管如此，穆尼强调，承认主观义务在道德生活中的重要性，并不等于抛弃了客观性本身。相反，约翰尼斯的论断是，"在某种情况下，客观普遍的考虑因素没有必要占据支配地位"[1]。

悬置伦理

穆尼在很大程度上以文本为根据，拒斥了以下这个想法：目的论悬置所传达的信息是，服从上帝始终拥有高于一切的力量来支配与之相竞争的伦理主张。（如今这个想法并不会让读者感到惊讶：请再次回想在"定调"中的四个从属于亚伯拉罕的故事的主人公，他们都服从了上帝的命令。）穆尼考虑了两种可选的解释。第一种解释被他描述为一种"居间调和的"解释，我们在前文中已经对之有所描绘。伦理的悬置被描述为"一种可怕的僵局，其中诸多无可逃避的要求彼此冲突……这种对理性的严酷考验让一个人丧失了来

1　Mooney 1991: 78.

自道德的自信与确定指导的舒适感"[1]。只要理性可以给一个人道德信念与道德指导，那么这就是一种"对理性的严酷考验"：理性处于僵局之中。因此，"对于亚伯拉罕来说，被悬置的是伦理进行明确指导或辩护的权力"[2]。因此，这种目的论悬置并不是诸如"当人们对上帝承担的义务与伦理的义务相冲突时，对上帝的服从始终应当高于对伦理的服从"这样的"辩护原则"。相反，它"描述的是这样的残酷事实：存在诸多两难的困境，在这样的困境中，伦理不可能将我们从错误之中引导和解放出来"[3]。

穆尼从有关亚伯拉罕的故事细节中推断出了一个有关悲剧两难困境的具有普遍性的重要观点。这让他能够对目的论悬置提供这样一种解读，其中信仰既可以按照"宗教的"独特方式来进行理解，又可以按照"世俗的"独特方式进行理解。根据这个观点，"信仰"似乎被认为是一种"超出"了被设想为普遍事物的伦理范围的范畴。但位于这种被如此构想的伦理范围之外的，并非必定是某种特别具有"宗教性"的事物。就这个想法而言，请先考虑亚伯拉罕。亚伯拉罕对他的上帝所承担的义务拥有"一种引人注目的特点"[4]。但甚至对亚伯拉罕来说，虽然他事实上在拔刀的那一刻仍然保持自己对上帝的信仰与信任，但这并不意味着，这种信仰提供了"一种客观的辩护，一种逃离黑暗的解脱"，亚伯拉罕自己甚至也

1　Mooney 1991: 80.

2　Mooney 1991: 80.

3　Mooney 1991: 81.

4　Mooney 1991: 81.

无法用信仰来做到这一点。[1]（因此，这可能就是让他感到"忧惧"的部分原因。）穆尼所表明的一种重要观点是，根据"亚伯拉罕服从上帝"这个事实，并不一定能推断出，亚伯拉罕服从上帝的原因必定是，他将信仰（或对上帝的服从）视为一种不可抗拒的善。用穆尼的话来说，"一个人发现了自己所走的道路，这并不会让这个选择拥有一种在客观上优越于其他选择的支配性地位"[2]。亚伯拉罕的行为并没有给任何选择方式提供辩护。

但穆尼关注的焦点也让我们的眼光超出了亚伯拉罕。根据穆尼的解读，对于我们先前提出的"为什么约翰尼斯专门需要亚伯拉罕的这个故事来提出他的观点？"这个问题，我们如今就能看到一种可能有效的回应，而这种回应有着某种文本的根据。请回想，除了亚伯拉罕之外，约翰尼斯还更多地讨论了诸多"平凡的"信仰骑士。这就改变了约翰尼斯强调的重点："倘若信仰的骑士有可能是亚伯拉罕、一个女仆或一个店员，那么这就迫使我们背离了以下这种理解：将这个故事解读为倡导服从上帝命令的牺牲。"[3]相反，我们应当从捆绑以撒的故事中推断出来的是一种更加具有普遍性的信息："要成为信仰的骑士，就要让一个人的灵魂经受严酷考验的锻炼。"[4]亚伯拉罕的这个故事以特别形象的方式表明了悲剧的两难困

1　Mooney 1991: 81.

2　Mooney 1991: 81. 在本质上根据这个观点而对另一个在道德上的两难困境所做的著名辩护，参见Winch 1972。

3　Mooney 1991: 84.

4　Mooney 1991: 84.

境的可怕。[1]只要"信仰的骑士"是一个用来表示赞许的措辞，我们大概就能推断出，约翰尼斯认为，一个人经历这种严酷的考验，就能让自己的品性变得更加深刻与强大。

这种伦理本身并不是普遍的

然而，穆尼认为，仅仅坚持这种"居间调和的解释"是不够的。这种解释仍然没有弄清楚的是，为什么约翰尼斯坚持认为，"单独的个体高于普遍的事物"。支持这个论断的正当理由是什么？为了弄明白穆尼对这个问题的解答，我们就需要考虑他对目的论悬置的第二种解释。根据这种理解，这种目的论悬置在表面上似乎悬置了伦理，但实际上并没有悬置伦理。仅仅对于那些为"伦理只不过是具备普遍性的事物"这种描绘所迷惑的人来说，它才显得

168　悬置了伦理。这种目的论悬置将我们的注意力引向了"与转变的冲突有关的那一瞬间"，在这个时刻，对伦理的某一种特定的描绘为另一种更加深刻的描绘所取代。悬置或"驳斥"的并不是伦理本身，而"仅仅是一种将共同体、交流和理性的论断绝对化的平庸道德"[2]——一种在本质上隶属于黑格尔主义的伦理观。倘若我们理解了"单独的个体高于普遍事物"的意义，我们也就必定理解了一种对于伦理的更为深刻的描绘。

对穆尼来说，这种对于伦理的更为深刻的描绘，将行动者或品性，而不是行动或原则作为首要的考虑要素。通过运用新近道

1　另一个将捆绑以撒理解为一种"宗教悲剧"的重要解读，参见Quinn 1990。

2　Mooney 1991: 80.

德哲学中诸如伯纳德·威廉斯（Bernard Williams）与玛莎·努斯鲍姆（Martha Nussbaum）这样的人物的思想理论，穆尼做出了这样的论证："专门忠实于'普遍的事物'，忠实于客观的公共领域，这有可能让一个人的本质变得空虚。"[1]（请注意这种观点与"黑格尔主义的"观点的对比，第4章已经对后者有所讨论，后者认为，恰恰是客观的公共领域所发挥的作用，才让一个人形成了自己的身份。）对于威廉斯来说，道德生活有必要包括"直觉性的"私人感受，"除非人类感受的比他们所能说出的东西更多，除非人类领悟的比他们所能解释的东西更多，否则人类就将失去这种有价值的生活类型"[2]。请注意，根据这个对立于"黑格尔主义"立场的观点，一个人或许会承担公众并不一定能对其给出有效解释的义务。努斯鲍姆认为，没有这种在两难困境中不可或缺的冲突，我们在生活中就不会成为完整的人。[3]正如穆尼所言："倘若我们免于遭受道德的斗争与对精神的严酷考验，我们就会失去深度、尊严，以及个人品性的那种即便有缺陷但仍然精致的美与力量。"[4]

在品性与原则中，究竟哪一个更加重要，这是一个重大的问题，也是当代伦理学的核心主题之一，我们不可能在这里公正地评价这个问题，更不用说在这里解决这个问题了。我们在此处对这场亚里士多德（以品性为基础）的道德与康德（以原则为基础）的道德之间的争论所做的描述虽然过于简化，但呈现的是一种在当前常

---

1 Mooney 1991: 80.

2 Williams 1981: 82, 转引自Mooney 1991: 84。

3 例如，参见Nussbaum 1986。

4 Mooney 1991: 85.

见的智识背景，正是在这种背景下，新近某些重要的工作旨在表明，这两位思想家在这些方面的分歧并不像人们通常认为的那样巨大，[1]这些工作还将其他的思想家（其中就包括克尔凯郭尔）引入了这场争辩之中。一言以蔽之，穆尼的解读认为，约翰尼斯所主张的"单独的个体高于普遍事物"这个论断表明，约翰尼斯更倾向于一种以品性为基础的伦理学。根据这个观点，按照对于诸多义务（对上帝的义务与各种伦理的义务）的冲突的争论来理解这种目的悬置，这种做法多少错过了问题的关键所在。相较于其他的解读方式，穆尼的这个解读方式所拥有的一个优势是，它将那些描述约翰尼斯沉迷于亚伯拉罕的文本放到了解读的中心位置。而根据穆尼的解读，我们就可以看到，这就是某种具有美德的行动者如何给我们留下一个典范印象的例证。"正是在这种程度上，我们所赞赏的能力保持了一种支配的地位，仅仅是她或他这个人，成为了我们敬畏或怜悯、赞赏或谴责的焦点。"[2]我们关注的焦点仅仅是他或她，也就是说，他或她的品性，而不是他或她的行动。

这种解读专注于品性，而不是专注于彼此冲突的义务或原则的优先权，它将强调的重点从亚伯拉罕（或任何可以成为典范的行动者）做了什么，转移到了亚伯拉罕是怎么做的。事实上，尽管我在这里没有机会继续论述这一点，但有必要提到的是，穆尼走得如此之远，以至于暗示克尔凯郭尔在信仰中珍视的许多东西，都与亚

1　例如，参见Engstrom and Whiting 1996。

2　Mooney 1991: 85.

伯拉罕拒绝上帝命令的做法相一致。[1]

"重新得到以撒"：接受能力

亚伯拉罕相信他将"重新得到以撒"的信念，将我们的注意力重新转向"接受能力"在信仰中的重要地位。但正如阿拉斯泰尔·汉内所论证的，亚伯拉罕是在一种新的评价方式下重新得到以撒的。对于穆尼来说，由此强调的是这样一个问题：究竟凭借着什么才让我们重视的东西拥有价值？亚伯拉罕不再"拥有"一个可以让他成为多国之父的儿子，亚伯拉罕逐渐看到，"世俗的事物并不是凭借他才拥有价值，而是用汉内的话来说，'凭借它们自身才拥有来自上帝的价值'"[2]。这次对亚伯拉罕的考验，让他能够"根据一种新的基础，一种得到澄清的地位"来重新接受这些事物。[3]以撒是"他的"，但以撒仅仅是来自上帝的馈赠。[4]亚伯拉罕由此承认的部分主张是，"在这个世界中的任何事物并不仅仅是由于某个人的重视才拥有价值"——或者就像穆尼对此做出的解释，"任何拥有真正价值的事物都会拥有这样的价值，而不管我们对待它的态度是什么"[5]。承认某种事物的价值归根结底并不是由于我在事实上重视

1　参见穆尼关于阿拉伯国家最简单的欢迎形式的讨论——穆尼所想象的"亚伯拉罕的退步"（Mooney 1991: 87）。

2　Mooney 1991: 93.

3　Mooney 1991: 93.

4　正如汉内在他最近的一篇论文《以撒真正的父亲是上帝》中所暗示的（Hannay 2015: 14）。

5　Mooney 1991: 92.

它，归根结底并不是由于我的意志的作用，这看起来类似于"重获新生"所包含的某方面意思，而"重获新生"是克尔凯郭尔的"宗教观"中的关键表述。[1]

170

但是，穆尼在这里的解释似乎被牵引到了一个相反的方向上。在说完了这些之后，他接下来似乎相当合理地补充说，我所重视的事物都不依赖于（在黑格尔意义上的）"普遍事物"。倘若价值并不是我的意志发挥作用的结果，那么又为什么要假定，它是一种社会秩序的意志集合体发挥作用的结果呢？这条思路似乎是与约翰尼斯对"普遍事物"的怀疑论相一致的。然而，一旦穆尼将自己的注意力重新集中于理解"单独的个体高于普遍的事物"这句话的意义时，他似乎就忘记了他在上文中通过汉内而做出的论断。他将克尔凯郭尔的"成为主观的"范畴解读为"为了特殊的事物而部分放弃普遍的事物"，并按照如下方式对这种理解做出了解释：

> 一个人的主观结构，一个人无法用价格显示的至高价值，可以被清楚地表述为一组为自我评价提供了标准的美德复合体。通过放弃一组具有普遍性的支配性价值，就可以看到，一般的个体，尤其是你或我恰好成为的那个特殊的个体，就都会变得可以"获得辩护"。我们在最宽泛的事物格局中获得了某种不可让渡的最终立场。这种立场或价值是以下这三种个人的美德构成的：**自由**、**正直**以及信任的感受或**信仰**。走

1　对于克尔凯郭尔思想中有关自我否定与自爱的主题的更多论述，参见Lippitt 2013。

出普遍的事物，就是走向自由、正直与信仰。[1]

穆尼除了在这段文字中相当含糊地提到了信仰（穆尼在其他地方做出的论断，似乎既可以从宗教的角度来进行理解，又可以从世俗的角度来进行理解）之外，他似乎已经让上帝退出了这幅图景。辩护的理由与价值如今似乎不再来自上帝，而是来自我们的这些拥有美德的行动者。穆尼以同样的方式继续写道：

> 信仰"高于"社会的、市民的或理性的道德……因为对于某个已经经历过信仰的严酷考验的人来说，他可以通过回顾感受到，他已经**转变**并**完成**了一种相当熟悉但最终仅仅**暂时有效**的道德观。信仰为新的伦理创造了空间。传统的惯例与准则如今通过内在美德的自我结构而得到了补充。[2]

就这段文字自身的措辞而言，似乎没有任何无法容忍的东西。它也有助于对"单独的个体高于普遍的事物"这句话可能包含的意思做出有效的解释。但这段论述前进的方向似乎完全对立于我们片刻之前所意识到的那个论述方向。我以某种方式获得了"辩护"，而这是因为我拥有某些美德，这个想法似乎恰恰与如下想法相抵牾：价值归根结底导源于上帝。（除非"美德"是以某种神秘的方式"被给予的"：但哪些美德是"被施加"的，它们是如何被"施

171

---

1 Mooney 1991: 94.

2 Mooney 1991: 94.

加的"？哪些美德可以"自然地"通过训练、练习与意志的努力而有效获得？）此外，是否可以认为，这种专注于内在美德的中心地位的立场彻底推翻了穆尼先前做出的这个论断：任何事物都不会仅仅由于我重视它而拥有价值？对于具备美德的行动者来说，这个论断如今是否已经是虚假的？对于这些问题，或许存在着诸多可以利用的解答。但最起码初看起来，在穆尼所做解释的这两个部分之间存在着诸多冲突——而穆尼并没有解释可以通过何种方式来让它们协调起来。

即便如此，我仍然赞同的穆尼的观点是，对于我们理解《恐惧与颤栗》来说，接受能力——"重新得到以撒"——占据了决定性的重要地位。我们恰恰要在接下来的第二节中重新回到这个主题之上。

德里达：有所牺牲的伦理

最后一个以伦理为基础的对于《恐惧与颤栗》的解释，来自雅克·德里达的《赠予死亡》（*The Gift of Death*），它已经吸引了大量的关注。根据捷克现象学家扬·帕托切克（Jan Patočka）的一次讨论所给出的线索，德里达在这个文本中提出了这样一个核心问题：保密与责任之间的关系是什么？因此，亚伯拉罕的"沉默"对于德里达的解读来说就具有一种至高的重要地位。正如马里厄斯·提曼·米亚兰德（Marius Timmann Mjaaland）所言，根据这种解释，"在个人的责任中存在着一种需要保密的要求，这驱使自由的自我在做出决定的那一刻进入了绝对的沉默与孤独之中"[1]。德里达的这个解读的最引人注目之处在于，不同于约翰尼斯聚焦于亚伯拉罕所面对的可怕困境的非同寻常性，德里达主张，事实上"'献祭以撒'表明了……每天都可以接触到的最常见的责任经验"[2]。相

1　Mjaaland 2012: 118.

2　Derrida 1995: 67.

较于列维纳斯在这里的相关论述，德里达的基本思想是，尽管"义务或责任将我捆绑到了他者身上"，但我们不可能令人满意地履行对每一个人的义务与责任："我在对他者的呼吁、请求、恩惠乃至爱做出回应时，不可能不牺牲另一个或另一些他者。"[1] 也就是说，对于特定他者所承担的真正责任要求我们做出选择：将某些人的利益置于其他某些与之相竞争的、或许同样应当让我们对之承担责任的人的利益之上。例如，我赞助了一个第三世界的孩子。但对于我没有赞助的第三世界的其他孩子，我难道就没有任何责任吗？德里达显然是从"所有应当让我们承担责任的情况都应当得到同样对待"这个角度来理解"伦理学"的，根据这种"伦理学"，德里达提出："一旦我进入了一种与他者的关系……我就会知道，我只能通过一种有所牺牲的伦理来做出回应，也就是说，为了对某一个人做出回应，我无论如何都将被迫牺牲我以同样的方式与同样的紧迫性对所有的其他人所承担的责任。"[2] 在我们完全无法避免这种可能性的情况下——我无法赞助每一个应当让我承担责任的孩子——摩利亚山就是"我们每时每刻都居住于其中的地方"，[3] 在这种意义上，每当我把钱捐赠给这个特定的孩子时，我实际上"牺牲"了其他所有同样应当得到我的捐赠的孩子。然而根据德里达的观点，这种资助这个孩子而不是资助另一个孩子的做法实际上永远也无法得到辩护。德里达即便谈不上夸张但也令人难忘地做出了如下表述："对

172

1　Derrida 1995: 68.

2　Derrida 1995: 68. 达文波特认为，"德里达的整个分析都依赖于这一个论断"（Davenport 2008b: 184）。

3　Derrida 1995: 69.

于你为了自己家中喂养的猫而牺牲了这个世界上所有其他的猫这件事，你会以何种方式做出辩解呢？你常年在每个早晨喂养自己家中的那只猫，但对于每一刻都存在的其他那些死于饥饿的猫，难道你就不应当承担责任吗？更不用说其他那些死于饥饿的人了。"[1]

初看起来，这是一条有趣的路线，但作为一种对于《恐惧与颤栗》所传递信息的解读，我们仍然想要知道，我们为什么专门需要亚伯拉罕与以撒的故事来做出这样的论断。更为重要的是，"伦理的责任在于同等对待所有应当让我们承担责任的情况"这个明显的假设显然是可以受到质疑的。事实上，正如达文波特有说服力地做出的详细论证，一旦人们将这个假设进行仔细检验，就可以发现德里达似乎承诺于一个极其令人震惊的观点，这个观点简单地假设："这就是对圣爱义务的正确理解，由此就以回避实质问题的方式违背了所有对热爱邻人之命令的更为明智的理解，违背了……在他之前的世界历史中存在的所有道德理论。"[2]简单地说，德里达的这个解读就是提出"过高要求"的伦理理论的一种极端版本，在他的理解中，我们"始终处于一种道德的两难困境之中，无论我们做

1　Derrida 1995: 71.

2　Davenport 2008b: 185. 达文波特在他自己对德里达的这个解读的完整批评中，将德里达的解读评判为"可笑的""傲慢的"与"可怕的"，参见Davenport 2008b: 180-188。

173

了什么，我们都始终和每一个人相关”[1]。此外，对于德里达所主张的“牺牲以撒”是“每天都能接触到的最常见的责任经验”这个论断，还存在着一个进一步的反对理由。约翰尼斯对于亚伯拉罕所面对的“孤独［*Eensomhed*］的可怕责任”（FT 138）[2]做出了相关的评论，德里达应当关注约翰尼斯做出这个评论的语境，但在这个语境中，德里达先前做出的这个论断恰恰是古怪的。因为若将亚伯拉罕的处境视为我们所有人日常面对的那种处境的征兆，似乎就会剥夺约翰尼斯的许多措辞的力度。倘若我们与亚伯拉罕都不得不每天做出这样的牺牲，就难以看出，在何种意义上亚伯拉罕面对的是“孤独”，在何种意义上悲剧英雄对此“一无所知”（FT 138）。这种解读方式严重低估的东西，被安东尼·鲁德（Anthony Rudd）称为“亚伯拉罕处境的那种不可化约的特殊性”;[3]亚伯拉罕已经成为了“上帝的心腹，主的朋友”（FT 105），他可以用亲近的第二人称与上帝交谈（亚伯拉罕可以对上帝说“你”［Du］），而我们被明确告知，悲剧英雄“只能以第三人称”与上帝交谈（FT 105）。在这种解读方式所表现出来的其他缺陷中，德里达似乎用一种很有问题的方式将宗教的事物化约为伦理的事物。米亚兰德明显也赞同

---

1 Davenport 2008b: 184–185. 我在别处（Lippitt 2013）已经证明，我们需要（克尔凯郭尔在《爱的作为》与其他地方也认为我们需要）描述这种“恰当的自爱”，这种自爱尤其承认对自我的关爱（与义务）的重要性，而这种自爱并不仅仅作为一种手段而通向上帝之爱与邻人之爱。任何熟悉这个论证的人都将理解为什么我在这一点上支持达文波特，而不是支持德里达。

2 我已经替换了汉内的翻译。德里达的译者使用的是洪的译法，即“孤独的可怕责任”。

3 Rudd 2015: 202.

这一点，他谴责德里达"不仅消除了每一个他者与他者整体之间的区别，而且还消除了（作为另一种他者的）一个人自身与上帝之间的区别"[1]。而至关重要的是，上帝所提供的公羊似乎并没有在德里达的解释中被给予多大的重要性（在这里请再次注意上文所提到的"献祭以撒"）。[2]

以上这几节都以某种方式聚焦于《恐惧与颤栗》与伦理相关的内容。然而，格林强烈地否认这本书从根本上与伦理有关。（格林在他的一篇文章的标题中完全说出了他的这个想法："适可而止吧！《恐惧与颤栗》与伦理并不相关。"[3]）格林的另一种解读从属于认为《恐惧与颤栗》传达了一种与基督教有关的隐秘信息的传统。但在我们转向这个传统之前，不妨先让我们来考虑格林拒斥这种所谓的对《恐惧与颤栗》的"伦理"解读的理由。

---

1 Mjaaland 2012: 122; 也可参见 p. 121。

2 就这一点而言，也可参见 Danta 2011: 43。

3 Green 1993.

"它与伦理并不相关!"一种不同的声音

格林反对将《恐惧与颤栗》这本书解读为一个论述伦理争辩的文稿，他的主要理由是，这种解读"不仅在这个文本中制造了一种严重的冲突，甚至还让这个文本产生了某种程度的不连贯"[1]。这是因为对约翰尼斯来说，倘若存在任何可以为亚伯拉罕辩护的理由，那么这种辩护理由必定存在于伦理的范围之外。亚伯拉罕的行为"完全位于属于伦理的普遍概念或价值的领域之外；它无论如何都不可能用理性的方式来进行解释与辩护——因而无法'用中介来调和'；它不可能用语言来表达"[2]。人们应当再次注意到，格林在这里做出的简单假设是，"伦理是具备普遍性的事物"是约翰尼斯明确信奉的一个立场，而不是一种被约翰尼斯仔细考察以验证其恰当性的占据支配地位的伦理观。我们在上文中对穆尼的解释足以表明，至少在某些对这个文本的"伦理"解读中，可以制造一种空间

174

1　Green 1993: 193.

2　Green 1993: 193-194.

容纳另一种可选的伦理观。格林在一个脚注中提到了穆尼的解读，但他对这种解读不予考虑，而他这么做的理由是，这种解读"公然违背了《恐惧与颤栗》反复做出的一个论断，即亚伯拉罕的行为并非存在于伦理的事物之中"[1]。但这种理由并不是有效的：格林仅仅是在没有论证的情况下假定，"伦理并不是具备普遍性的事物"就是约翰尼斯实际持有的见解。此外，格林似乎限定了"伦理"这个术语可以适用的可能范围。在另一个对默罗阿德·韦斯特法尔（Merold Westphal）做出批评的脚注中，格林认为，虽然韦斯特法尔断定，在《恐惧与颤栗》中被仔细考察的伦理观是黑格尔主义，但这个论断可以为"同样具有说服力的证据"所反驳，[2]而那些证据表明，《恐惧与颤栗》这个文本还拥有康德主义的特征。然而根据这一点，格林得出的结论是，这"表明的是，《恐惧与颤栗》打算超越的不仅仅是某一种伦理理论的局限性，而是在最广泛意义上的道德生活"[3]。这肯定是一种不合理的推论：康德与黑格尔难以穷尽伦理观或"道德生活"观的可能范围。简单地说，格林并没有成功地为他不考虑对这个文本的所有"伦理"解读的做法提供辩护：某些这样的解读（如穆尼的解读）或许能避免被他驳倒。

然而，对于这种与"更高的伦理"有关的解读，约翰·达文波特最近做出了一个更加有力的批评。[4]达文波特将这种解读划分为三个阵营："强神令观的"解释（根据这种解释，道德的职责仅

1　Green 1993: 195n.

2　Green 1993: 195n.

3　Green 1993: 195n.

4　Davenport 2008a: 206–215.

仅导源于上帝作为造物主而拥有的权力或地位）；"来自圣爱命令的伦理"，这种解释的范例是由埃文斯与韦斯特法尔提供的，根据这种解释，"我们最高的职责"导源于上帝出于爱而下达的命令；[1] 以及"来自美德之爱的伦理"，这种解释的范例是由格尔曼与穆尼提供的，根据这种解释，拒斥普遍的规则，是为了支持"实践智慧对独特处境做出的非同寻常的回应"。[2] 尽管达文波特承认了第二种解释与第三种解释所具备的优点，但他仍然发现这三种解读都缺乏某种至关重要的东西：一种对于"伦理的动机如何在信仰中保持下来"的解释，[3] 这是他将信仰作为"末世的信任"的信仰观的关键，而根据达文波特的观点，这也是《恐惧与颤栗》的要点所在。[4]（我很快就会对这一点做出更多的论述。）达文波特认为，在信仰中悬置的并非仅仅是"黑格尔主义的"伦理学，[5] 他指出，神令伦理学的两种形式都坚持认为，亚伯拉罕必定是"为了将最高的优先性给予他对上帝的爱而违背了他爱以撒的社会责任"，而爱上帝也就相

175

1　对于达文波特来说，第一个阵营与第二个阵营之间的关键区别是，对于后者来说，圣爱的概念拥有"某种可以被我们理解的内容，不管我们的理解有多么不完善，在我们将上帝意志的权威接受为道德规范性的最高来源（乃至仅有来源）之前，我们就已经理解这个概念了"（Davenport 2008b: 171）。

2　Davenport 2008a: 207. 正如我们在上文中看到的，穆尼并没有彻底拒斥普遍规则，或许这就是达文波特将他描述为这条进路的"最温和版本"的原因。达文波特在这里对于支持他定位穆尼立场的诸多理由的更多论述，参见Davenport 2008a: 208。

3　Davenport 2008a: 209.

4　参见Davenport 2008a, 2008b, 2008c and 2015（特别是第一篇论文）。

5　Davenport 2008a: 208-212.

当于将上帝下达的普遍命令与特定命令作为"道德职责的最高来源",并因此服从上帝的这些命令。[1]（这两种形式的神令伦理学的分歧在于,上帝的权力或"圣爱的善"是否就是这种道德职责的源头。）达文波特注意到了那些"附属于亚伯拉罕"的故事主人公所构成的反例（他们都愿意服从上帝的命令,但他们都算不上是真正的信仰典范）。达文波特断定,让真正的亚伯拉罕与这些人物有所区别的是,"亚伯拉罕相信上帝最终会实现他的许诺,而不是他愿意屈服于神的命令——无论是作为绝对之权力的武断表现,还是作为绝对之爱的圣爱式的表现"[2]。

1　Davenport 2008a: 212.

2　Davenport 2008a: 212.

信仰、"末世的"信任与"极端的"希望

我们已经注意到，信任在上文进行的某些讨论中占据的重要地位，考虑到信任在《圣经》记载的信仰中占据了多么核心的位置，人们就不应当对此感到惊讶。雅各布·霍兰德（Jacob Howland）注意到，亚伯拉罕的信仰在《创世纪》中，以何种方式被描绘为"一种与个人的信任有关的问题，特别是个人对于《圣经》以耶和华之名所指的那个特殊的存在者的信任问题"，以及信任［*pistis*］以何种方式成为了"《新约》用来表达'信仰'的一个最受喜爱的词语"[1]。达文波特承认，他的解读"并非完全是'新的'，因为它受益于穆尼、埃文斯、汉内、利皮特与其他人在过去做出的那些解读"[2]。在接下来这几节的内容中，我将概述达文波特的这个与"末世的信任"有关的解读，并且回到我最喜爱的那种工作上，即试图比一贯的做法更加有力地强调希望在亚伯拉罕的信

1　Howland 2015: 35.

2　Davenport 2008c: 885n8.

仰中发挥的作用，并以这种方式去补充达文波特提出的这个解读。（尽管希望在这种与末世的信任有关的解释中发挥了一种重要的作用，但达文波特并没有详细地对希望做出讨论。）我的目标是通过表明《恐惧与颤栗》和克尔凯郭尔在1843年出版的一篇讲演"信仰的期待"（克尔凯郭尔在这篇讲演中用最多的细节讨论了希望的概念）的相关性来充实"希望"这个概念。接下来在对这种与"末世的信任"有关的解读进行简要概述之后，我将讨论两种可能对它提出的反对理由，而它们都肇始于"信仰的期待"。我认为，这两种反对理由都是可以被拒斥的。提出第二种与信仰有关的重要主题的方式是，将亚伯拉罕的希望与乔纳森·利尔所讨论的"极端的希望"（利尔在他的那本名为《极端的希望》的论著中做出了这样的讨论）进行对比。这种解读将阐明希望在信仰中的重要性。它还将有助于在某种程度上阐明被约翰尼斯称为"信仰的勇气"的东西，阐明为什么约翰尼斯会将这种勇气描述为"谦卑的"。

确切地说，希望并不是突然以显著的方式变成了《恐惧与颤栗》的一个重要主题，我们已经注意到，约翰尼斯在《恐惧与颤栗》的某个地方将信仰与一种"琐碎的［usle］希望"进行了对比（FT 66）。[1]在亚伯拉罕的信仰中发挥了关键作用的希望，必定是一种特殊的希望。我将证明的是，这种希望与被克尔凯郭尔在讲演中称为"期待"［Forventning］的事物有着密切的关系，我们还可以回想，约翰尼斯在"赞颂亚伯拉罕的演说"的一开始就提到过希望。

---

[1] 我在这里更倾向于沃什将之译为"琐碎"的译法，而不是汉内将之译为"可悲"的译法。

信仰的期待[1]

在《爱的作为》（*Works of Love*）中，有一篇名为"爱希望一切事物"的审思，克尔凯郭尔在那里断定，希望就是一个人将自身关联于那种对美好的可能性的期待（WL 249）。这里的主题并非仅仅是"暂时的"希望，而是一种充满希望的状态，用罗伯特·C.罗伯茨的话来说，这种状态"形成了信仰的人格倾向"。[2]这种说法似乎相当适用于亚伯拉罕。

达文波特简要地讨论了这个相关的讲演。[3]但汉内在对这种关联的评论中表示："作为这个讲演主题的这种信仰，肯定更接近于亚伯拉罕在收到上帝的这个命令之前的态度或精神状态，而不是他在收到上帝的这个命令之后产生的充满痛苦的审视事态的方式。"[4]我并不认为这个说法是真的。相反，根据那种与"末世的信任"有关的解读，亚伯拉罕能够按照"信仰的期待"这篇讲演所建议的方式来做出回应——他甚至在面对捆绑以撒的经验时也能够做出这样的回应。这就是我将在这一节的内容中做出的论证。

正如我们将要看到的，这篇讲演发表于1843年5月16日（恰恰是在《恐惧与颤栗》出版的五个月之前），除了这个事实之外，

1　某些学者已经注意到了一种解读克尔凯郭尔的假名文本的有趣前景，即根据一篇或更多陶冶性讲演所提供的背景来做出解读。我在这里聚焦的是1843年5月发表的两篇讲演之一，不过，根据1843年10月发表的两篇名为"爱能遮掩许多罪"的讲演而做出的对于《恐惧与颤栗》的解读，也可参见Pattison 2002: 192-202。

2　Roberts 2003: 187. 克尔凯郭尔早期布道书就论述了一个人在面对焦虑与潜在的绝望这种精神考验时抱有希望的重要性，参见JP 4: 3915。

3　Davenport 2008a: 199-200.

4　Hannay 2008: 242.

这篇讲演在讨论信仰时提出的某些观点，让我们将它和《恐惧与颤栗》这个文本进行了对比。[1]

　　信仰期待的是什么？期待显然专注于未来的事物（EUD 17），而这种专注是"人的高贵的一种标志；与未来的斗争是最令人高贵的事情"（EUD 17）。我们通过想象规划自己未来的能力，是让我们有别于动物的一个特征。在这篇讲演中，信仰已经被描述为177"唯一能够战胜未来的力量"（EUD 16），信仰让一个人的生命变得"健康而又强大"（EUD 17）。但这种与未来的斗争实际上就是与自身的斗争（EUD 18），因为未来对我们施加的力量，仅仅是我们给予未来的力量。克尔凯郭尔在这里根据诱惑来描述未来（EUD 16）——就像他在《恐惧与颤栗》中根据诱惑来描述伦理一样。以上这些论述也让我们回想到，约翰尼斯在《恐惧与颤栗》中表示，悲剧英雄与信仰的骑士的区别在于，"与整个世界斗争是一种安慰，但与自己做斗争是可怕的"（FT 138，沃什的译文在这个引文中有所调整）。在这场斗争中获胜的方式，面对未来的方式，被比作航海者通过向上仰视群星来确定自身方位的策略，

　　　　因为它们是忠实可靠的；正如它们现在在那里，从前在祖先们抬头仰望的时候，它们在那里，将来的后代抬头仰望的时候，它们仍在那里。那么，航海者借助于什么手段来战胜那些变幻不定的东西呢？借助于永恒的事物。通过永恒的

1　克尔凯郭尔在前言中曾经说过，他打算为雷吉娜撰写两篇陶冶性讲演，而"信仰的期待"就是其中的一篇（KJN 3 Not. 15: 4 [p. 436]）。

事物，一个人就能战胜未来，因为永恒的事物是未来的基础，因此一个人就能够通过永恒的事物来探测未来。

（EUD 19）

因此，一个人借助于某种不变的"永恒的"事物而亲自战胜了未来。但"在一个人之中的永恒力量"（EUD 19）恰恰就是信仰。信仰期待"胜利"，而这被理解为上帝为了善而在万事万物中都发挥着作用。[1]那么这种让人信任的期待是否就处于亚伯拉罕信仰的中心呢？

克尔凯郭尔继续做出了一些关键的对比，这些对比或许会让我们回想起《恐惧与颤栗》的所有人物。首先，我们遇到的是一个或许会被我们称为幼稚的期盼者的人。这种人对于希望的默认态度是，他们"在一切事物中都期待着胜利"（EUD 20），而这仅仅是由于他们缺乏经验。克尔凯郭尔认为，幼稚的期盼者的真正立场是期待"不战而胜"（EUD 20）。克尔凯郭尔断言，生活将会用这种人在前进道路上遭遇的过失来教育这种人，他将认识到，他的期待"无论有多么美好，这种期待都不是信仰的期待"（EUD 20）。幼稚的期盼者作为跑龙套的角色，披着"痴愚者和年轻人"的外衣，短暂地出现于《恐惧与颤栗》之中，他们喋喋不休地做出了这样的论断："对于一个人来说一切都是可能的。"（FT 72-73）约翰尼斯警告说，他们无法承认，尽管"从精神上说一切都是可能的……但在

1　克尔凯郭尔在这里的文本将胜利注释为"一切事物必定永远服务于那些爱上帝的人们"（EUD 19），这里响应的是 Romans 8: 28。

这个有限的世界中有许多东西是不可能的"（FT 73）。"痴愚者和年轻人"就像幼稚的期盼者那样无法承认，只有在上帝的帮助下，一切才是可能的。[1]

克尔凯郭尔将幼稚的期盼者与担忧者进行了对比（EUD 20）。后者缺乏希望：他"不期待胜利；他只是过于沉重地感到了自己的损失，即便它是一种属于过去的损失，他仍然带着这种感受，他期待着未来至少会赋予他一种清静，让他默然地专注于他自己的痛苦"（EUD 20）。对于《恐惧与颤栗》的读者来说，这种人物听起来就像约翰尼斯对无限弃绝所做的某方面描述，"在无限弃绝中存在的是安宁、休息与对于痛苦的慰藉"（FT 74）。正如我们在第3章中就已经注意到的，达文波特认为，这种人并非完全体现了弃绝，而是明确地将弃绝与拒斥希望结合了起来。这就是在《致死的疾病》中所描述的某种形式的绝望，在这种绝望中，一个人不仅不想要，而且还拒绝"去希望得到帮助的可能性，特别是依据那荒谬的信念，即对于上帝来说一切都是可能的"（SUD 71）。[2]

有经验的人对这两种做法都不赞同，这种人代表的是"常识"的声音。根据这种人的观点，常识建议的是，人们需要泰然自若地对待人世的沉浮，而"幼稚的期盼"与"完全缺乏希望"这两种态度都是不合情理的：

1　类似地，请比较克尔凯郭尔在年轻人的希望与基督徒的希望之间做出的对比，参见CUP 2: 70（JP 2: 1668）；也可参见EUD 437-438与SUD 58。

2　试比较Davenport 2008a: 226。

倘若一个人已经几乎拥有了他所想要的一切美好事物时，那么这个人就应当准备好，生活的各种忧愁也会到幸福者的家里做客；倘若一个人已经失去了一切，那么这个人就应当考虑到，时间为患病的灵魂保留了许多宝贵的治疗方法，未来就像一个温柔的母亲，也藏有各种美好的馈赠：一个人在幸福中应当为不幸做好某种程度的准备，在不幸中则应当为幸福做好某种程度的准备。

（EUD 20）

179　　幼稚的期盼者与担忧者都愿意"倾听"有经验的人，并相应地安排他们自己的生活。但这种明显的常识包含了一种威胁。有经验的人所表述的"某种程度的"（EUD 21）这个措辞将他的倾听者"诱入陷阱"。起初幸福的人会为以下这个想法所折磨："某种程度的"不幸既有可能轻易地降临到他相对比较容易放弃的事物之上，也有可能轻易地降临到他一旦失去就会变得不幸的事物之上。通过这种方式，克尔凯郭尔警告说，经验产生了怀疑（EUD 21）。

　　因此，经验拥有潜在的破坏效果，它与《恐惧与颤栗》中的"生命沼泽里的青蛙"的话语所具备的破坏效果是一样的，他们告诉年轻的小伙子，他对公主的爱是愚蠢的，"富有的酿酒寡妇恰恰是一个美好而又合理的匹配对象"（FT 71）。请注意，这个作为"弃绝的骑士"的小伙子需要多少勇气与决心来抵制他们的"常识"带来的消极影响。不妨在这里回想一下这个小伙子是怎么做的：在核实了这种爱已经真正成为"他的生命的内容"之后，他让这种爱"偷偷潜入他最隐秘的深处、他的各种最隐秘的想法，并让这种爱

缠绕于他的意识中的每一条韧带周围的无数曲线之中", 他

> 通过让这种爱彻底刺痛他的每一根神经, 让自己感受
> 到了一种至福的快感, 然而他的灵魂就像那个喝完一杯毒
> 药……的人那样庄严——因为这一瞬间是生与死。在以这种
> 方式把所有的爱都吸入自身并让自身沉浸于其中之后, 他并
> 不缺乏勇气去尝试这一切并进行各种冒险。他反思了各种生
> 活处境, 他召集了那些敏锐的思绪, 它们就像受过训练的鸽
> 子一样服从他发出的每一个信号的指示; 他向它们挥舞着自
> 己的权杖 [Stave], 而它们就快速地向四面八方冲了出去。但
> 当它们全都回归时, 它们都像悲哀的信使那样向他解释说,
> 这是不可能的, 于是他变得沉默, 他遣散了它们并独自留下
> 来, 接下来他就做出了这种运动。

> (FT 71, 译文略有调整)

所有这三种人物——幼稚的期盼者、担忧者与有经验的人——或许
都是用来与信仰者 [den Troende] 进行对比的, 信仰者说: "我期待
胜利。" (EUD 21) 然而, 在这个时候又插进了一种由同样有经验
的人发出的声音, 这种声音反对信仰者发出的声音: "生活的严肃"
(EUD 22) 给予人们的教导是, "你的愿望不会被实现, 你的欲望
不会被达成, 你的向往不会被关注, 你的渴求不会被满足……它还
会用欺骗的语言教你去帮助人们, 把信仰与信任从他们的心里吮
吸出来, 并且以严肃的神圣名义来这么做" (EUD 22)。尽管如此,
克尔凯郭尔说, 生活可以教给人们一种非常不同的教训: 即便在面

180

对完全相同的经验时，两个人也有可能得出非常不同的结论。克尔凯郭尔为此给出的例证是，两个孩子在一起接受表扬、责备或惩罚，他比较了这两个孩子对于表扬、责备或惩罚可能做出的不同反应：一个孩子在接受表扬时或许会表现出恰当的自豪，另一个孩子在接受表扬时则会表现出傲慢自大；一个孩子谦卑地接受责备，另一个孩子则愤懑地接受责备；一个孩子愿意结束惩罚带来的苦恼，另一个孩子则对自己遭受惩罚充满了怨恨。现在所有这些要点都指向了克尔凯郭尔在《爱的作为》中对于希望与绝望、信任与不信任继续做出的评述。这两种情况都可以使用相同的证据。当我们根据模棱两可的证据被迫做出判断时，我们倾向于做出的生存抉择，就会揭示某些关于我们自身的重要品性（WL 231）。

类似地，克尔凯郭尔以他讲演中的典型方式补充说，"你的情形也是如此"（EUD 22）。在面对我们的怀疑时，我们需要学会沉默："我们不是由于你怀疑而评判你，因为怀疑是一种诡诈的激情，而要让自己从它的陷阱中解脱出来，这肯定是艰难的。我们对怀疑者提出的要求是，他应当保持沉默。他肯定能感受到，怀疑并没有让他变得幸福——那么他为什么要向其他人透露这种同样会将他们变得不幸的东西呢？"（EUD 23）

这里的关键是，信仰的期待能够战胜这种怀疑。怀疑擅长攻击那种心神不安的信仰者，怀疑试图说服他相信，"一种没有确定时间与地点的期待，只不过是一种幻觉"（EUD 23）。无可否认，"一个人期待某种特别的东西，但他有可能为自己的期待所欺骗"。但克尔凯郭尔坚称，"这种情况不会发生在信仰者身上"（EUD 23）。正是在这种意义上，真正的希望虽然是向未来开放的，但它不可能是令人失望的。[1]尽管生活中存在着诸多挑战，但信仰者能够这么说：

> 有这样一个期待，是全世界都无法从我这里夺走的；这就是信仰的期待，这期待就是胜利。我不会被欺骗，因为我并不相信，这个世界会履行它似乎对我许下的诺言；我的期待并不是对这个世界的期待，而是对上帝的期待。这一期待并不是欺骗；甚至就在当下的瞬间，我都感觉到，它的胜利比所有损失带来的苦痛都更辉煌、更令人喜悦。

181

（EUD 24）

请根据1844年的那篇讲演来考虑这个说法，克尔凯郭尔在那篇讲演中将"胜利"解释为"上帝的胜利"（这符合路德教派所主

1　克尔凯郭尔在《爱的作为》里标题为"爱期盼一切"的审思中根据不同的角度得出了这个相同的观点：希望某种可耻的东西，这就相当于没有真正的希望，因为真正的希望"在本质上永远都与美好善良的事物相关"（WL 261）。愿望、渴望与仅仅是暂时的期待（也就是说，并不是对信仰的期待）都能"让人蒙羞"，但真正的希望不可能让人蒙羞（WL 262）。因此，看起来很明显的是，在《重复》开篇所描述的希望——这种希望与诸如年轻、怯懦和肤浅这样的品质有关，它被描述为"一种无法让人满足的诱人果实"（R 132）——并不是克尔凯郭尔所理解的那种真正的希望。或许这是另一种被《恐惧与颤栗》判定为"琐碎"的希望？（感谢弗朗西斯·莫恩－布朗［Frances Maughan-Brown］督促我推进这个观点。）也可参见"一篇临时性的讲演"，克尔凯郭尔在那里对希望和愿望进行了比较（UDVS 100-101）。关于对未来的开放性，参见Gellman 2003：第8章。

张的应当将一个人的"重心"转移到上帝的观念之上）。[1]难道亚伯拉罕不是这样的情形吗？敬请汉内原谅，我想要提出的主张是，《恐惧与颤栗》中的亚伯拉罕所持有的可能恰恰就是这种观点。对于克尔凯郭尔在这部分讲演中所描述的立场来说，至关重要的是以下这个观念：这种信仰的唯一恰当对象是上帝。他强调，对人类的信仰总是容易令人失望（EUD 24）——尽管《爱的作为》还是继续坚持主张，但这不是支持玩世不恭或怀疑的借口。但只有上帝这个被亚伯拉罕信任地依靠的个体，才是我们的靠山。[2]我们在接下来的引文中读到的语句，也相当有可能是亚伯拉罕在接受考验的那段时间里对他自己所说的话语：

> 倘若你信仰上帝，那么你的信仰又怎么会在某个时刻变成一种你最好放弃的美丽幻觉呢？正是在他那里，既没有变化，也没有变更的影子，难道他是能够被改变的吗？每一个忠实于信仰的人，正是通过他而成为了忠实于信仰的人，难

---

1 "一个人若能正确地祈祷，就必要在祈祷中作战，但这个人必能得胜——因为上帝必能得胜"，《十八篇陶冶性的讲演集》中的最后一篇讲演。关于"重心"的观点，参见Hampson 2013: 22。

2 因此我认为，若根据克尔凯郭尔的观点来看，虽然卡莱尔将"属于信仰的勇气"部分描述为"以礼物的形式重新接受爱人——这是一种来自上帝的礼物，一种来自生命的礼物，一种来自死亡的礼物，或一种来自爱的礼物，而这种爱本身在每个活着的存在者身上都有所体现"（Carlisle 2010: 195），但卡莱尔的这种描述在某种程度上并没有真正解决问题。就这个观点而言，我赞同韦斯特法尔，重要的是，这是一种对于人格上帝所做出并履行的承诺的信任（Westphal 2014: 26）。关于广义的信仰与狭义的基督教信仰之间的区别，可参见FSE 81-82。

道他不应当是忠实的吗？正是通过他，你自己才拥有了信仰，难道他不应当是没有诡诈的吗？除了"他是真诚的"与"他坚守自己的承诺"之外，难道还应当在某个时刻做出一种可以解释其他东西的解释吗？[1]

（EUD 25）

亚伯拉罕的希望是对于一位人格上帝的坚定之爱中的希望。接下来，克尔凯郭尔将这种立场与那种"只可同安乐不可共患难的"信仰者进行了对比，这些信仰者"在一切都发生变化的时候，在悲伤取代了喜悦的时候，他们就退却了，这时他们就失去了信仰，或更准确地说（让我们不要混淆语言），他们在这时表明，他们从未拥有过信仰"（EUD 25）。[2]克尔凯郭尔在这里做出的论断仍然是：就像希望一样，真正的信仰并不令人失望，"每当我了解到自己的灵魂并没有期待胜利，我就知道我在这时并不拥有信仰"（EUD 27）。

《恐惧与颤栗》反复断言，"亚伯拉罕并不怀疑"，"亚伯拉罕拥有信仰"，而这种论断想要表达的部分意思或许是，亚伯拉罕被赐 182

1　但愿读者到现在为止已经可以明白，认为亚伯拉罕可以说出这些话的推断，与亚伯拉罕的"沉默"并没有什么不一致的地方。亚伯拉罕无法为他自己辩护，这并不是说亚伯拉罕无法清晰地表述有意义的话语，而是说那些缺乏亚伯拉罕与上帝形成的那种第二人称关系（或某种充分相似的关系）的人们，无法将这些话语理解为支持亚伯拉罕这么做的理由。

2　关于这一点，请比较EUD 94-95对于丧失希望的讨论。

予了一种可以抵制这种"诡诈的激情"所设下的陷阱的能力。[1]我想要强调的是，一个人在没有希望的情况下几乎不可能做到这一点。重要的是，克尔凯郭尔继续强调，这种信仰及其伴随的希望是可以与痛苦和悲伤共存的：他让一位信仰者说，"艰难的时刻固然能够让泪水充满我的眼眶，让悲伤渗透我的心头，但它们仍然无法从我这里夺走信仰"（EUD 26）。还要再次敬请汉内原谅，我无法看出，为什么克尔凯郭尔在这里对于痛苦和悲伤的说法，不能同样适用于约翰尼斯强调的亚伯拉罕在"充满痛苦的"时候所感受到的"忧惧"。亚伯拉罕的忧惧可以与希望共存，这是信仰拥有的一件用来抵抗怀疑引入的诸多危险的关键武器。[2]但关键是要看到，在这里发挥作用的希望并不仅仅是一种开朗的乐观主义。相反，我正在暗示的是——沿着使徒保罗写给罗马教会的书信的思路——要生活在希望之中，就避免不了与其余的受造之物一同"叹息劳苦"。[3]

因此，这种希望并非仅仅是盼望——它期待胜利（这种胜利

1　克尔凯郭尔明确地讨论过这样一种可能性：某些人认为，"某种特殊的事物"已经让他们失去了自己的信仰（EUD 26）。例如，上帝要求一个人去牺牲自己儿子的命令。我们再次会回想到"定调"中某些附属于亚伯拉罕的故事的主人公的情况。

2　克尔凯郭尔在1850年的一则日记条目中进一步阐明了这个观点，他通过其中的讨论表明，一个缺乏对上帝之爱的具体印象的人如何能够坚持"上帝是爱"的想法，而这是信仰的"严格教养"的一个组成部分，它最终将形成一种对上帝的具体关系（CA Suppl. 172–173 [JP 2: 1401]）。关于一个受到了 C. S. 刘易斯（C. S. Lewis）启发的相似想法，参见Roberts 2007: 29。

3　Romans 8:22–27.

被理解为上帝的胜利）。由于这个缘故，它与"日常的"希望的不同之处在于，尽管它是可以与忧惧共存的，但它需要最终不可动摇地反对怀疑设下的陷阱。[1]

但我们最后应当注意到的是，"信仰的期待"接着概述了两种并不拥有信仰的方式。其中的一种方式并不出人意料：完全不期待任何事物。但另一种方式虽然不那么显而易见，对我们的目的来说却更为重要：期待某种特别的事物［noget Enkelt］。克尔凯郭尔声称："那些完全不期待任何事物的人没有信仰，不仅如此，那些期待某种特殊的事物，或将某种特殊的事物作为自己期待依据的人也没有信仰。"（EUD 27）因此这里的关键问题是：亚伯拉罕相信他将"重新得到以撒"的信仰，是否期待的是"某种特殊的事物"？初看起来，这篇讲演作出的论断似乎和《恐惧与颤栗》处于严重的冲突之中："信仰者不需要对他的期待做出任何证实"；信仰者说，"实际情况是，那特殊的事物既无法证实也无法驳倒信仰的期待"（EUD 27）。这句话究竟相当于在做出什么论断？它是否和《恐惧与颤栗》对信仰的描绘发生了冲突？我们很快就会回到这些问题之上。但我首先需要按照我早先许诺的那样，勾勒达文波特支持的那种与"末世的信任"有关的解读的轮廓，并以此作为我解答上述问

1　然而，"日常的"希望有时或许会比克尔凯郭尔所认为的要具有更大的弹性与更多的灵活性。这种灵活性的一种形式是，恰如卢克·博恩斯（Luc Bovens）所言，希望能够产生新的基本希望。关于这一点的讨论，参见Lippitt 2013: 136-155, 特别是pp. 152-154。

题的必要背景。[1]

183

达文波特论作为"末世的信任"的信仰

人们普遍承认，信任最起码是信仰的一个关键组成部分[2]，正是以此为根据，达文波特的解释将亚伯拉罕所体现的信仰视为"一种末世的希望。在最普遍意义上的末世指的是上帝的神圣权力在当下秩序或后续秩序中的最终实现"[3]。可以将这种理解与"信仰的期待"中对"胜利"的解释进行对比：上帝为了善而在万事万物中都发挥着作用。

根据达文波特的解读，"亚伯拉罕悬置他对以撒的伦理义务所要达到的目的是，'以撒存活下来'这个荒谬的可能性，虽然上帝的要求是将以撒作为祭品献祭"[4]。这个故事最终的关键是，亚伯拉罕根据这种"末世的希望"，相信上帝与他"荒谬的"承诺。

这涉及如下这些关键的要素：

1.一种必须被人们承认与渴望的伦理理想；它不会作为一种

---

1 相关的完整描绘，参见 Davenport 2008a, 2008b, 2008c, 2015。

2 例如，参见 Adams 1990。

3 Davenport 2008b: 174; 试比较 2008a: 200。韦斯特法尔对于末世论在这里运用的语言提出了一个异议（Westphal 2014: 37-39），而我认为，达文波特巧妙地反驳了这个异议（Davenport 2015: 85-92）。也就是说，关于我自己对达文波特解读的整体路线的支持，并没有在多大程度上依赖于末世论所运用的特定语言。

4 Davenport 2008b: 173.

道德律令而被拒斥或超越。亚伯拉罕继续"用他的全部灵魂"（FT 101）来爱着以撒。

2.对此的障碍：由于某些处境，"人类行动者无法实现他或她的道德理想"，这些处境"让这个行动者在实践中不可能用他或她自己的力量来确保这种道德理想"。[1]上帝命令亚伯拉罕献祭以撒。

3.无限弃绝。在"将他的整个身份认同"都专注于对这种伦理理想的"承诺"之后，这个行动者所接受的事实是，由于这种障碍，"人类是不可能实现"这种伦理理想的。因此正如我们在第3章中注意到的，这个行动者或者停止通过他自己的努力来追求这种理想（"优雅的"弃绝），或者继续按照原则行动，但没有任何成功的希望（"贝奥武夫式的"弃绝）。[2]根据达文波特的观点，亚伯拉罕做出的是第一种意义上的弃绝[3]，"他接受了这样一种可能性：倘若上帝对他做出了这样的要求，他就无法拯救以撒"[4]。

4.一种末世的承诺（这需要的是启示，而不仅仅是自然的理性[5]），即随着时间的推移，这种理想"将通过神的力量而在受造物

1　Davenport 2008b: 173.

2　对于这两种弃绝的更多论述，参见Davenport 2008a: 228–229。

3　Davenport 2008a: 229.

4　Davenport 2008b: 174.

5　Davenport 2008a: 203.

的生存秩序中被实现"[1]。上帝向亚伯拉罕做出的应许是，以撒将成为"一个神圣国家之父，他将把圣言带给所有的民众"[2]。

5.荒谬的要素："考虑到这种障碍，这种末世论承诺的内容，只有在末世的意义上才是有可能实现的（因此它在信仰的范围之外就显得是难以理解的）。"[3]这种荒谬的可能性是，尽管支持对立可能性的证据不断增加，但以撒必定不会被杀，或尽管以撒被杀，但他仍将以某种方式活下来并实现上帝先前承诺的命运。[4]

6.生存的信仰：它可以根据先前这五个关键要素来获得界定，"这个行动者［对这种理想］做出了无限弃绝，但他完全信任这种末世的承诺，以他的身份认同作为赌注来支持'［这种理想］将被上帝实现'这个信念"[5]。甚至在他愿意献祭以撒的那一刻，亚伯拉

184

---

1 达文波特考虑了第二种可能性（"或者在时间之中，或者在此后作为一种新的时间序列［而不是作为一种柏拉图式的永恒（aeternitas）］"）（Davenport 2008b: 174），但我们在这里没有必要去关注这种可能性。

2 Davenport 2008b: 174.

3 Davenport 2008b: 174.

4 达文波特在2008b中（以及按照我的理解，在Davenport 2015: 103中）概括了他的立场，他强调的仅仅是第二种可能性（Hebrews 11:19显然已经面对了这种可能性）。但《恐惧与颤栗》的许多内容（以及达文波特以此为根据做出的某些评论：例如，参见Davenport 2008a: 201）也相容于第一种可能性。在我看来，重要的恰恰是保持开放的态度，将第二种可能性当作一种灵活的选项。关于这个观点，也可参见第407页注1。

5 Davenport 2008b: 174.

罕也相信，他将"由于那荒谬的因素"而重新得到以撒。[1]

因此，我们能够更为清楚地看到，根据这种观点，这种伦理的目的论悬置相当于要做些什么。悬置伦理的目的并不是要实现上帝献祭以撒的命令。相反，这个命令是一种障碍。[2]它迫使亚伯拉罕"依靠一种末世的目的，伦理是为了这个目的才'被悬置的'——实现这个目的的可能性则取决于上帝的行动"[3]。换句话说，"悬置伦理是为了一种末世意义上的善"[4]；上帝为了善而在万事万物中都发挥着作用。因此，实现这种伦理理想，就不再仅仅取决于行动者自身的努力，而是"取决于一种涉及信仰的更加复杂的意图，

---

1 为了把握达文波特的立场的更多细节，参见达文波特对托尔金（约翰·托尔金 [John Tolkien, 1892-1973]，英国著名作家，以其创作的严肃奇幻作品《霍比特人》《魔戒》与《精灵宝钻》而闻名于世。——译者注）的"善劫"（eucatastrophe，托尔金创造的词语。按照托尔金的观点，童话故事除了提供慰藉外，还应当提供圆满的结局，使人获得心灵的解脱。童话的最好结局是一种突如其来的逃脱灾难的幸福转变，这种转变就是"善劫"，它并不否定灾难性后果，而是否定最终的失败。托尔金想借此表明，无论奇遇多么荒诞可怕，但当转折来临时，人们心中应永远有实现愿望、得到满足的乐观信念。——译者注）概念的注释（Davenport 2008a: 203-205）。对于上文提到的前五个要点，达文波特如今又添加了另一个要点——权威性，即一个人收到命令去相信一个人格化的上帝所揭示的承诺，以至于"这种命令要求的信任承诺的权威性超越了伦理理想的权威性"（Davenport 2015: 83）。

2 Davenport 2008a: 212.

3 Davenport 2008a: 212.

4 Davenport 2008a: 93. 关于各种"悬置"的具体细节，参见Davenport 2008a: 215-221。

虽然由此采纳的行动本身（在没有经过进一步考虑的情况下）或许显得是不道德的，追求或接受由此产生的有害结果或许也会显得是不道德的"[1]。这意味着，在这种意义上，这种目的并不是我们（按照亚里士多德的方式）用行动努力争取的某种东西。亚伯拉罕并没有将它作为"行动的目标，而是用他的整个生命欣然将它接受为这样一种可能条件，以便于支持他所关切与规划的一切具有最终重要性的事物"[2]。也就是说，他的意愿（爱以撒的意愿；希望以撒成为多国之父的意愿）始终没有发生变化，但这些意愿的意义已经发生了变化，这是由于他接受了这样的见解："成功追求这种善是有条件的，而这种条件取决于他绝对信任的神所做出的奇迹般的回应。"[3]

这种解读明确地以希望为根据，它符合在"赞颂亚伯拉罕的演说"中表述的这个想法：每个人都是相对于自己的期待而变得伟大，而"那个期待［对人类而言］不可能的事物的人，则变得比所有人都更伟大"（FT 50）。正如我们看到的，亚伯拉罕之所以变得伟大，是"由于他具备了这样一种希望，［在'人类的'理解中］这种希望的外在形式是疯狂的"（FT 50）。[4]

---

1 达文波特在私人通信中已经确证了这一点。

2 Davenport 2008a: 213-214.

3 Davenport 2008a: 214.

4 请将这种希望与克尔凯郭尔专门做过描述的基督徒的希望进行对比，根据我们自然的理解力所形成的视角来看，基督徒的希望就是一种"精神失常［*Galskab*］"（FSE 83）。

185

让我们考虑有可能对这种解读提出的两种异议。[1] 第一种异议

1　恰如我将在下文中所做的思考一样，请注意韦斯特法尔已经对达文波特（以及穆尼与克瑞夏科所做的另一个相关解读［Westphal 2014：第4章］）提出了异议，但他错误地将"预备性的讨论"（信仰的骑士与悲剧的英雄之间的区别）当作了"主要关键"（信仰的骑士与悲剧的英雄之间的对比）。在坚持这个异议的过程中，韦斯特法尔严重依赖于这样的想法：前面这种区分存在于四个"导言"之中，而他将这些"导言"与疑问进行了鲜明的区分，在他看来，后面这些疑问才是这个文本真正的主要部分。（他援引了本书第一版来支持这种与"四个导言"有关的想法［Westphal 2014：27n4］。）这并不是回归到那种忽视疑问之前的几乎所有事物的陈旧而又糟糕的解读传统之中：韦斯特法尔作为一个机敏的解读者不可能犯下这样的错误，他承认"信任上帝应许的信仰"的重要性，承认信仰与弃绝的比较对于解读这个文本来说是至关重要的（Westphal 2014：第2章）。尽管如此，他确实在这些疑问与《恐惧与颤栗》的其余部分之间做出了一种选择（在我看来，这种选择是没有必要的），并将这些疑问作为人们必定可以在其中找到"主要关键"的地方。（这有点讽刺的色彩，考虑到他恰恰由于达文波特——和我自己？——是这么做的而谴责了达文波特［Westphal 2014：73］。）因此韦斯特法尔坚持认为，人们必须做出的决定是，《恐惧与颤栗》这本书的"主要关键"究竟是无限弃绝的骑士，还是悲剧英雄与信仰的骑士的对比（对我来说，这种决定仍然是没有必要的）。达文波特对韦斯特法尔的这些批评意见提出了一种有效的反驳（Davenport 2015：92-98）。对此我要补充的是，由于"发自内心的开场白"是一种明确针对这些疑问的开场白，甚至根据韦斯特法尔自己的见解，这个特殊的"导言"至少也拥有一个模棱两可的地位。我在这样一个问题上与达文波特拥有不同的看法，在我看来，完全没有必要在韦斯特法尔的诱导下坚持认为，在《恐惧与颤栗》中的首要区分或者是在信仰与弃绝之间的区分，或者是在信仰的骑士与悲剧英雄之间的区分（达文波特的论证支持前者）。为什么要假定存在一个主要关键，存在一个主要对比呢？相反，在我看来，恰如我们已经注意到的，《恐惧与颤栗》向我们呈现了一系列与以下这种人物有关的描绘，他们在表面上似乎拥有信仰，但结果证明他们没有信仰："定调"中的那些附属于亚伯拉罕的故事的主人公、无限弃绝的骑士、悲剧英雄、疑问Ⅲ的各种"审美英雄"。每种人物都发挥了重要的作用，而我觉得没有任何力量来迫使我坚持认为，必定恰恰只有这一种人物，才发挥了最主要的作用。

是，约翰尼斯在疑问I中明显让自己远离这样的想法：亚伯拉罕的故事是一个关注"结果"的故事。第二个异议是，"重新得到以撒"在某种意义上听起来就像"信仰的期待"所批评的"某种特殊的事物"。

在他讨论"单独的个体"如何在"与绝对事物的绝对关系中"确信他自己得到了"辩护"的过程中（FT 90），约翰尼斯在表面上似乎批评了这种"根据结果"来评判一个人的观点。这就是一个"在他自己的时代里已经变得令人反感乃至成为了绊脚石的英雄"[1]或许会对他的同时代人大声说出的观点（尽管据说"我们的时代"没有产生任何英雄）。然而，约翰尼斯警告说：

> 每当我们在如今这个时代听到这样的话语："我们应当根据结果来做出这样的评判"，那么我们马上就可以清楚地知道自己有幸与之谈话的是什么人。那些以这种方式说话的人是一个人口众多的部落，我将用一个常见的名称将他们称为"讲师"［Docenterne］。他们在他们的思想中安全地生活着，他们在一个组织完善的国家里有一种**固定的**职位和**确定的**前途……**他们在生活中的使命就是评判这些伟人，并且是根据结果去评判他们。**
>
> （FT 91，译文略微有所调整，我为了
> 强调而改变了最后这句引文的字体）

1　沃什注意到这里呼应的是《哥多林前书》第1章第23节。

这是否对与末世的信任有关的解读构成一个问题呢？当自身受到威胁时，这个解读岂非说过，应当"根据结果"来评判亚伯拉罕？毕竟，在针对犹太教关于捆绑以撒的解读进行简要讨论的过程中，达文波特明确支持过这样的见解：犹太教的解读关心的恰恰是"幸福的结局"，而不是上帝起初下达的命令，也不是同时关心这两方面的内容。[1]

人们已经做出了许多努力来让读者了解约翰尼斯在此处所做的评论的重要性。正如达文波特注意到的，布兰德·布兰夏德（Brand Blanshard）在这方面犯下的错误是，他断定，"［亚伯拉罕］在最后一刻都没有摆脱用刀刺入以撒胸膛的迫切要求，但这个事实无关于［原文如此］对亚伯拉罕的评价"[2]。很少有人如此直白地说出了这一点，但某些人似乎是根据一种相似的假设来进行他们的研究的，他们对"亚伯拉罕的献祭"的谈论，就好像这次献祭实际上已经发生了一样。[3]事实上，我认为，这段文字并不像它最初显得那样，可以对那种与末世的信任有关的解读构成一个问题。因为约翰尼斯在这里对"结果"提出的反对意见，针对的仅仅是那种对"伟人"的评判，这些反对意见既不适用于我们从伟人那里学到的任何东西，也不适用于我们自己的人生。（请比较约翰尼斯在"赞颂亚伯拉罕的演讲"开头所做的那个在英雄与诗人之间的对比，前者完成伟大的事业，后者仅仅敬佩与赞颂这种伟大［FT 49-50］。）

186

---

1 Davenport 2008a: 198-199.

2 Blanshard 1969: 116, 转引自 Davenport 2008a: 213。

3 例如，参见 Agacinski 1998: 129-150, 特别是 p. 139。

紧接着以上这段引文的评述是："这种针对伟人的行为泄露出了一种傲慢与可怜的古怪混合，傲慢是因为他们觉得自己是有着这样的使命去进行评判的，可怜是因为他们觉得自己的生活与那些伟人的生活甚至没有丝毫的关联。"[1]（FT 91）

因此，这种与末世的信任有关的解读就可以在这里对第一种异议做出有效回应。我认为，达文波特聚焦于这种作为末世信任的信仰，这种手段"让个体单一化"，并获得一种"对于作为你的上帝的在本质上特殊的态度"，他这么做正是试图要避免约翰尼斯所谴责的那种在冷漠评判中体现的唯心论。[2]那么我们从亚伯拉罕那里究竟学到了什么呢？对此的简短回答是：这意味着我们学到了信任——而我会补充说，我们还学到了希望。[3]我进一步的建议

1　也可比较约翰尼斯对于"人们用审美的方式与结果调情"的厌恶："任何在镣铐中做苦力的教堂抢劫犯，都不像以这种方式劫掠圣物的人那么卑劣，甚至犹大……也不会比以这种方式出卖伟大事物的人更为卑鄙。"（FT 92）

2　Davenport 2008a: 217."这种突出的关系就是生存的信仰：爱上帝的绝对义务将我们挑选出来，因为它包括了一种对于*最终位格*的上帝拥有信仰的'义务'。"（Davenport 2008a: 217）达文波特在他后来发表的一篇文章中进一步强调，可以为亚伯拉罕辩护的并不是结果本身，而是他所拥有的"*那种顺从而又富有爱心的信任，他相信上帝不管怎样都会带来美好的结果*"（Davenport 2015: 103，原文为了强调而改变了这段引文中某些文字的字体）。对于在 Tilley 2012 中提出的某种有关"结果"的异议，达文波特也做出了回应（Davenport 2015: 101-105）。关于这个异议的一般性观点，也可参见 Evans 2004: 311。

3　正如我们在第 2 章中就已经注意到的，"定调"中附属于亚伯拉罕的故事的主人公表明，仅仅凭借对上帝的服从，并不能让亚伯拉罕成为信仰的典范。这种观点强调了作为信任的信仰，而不是拥有其他可能重点的信仰，关于这种观点在神学上的重要性，参见 Levenson 2012: 81-82。

是，亚伯拉罕应当可以充当在《爱的作为》中被描述为"相信一切"（一个在本质上有关信任的审思）与"期盼一切"的那种爱的一位先驱。[1]在《爱的作为》中，在那两个分别论述信任与希望的审思之前的，就是那个论述"爱有所陶冶"的审思，克尔凯郭尔在其中提出的著名论点是，爱预设了在一个被爱者心中也存在的爱。倘若实际情况就是这样的，那么对于爱着他的上帝的亚伯拉罕来说，他必然预设了上帝是有爱心的。接下来请设想某种对于可以适用于捆绑以撒的怀疑与爱的讨论（试比较WL 228）。怀疑会说："已经丧失了一切！上帝是一个骗子！"但爱将会看到，上帝在表面上的"恶劣行径"，这种"考验"仅仅是"表象"（WL 228）。（与"信仰的期待"相伴随的那篇讲演，"所有善的和所有完美的馈赠都是从上天来的"坚持认为，相信上帝会诱惑一个人的想法，是一种"可怕的错误信念"[EUD 33]。）我们被告知，爱知道所有经验知道的东西——但爱仍然选择信任。倘若这种爱的信任在我们与其他人的关系中是值得推荐的，那么这种信任在我们与上帝的关系中难道不是更加值得推荐吗？这种说法同样适用于希望。克尔凯郭尔通过一个真正怀有爱心的人之口说出了如下话语："期盼一切：不要放弃任何人，因为放弃他，也就是放弃了你对他的爱。"（WL 255）可以再次设想，倘若对人类来说都尚且不能放弃，那么对上帝来说难道不是更加不能放弃了吗？对亚伯拉罕来说，放弃了他的信任与希

---

1 似乎与此相一致的是达文波特对于生存信仰的一般性论述，按照达文波特的理解，生存信仰在范畴上比基督教信仰更广泛，基督教信仰从属于这种信仰（Davenport 2008a: 233）。

望，也就放弃了他对上帝的爱。[1]

我们将转向第二种异议。对于"重新得到以撒"的信念，在某种程度上是否就是被"信仰的期待"评判为不正当的那种对于"某种特殊事物"的信仰呢？在某种意义上，它肯定听起来就像"某种特殊的事物"。毕竟，上帝对亚伯拉罕做出了一个特定的承诺。但请比较作为信仰的骑士的那个"税务员"，而在约翰尼斯的想象中，这个"税务员"正在幻想一道美味的晚餐。他的这个希望违背了所有可以获得的证据，但即便他没有享受到这道特殊的晚餐（他幻想的这道美味的晚餐已经超出了这个家庭的预算），"相当奇怪的是……他也照样开心"（FT 69）。难道我们接下来不应当根据这个例证来做出推断吗？信仰的希望难道不是在更为一般的意义上的一种对上帝的真正信任吗？或许它追随的就是诺里奇的朱利安[2]所主张的那种相信"一切都会平安无事，而且世间万物都会平安无事"的风尚。[3]

我认为，为了表明对"重新得到以撒"的信念并不会在一种成问题的意义上成为"某种特殊的事物"，达文波特的这个解读可

1　我们先前讨论的一个意图是想要表明，在某种意义上，埃文斯的如下论断或许是正确的：尽管对亚伯拉罕下达的明确命令绝不适用于我们，但亚伯拉罕不会因此而变得与我们无关。

2　诺里奇的朱利安（Julian of Norwich, 1346-1416），中世纪基督徒作家，英国隐修士，著名的女性神秘主义者。她在重病中得到了一系列的启示与异象，据此写成《圣爱的启示》（*The Revelations of Divine Love*），为后世许多追求内在经历的人提供了指导。这本书据称还是第一本由女性写成的英文著作。——译者注

3　帕蒂森与詹森已经触及了这种可能性，参见 Pattison and Jensen 2012: 9。也可比较 Kellenberger 1997: 48-49; Krishek 2009: 98-99。

以有效地用乔纳森·利尔关于"极端的希望"的讨论来加以补充。[1]

极端的希望

利尔的《极端的希望》讨论了美国原住民克劳族的命运，以及他们最后一位伟大的酋长普伦蒂·科普斯（Plenty Coups，他的名字意为"众多成就"）对于他们的传统生活方式的崩溃所做的回应。但利尔感兴趣的是，从这个讨论中推断出关于一个民族在未来发生的根本改变的某些更加普遍的教训。我想要论证的是，根据利尔的描述，普伦蒂·科普斯的态度体现的这种"极端的希望"包含了某种重要的教训，有助于我们理解作为信仰典范的亚伯拉罕。倘若我的这个想法是有根据的，亚伯拉罕的希望就是某种利尔所说的"极端的"东西，那么这就消除了如下的担忧：亚伯拉罕的信仰在一定意义上显示了"某种特殊的事物"，而这正是克尔凯郭尔在"信仰的期待"中感到困扰的问题。

我将首先概述利尔对于普伦蒂·科普斯可能做出的推想的描述。接下来我们就可以看到，这能以何种方式适用于亚伯拉罕的情况，以及这能以何种方式阐明亚伯拉罕的信仰。

普伦蒂·科普斯不得不面对他熟悉的那种生活可能发生的崩溃，这种改变的处境所形成的威胁是，让克劳族人（根据它的规 188

---

1 Lear 2006. 就我所知，除了莫莱希克简要提到了利尔的极端的希望，在其他的二手文献中，只有卡莱尔才在 Carlisle 2010 的结尾处试图将《恐惧与颤栗》带入与利尔的极端的希望的对话之中。然而，卡莱尔的这个讨论的首要焦点是信仰与勇气的关系，而我想要做的是专门对利尔用"极端的希望"表达的意思做出更加详细的考察，以便于探究这两个文本之间的关系。

范、价值、礼仪习俗、已经确立的社会角色等）所共同设想的那种卓越生活变得没有意义。然而，利尔思考的是，倘若我们按照如下方式假定科普斯的推想，那么他的这种反应就是有意义的。科普斯承认，对于未来，我们有许多地方都无法理解。但他认为自己已经拥有了一种带来希望的信息，据说这种信息来自神明（就科普斯的情况而言，则来自他的一个梦境）——他进一步认为，这是"某种在面对难以应付的挑战时需要牢牢把握的东西"[1]。（这个梦的关键部分是向山雀族学习，"至少努力地用他那种最强大的精神"来学习，普伦蒂·科普斯通过聆听来学习［聆听本身就是一种"定调"］，他从山雀族那里得到的信息是，"将一个人导向权力的恰恰是精神，而不是身体的力量"[2]。）

为了能够生存下来并再次繁荣昌盛，克劳族人需要自愿放弃几乎所有他们所理解的构成美好生活的事物："这并不是一种可以根据先前存在的美好生活来做出理性辩解的选择。一个人需要对这样一种美好的善形成某种构想——或某种信奉的承诺，这种美好的善超越了这个人对美好事物的当下理解。"[3]（利尔在这里明确提到了"伦理的目的论悬置"，即便对这个主题的论述是顺带的。）他将普伦蒂·科普斯理解为"某个亲自体验到了神明要求人们去忍受伦理生活之崩溃的召唤的人。这种崩溃甚至还包括了迄今用来理解伦理生活的诸多概念的崩溃"[4]。

1　Lear 2006: 91.

2　Lear 2006: 70-71.

3　Lear 2006: 92.

4　Lear 2006: 92.

（请注意，正是这一点才让这种希望成为了"极端的"希望。它并不仅仅是普伦蒂·科普斯对于那种并非完全处于自己掌控之下的未来的希望。尽管普伦蒂·科普斯或许认为，这就是大多数"成熟的"希望的一个特征，而某种程度的开放性就是这类希望的关键所在，但绝大多数这样的希望并不要求我们放弃并重建诸如美好事物这样的概念，而我们运用这样的概念的目的是，引导我们自身在这个世界中确定方向。[1]）

利尔接下来就着手具体描述在普伦蒂·科普斯的推想中或许合乎情理的东西。[2]我在这里聚焦于他描述的那些类似于亚伯拉罕的情况的重要方面：

1.一种来自神的信息告诉我们，一种已经被接受的生活方式正 189
在走向终结。

2.我们对于美好事物的构想密切关联于生活方式——而且恰恰是密切关联于这种将要消失的生活方式。因此：

3."在一种重要的意义上，我们并不知道我们将要希望什么，或我们将要追求的目标是什么。事物正在经历的变化方式，超出了我们当前可以想象的范围。"[3]

4."仍然可以有更多的希望，而不仅仅是希望让自己的生命存活下来……倘若我将要继续生活，我就需要能够看到一种真正的、

1　感谢丹尼尔·康威坚持让我澄清这一点。

2　Lear 2006: 92-94.

3　Lear 2006: 93.

积极的与可敬的前进方式。因此一方面，我需要承认在我身上发生的不连贯性——无论我是否喜欢，生活方式都会发生极端的转变。另一方面，我需要在这种不连贯的状态中保持某种完整性。"[1]

尽管如此，存在着某些支持希望的根据，因为：

5. "上帝……是善。我对上帝的真正超越性的信奉，可以显示为我对这个世界的善的信奉，这种善超越了我们试图理解这个世界的必定具有局限性的尝试。我对上帝的超越性与善的信奉，则可以显示为我对以下这个观念的信奉：将会出现某种美好的事物，即便它超越了我当前理解美好事物的有限能力。"[2]

6. "因此，我信奉这样的想法：尽管我们克劳族人必须放弃与我们的生活方式有关的美好事物——因此我们必须放弃我们这个部族数个世纪以来找到的那种有关美好生活的构想，[3]但我们将重新得到美好的事物，尽管在此时此刻我们或许只能看到与此相关的一点意义。"[4]

我的建议是，通过在细节上做出必要的修改（*mutatis mutandis*），这个整体模式似乎同样适用于作为生存信仰典范的亚伯拉罕。关于（1）和（2）：由于捆绑以撒的命令，亚伯拉罕对于上帝的契约以及对于未来会因此如何发展的理解，发生了某种极端的变化。因此，我们就能按照（3）的方式来设想亚伯拉罕所做的推想。正是

1　Lear 2006: 92-94. 我为了强调而改变了某些引文的字体。

2　Lear 2006: 94. 我为了强调而改变了某些引文的字体。

3　无限弃绝的一种形式？

4　Lear 2006: 94.

在这种意义上，亚伯拉罕的处境超出了所有的"人类算计"（FT 65）。或许这种推想就存在于他以模糊的方式所说的"最后一句话"的背后（"我儿，神必自己预备作燔祭的羔羊。"[《创世纪》22: 8；参见 FT 139]）。（4）并没有与亚伯拉罕的情况形成精确的对应关系，但在这样一种意义上仍然是相关的：正如四个附属于亚伯拉罕的故事中的第二个故事所阐明的，亚伯拉罕所冒的风险并不仅仅是让以撒的生命存活下来。请回想在其中的三个故事里，以撒都存活了下来，但没有一个故事是信仰的例证，因为在第二个故事中，亚伯拉罕由于这次严酷的考验而"不再看见喜悦"（FT 46）；在第三个故事中，亚伯拉罕责备自己违背了他对儿子的义务，他认为自己已经不可被宽恕；在第四个故事中，亚伯拉罕在绝望中抽出了他的刀子，而以撒失去了他的信仰（FT 47-48）。

第（5）点似乎合理地描述了在亚伯拉罕消除绝望的希望背后所可能持有的想法。正是这一点（特别是用楷体字表示的那段文字）让亚伯拉罕能够在看着"某种特殊的事物"的那个对立面时，带着一种灵活的态度说，"这种情况肯定不会发生，或即便会发生，主也会给我一个新的以撒，也就是说，凭借着荒谬而做到这一点"（FT139）。这确实是对那种利尔所说的"极端的希望"所做的一个声明。而（6）类似于"重新得到以撒"的见解，达文波特将之描述为"一种末世的可能性，其中我们能够拥有的仅仅是信仰"。[1]我认为，我在这里论证的整体路线，同样与埃文斯的整体路线相一致，埃文斯将亚伯拉罕对上帝的信任视为一种对于"上帝将信守他

1 Davenport 2008a: 220.

190

许下的诺言"的确信——尽管并不知道上帝将以何种方式来做到这一点。[1]

利尔的结论是，普伦蒂·科普斯的希望在很大程度上是一种非凡的成就，因为这种希望设法让他能够避免绝望。[2]我们可以补充说，亚伯拉罕也同样如此。但正如我们在先前所强调的，希望变得极端的原因是，"它指向了一种未来的善，而这种善超越了人们当前理解它的能力"。[3]因此利尔得出的结论是，"就伦理对生命的探究而言，希望在一个人理解力的地平线上就成为了一种决定性的事物"。[4]

既然如此，倘若亚伯拉罕的希望是某种类似于利尔所说的"极端的"事物，那么这就让我们能够看到，那种想要"重新得到以撒"的希望，并不是克尔凯郭尔在"信仰的期待"中谴责的那种意义上的"某种特殊的事物"。利尔讨论了普伦蒂·科普斯所采纳

---

1 参见 Evans 2006: xviii。请注意，这种解读并没有让我们承诺于如下这个想法：亚伯拉罕持有两种彼此矛盾的信念（他会献祭以撒与他不会献祭以撒）——我在第3章中极力避免做出这样的解释。这种解读也没有将亚伯拉罕描述为已经意识到了上帝真实的意图，它并不认为亚伯拉罕是在虚张声势。相反，正如埃文斯所言，"亚伯拉罕只不过坚定地依靠他对上帝的善的信任；他相信上帝会信守他的诺言，虽然他全然不知道上帝将怎么做到这一点，亚伯拉罕意识到，从人类经验的视角来看，这是不可能做到的"。（Evans 2006: xix，我为了强调而改变了某些引文的字体）我想要在这里提出的见解是，通过利用利尔的"极端的希望"这个概念，我们就不仅能够解释那句用楷体字显示的话语，而且还能够表明，亚伯拉罕的希望要比它最初的表述方式可能给人留下的印象更为极端。

2 Lear 2006: 100.

3 Lear 2006: 103.

4 Lear 2006: 105.

的这样一种方式，通过这种方式，他就能够"在一个人们无法以清晰而又系统的方式形成希望的时代里"，给予他的人民"一种希望的根基。普伦蒂·科普斯的梦使克劳族人寄予了这样一种希望：倘若他们追随了山雀族的智慧（无论这最终会意味着什么），他们就将存活下来（无论这最终会意味着什么），并将紧紧地控制住他们的土地（无论这最终会意味着什么）"。[1]类似地，我认为，亚伯拉罕对上帝的信仰让他能够相信，一切都会平安无事（无论这最终会意味着什么），他将在此生中重新得到以撒（无论这最终会意味着什么）。以这种方式，他的信仰就不是在成问题的意义上的"某种特殊的事物"。

另一方面，这并不是韦斯特法尔在对克瑞夏科（Krishek）与克伦贝格尔（Kellenberger）提出批评意见的过程中，试图与依据《圣经》的信仰相区分的那种"对神圣天意的一般的、模糊的与自然神论的信仰"。[2]韦斯特法尔断言，"依据《圣经》的信仰对于那些追随亚伯拉罕的人所做的应许是具体的与特定的，无可否认，这种应许针对的并非单独的个体，但考虑到这种应许是通过上帝与之交谈的那个人的神圣启示做出的，它们就拥有一种相当确定的内容"。[3]

我们以上的讨论表明，在谈论那些具有"相当确定内容"的应许时，成问题的究竟是什么东西。关键的对比并不是特定的"依

1　Lear 2006: 141.

2　Westphal 2014: 77.

3　Westphal 2014: 77.

据《圣经》的信仰"与抽象的或一般的"自然神论的信仰"之间的对比。在我们已经概述的有关"极端的希望"的见解中并没有任何与《圣经》不符的东西。事实上，约翰·麦奎利（John Macquarrie）专门对于《旧约》和《新约》中的希望提出了一个类似的看法。特别是在讨论亚伯拉罕的过程中，麦奎利做出的评论是，人类的许诺倾向于"足够明确"，以便于知道他们是否会信守诺言。但他补充说，

> 当我们考虑上帝的应许时，似乎就没有这样简单的有效标准。上帝的基本应许是给予我们更为丰富的生活。但我们无法预先具体说明这种生活的条件。恰恰只有通过展示历史与真正深刻理解人类的生活，我们才能表明这种应许是否得以实现。这有可能恰恰意味着，这种应许的实现方式，不同于我们曾经期待的方式，因为我们的期待或许仅仅是依据我们在那个时刻之前的经验而形成的，而这个应许的实现或许会随之带来某种崭新的事物。[1]

韦斯特法尔在他论著的前面那部分似乎也承认了某种类似的观点，他在那里注意到了给予亚伯拉罕的诸多应许（与命令）的各种不确定性。他提到了亚伯拉罕"确信上帝一直致力于某种美好的事物"；要求"迁移到某个尚未明确的地方"的命令；他"甚至不

---

1 Macquarrie 1978: 53. 关于这一点可能以何种方式在捆绑以撒的情况下发挥作用的更多论述，参见 Levenson 2012: 84-85。

知道［对于以撒的］那个祝福将以何种方式来实现"；亚伯拉罕需要"信任上帝将按照他自己的时间与他自己的方式来实现那个应许，无论这可能是在什么时候、以何种方式来实现的"。[1]这些例证本身就暗示了麦奎利的那个论断的真实性。克尔凯郭尔在"信仰的期待"中断言，对于"某种特殊的事物"的希望，并不是一种完全符合《圣经》的信仰，这恰恰是因为对于上帝的应许来说，存在着大量无法确定的东西。[2]

让我们简要地回顾"爱期待一切"，以便于进一步暗示，希望如何像那种与末世的信任有关的解读那样，在相同的普遍性层面上发挥作用。我们被告知，爱自身承担了希望的工作（WL 248）；希望没有爱，就什么也不是（WL 259）。"希望一切""永恒地"显示了通过谈论"始终"希望而暂时表达出来的东西（WL 249）。但"永恒事物"带来的帮助，被进一步等同于美好事物的可能性所带来的帮助（WL 250）——它们恰恰是在我们利用达文波特与利尔所描述的那同一种普遍性层面上表现出来的。[3]任何并不涉及"永恒事物"的东西——也就是说，并不涉及善的可能性——就不是

---

1 Westphal 2014: 28-29，我为了强调而改变了某些引文的字体。

2 需要对这个观点做出的补充是，请注意诺里奇的朱利安的这段著名的话语（"一切都会平安无事，而且世间万物都会平安无事。"）出现于她对基督的一次特定现身的论断之中（Julian of Norwich 1996: 48）。

3 克尔凯郭尔在这里试图通过想象自己处于亚伯拉罕的处境之中来谈论一种可能性，人们可以在这种可能性中看到某种具有"无限脆弱性"（WL 251）的东西。那场希望与绝望之间的对话（WL 254）也可以被解读为一种在心灵中发生的捆绑以撒。附属于亚伯拉罕的故事的第四个主人公——可能也包括第二个主人公？——或许已经聆听了太多的绝望。

真正的希望（WL 251），而这可以按照一种现世的方式来表达，即"一个人的整个人生都应当是一段有所希望的时光"（WL 252）。[1]这就是亚伯拉罕所体现的东西，因为他并没有落入怀疑的陷阱。

在这一节的最后一部分，我想要简要地论述亚伯拉罕的希望分别与勇气和谦卑形成的某种关系，以便于阐明亚伯拉罕的那种"悖论性的谦卑的勇气"（FT 77）。[2]

希望与勇气的关系

对于利尔来说，极端的希望在一种勇敢的生活中发挥了至关重要的作用。但与我们迄今已经说过的情况相一致的是，克劳族人关于勇气的概念也不得不发生变化。因此，对于我们的目的来说，利尔提出的如下观点就具备了一种更为普遍的旨趣：

> 在一种文化关于勇气的厚概念中，是否有可能存在某种程度上的可塑性？也就是说，在一个人成长的文化背景中，存在着一种对勇气的传统的理解，这个人是否有可能通过某些方式来利用自己的内在资源，拓展他对勇气可能形成的理解呢？在这种情况下，一个人或许会以这个文化对于勇气的厚概念来作为出发点；但这个人会以某种方式让这个概念**变得稀薄起来**：这个人将找到各种方法来勇敢地面对陈旧的厚

193

---

1 这也通过预言家安娜（Anna）的例证得到了阐释，克尔凯郭尔在"期待中的忍耐"这个讲演中详细地讨论了这个例证。

2 约翰尼斯在这里断定，只有信仰的勇气才是谦卑的。约翰尼斯后来对"谦卑的勇气"所做的一次讨论，参见SUD 85-86。

概念永远无法想象的处境。[1]

因此我认为，正是通过这种希望，亚伯拉罕表现了他的部分信仰。也就是说，他找到了各种方法来做出这样的希望，这种希望超出了他起初对于上帝应许的理解。对于上帝通过以撒向他做出的应许，亚伯拉罕开始形成一种相对清晰的想法。但对他的这次"考验"对这种期待做出了挑战。考虑亚伯拉罕处境的一种方式是，他面对着如下的两难困境。他是否放弃了这种希望（或许他是按照附属于亚伯拉罕的故事中的某些主人公的方式来这么做的）？或者他是否将极端的希望（正如上文的概述：极端的希望是一种超越了他的理解的希望）置于中心的位置，并以这种方式保留了他对上帝的信仰？事实上，亚伯拉罕就是以后面这种方式来应对这个两难困境的，而这就是约翰尼斯将他描述为信仰典范的关键所在。

阐明希望与勇气的这种关系的最佳方式，或许是考虑为什么我们要将勇气作为一种美德。利尔的回答是，因为这是对"我们是一种具有情欲的有限受造物"这个事实的一种卓越的回应方式："我们在渴求、憧憬与羡慕中将自己的双手伸向这个世界，我们渴望得到的是那些被我们视为宝贵的、美好的与善良的东西（不管我们在这方面犯下了什么错误）。"[2]就其本身而言，"我们恰恰由于生存在这个世界之中而承担了各种风险"[3]。我们在这里应当注意到，

1　Lear 2006: 65.

2　Lear 2006: 119-120.

3　Lear 2006: 120.

我们栖居于这个世界之中，而这就意味着：

> 一个世界并不仅仅是一种我们在其中四处活动的环境；对于这个世界，我们缺乏无所不能的控制权，对于这个世界，我们或许会在诸多重要的方面做出错误的认识，**这个世界或许会侵犯我们，这个世界或许会超越我们试图用来理解它的那些概念**。因此，生活在这个世界之中这件事本身，就拥有一种不可避免的内在风险。[1]

这肯定就是亚伯拉罕学到的某种教训，正如约翰尼斯·克利马克斯以著名的方式对我们的提醒所表明的，没有风险，就没有信仰。然而，克尔凯郭尔对此提出的更积极的说法是，"一个人倘若依靠上帝，他就敢于冒险去做一切"（EUD 369）。所有这一切与勇气的相关性是在最薄弱意义上的相关性，利尔认为，勇气是"一种在不可避免地伴随着人类生存的诸多风险下好好活着的能力"[2]。

关键是要强调，这些风险与我们的有限性密不可分，这反过来又影响了我们这样的受造物对于美好生活的设想。换句话说，善"超越了我们去把握它的有限能力"[3]。事实上，"作为一种有限的受造物，我们缺乏对自身的理解，说也奇怪，我们似乎会不恰当地认为，与这个世界有关的善，已经为我们对于这个世界的当下理解所

194

1　Lear 2006: 120.

2　Lear 2006: 121.

3　Lear 2006: 121.

穷尽"[1]。认识到这种有限性与对上帝的依赖性——并在面对这种认识时体现出极端的希望——这也是约翰尼斯将亚伯拉罕描述为典范的一个重要原因。在"反对怯懦"这篇讲演中,"信仰的勇气"被描述为一个人所承认的自己对于上帝的完全依赖性,克尔凯郭尔在这里所使用的语言,让我们想起了《恐惧与颤栗》所提到的"信仰的骑士":"任何人都不应当害怕将自己托付给上帝,不应当认为这种关系会从他那里剥夺掉他的力量而使他变得怯懦。恰恰相反,对于任何一个人来说,倘若上帝没有用他强有力的手来把他封为骑士,那么他在自己灵魂的最深处是并且继续是怯懦的。"(EUD 352-353)[2]

希望与谦卑的关系

那么,为什么亚伯拉罕的勇气是"谦卑的"呢?对此的完整答案已经超出了这个讨论的范围,但让我对这个答案提供一种临时性的概述。一个初步的解答或许是,勇气与谦卑之间的这种关系是你会预料到的东西,考虑到在"反对怯懦"中,克尔凯郭尔将怯懦等同于骄傲:"怯懦与骄傲完全是同一样东西。"(EUD 354)在这篇讲演中,骄傲者被描述为这样一种人,他不仅与上帝斗争,而且想要用他自己的力量来从事这种斗争(EUD 354)。但他的这种做法肯定是错误的,因为这种人需要其他人的支持。克尔凯郭

---

1 Lear 2006: 122.

2 感谢亚当·佩尔塞(Adam Pelser)让我想到了这一点。关于将信仰的勇气当作接纳性、(在某种意义上的)被动性、心胸开阔的与女性化的理解,参见Carlisle 2010: 198-199。

尔说，上帝会向他展示他的孤独是一种幻觉，而这是他不能忍受的（EUD 355）。不过，相较之下，对于约翰尼斯来说，亚伯拉罕不仅在对他的考验中真正是孤独的（不同于"悲剧英雄"），而且亚伯拉罕还承认了他对于上帝的绝对依赖性。然而，亚伯拉罕与普伦蒂·科普斯之间进一步还有一个相似之处，这个相似之处或许对我们有帮助。在普伦蒂·科普斯的勇气中，"这个人无法看到位于自己受限于历史的理解范围之外的含义。他没有断定自己已经领悟了那种不可言喻的真理。事实上，这种形式的信奉是令人印象深刻的，这部分是由于它承认，任何对此的领悟都是不可能的"。[1]然而，普伦蒂·科普斯与亚伯拉罕都信奉"一种超越了他们理解的善"[2]。这是"一种具有独特形式的希望……一种对于复活的希望：对于重新获得生命的希望，但实现这种希望的方式迄今仍然是无法理解的"[3]。相较于傲慢，这种形式的信奉更类似于谦卑——特别是当这种信奉与上文强调的对上帝的依赖相结合的时候。换句话说，对于可能表现为亚伯拉罕的傲慢的东西——作为单独的个体站在普遍事物之上；在没有与撒拉讨论这个问题的情况下就前往摩利亚山——倘若人们通过亚伯拉罕在上帝面前的谦卑这面透镜来审视这些东西，就可以得出不同的看法，就可以看到亚伯拉罕的开放态度，以及他在信仰、信任与希望中情愿将整个处境都移交给上帝的

1　Lear 2006: 95. 在这里请比较克尔凯郭尔在1850年的一则日记中做出的如下评论："荒谬的概念想要把握的恰恰是它不仅没有能力把握，而且也必定无法把握的事实。"（JP 1: 7）

2　Lear 2006: 95.

3　Lear 2006: 95.

意愿。

让我们扼要地重述要点。在这一节中，我已经做出的论证是，以"信仰的期待"作为解读的背景，人们就能发现许多证据来支持那种根据"作为末世信任的信仰"而对《恐惧与颤栗》做出的解读，而这种解读是达文波特根据先前的解释发展而成的。对这个立场可能做出的两种异议——关于"结果"的异议与关于"某种特殊事物"的异议——都能被抵御。我还强调了这样一种理解所具有的优势，它将亚伯拉罕的希望视为某种类似利尔意义上的极端的希望，这种焦点也在某种程度上阐明了约翰尼斯会断定亚伯拉罕表现了一种"谦卑的勇气"的原因。对于亚伯拉罕的希望的重要性，人们如今应当给予更多的关注，而这尤其是因为亚伯拉罕为克尔凯郭尔的如下论断充当了一个显著的例证：只要存有使命，就存有希望（UDVS 276–277）。

最后，我们可以补充说，我们在先前的某些解释中提出的那个关于《创世纪》第22章的特定故事的重要性问题，已经被这个解读设法解决了。正如达文波特所言，"将捆绑以撒与其他末世故事相区分的是这个故事的要素具有非同寻常的本质，它让神实现自身诺言的方式变得荒谬，人类的力量与理性无法理解这种本质……在捆绑以撒中，恰恰是上帝自己下达的牺牲以撒的命令，成为了一种让人类无法保护以撒生命与拯救以撒后代的障碍"[1]。通过援引克尔凯郭尔的以下这段评论：亚伯拉罕的可怕困境是"上帝的这个命令与那个命令之间的"（而不是"上帝的命令与人的命令之间

196

1　Davenport 2008a: 206.

的"）冲突（JP 1: 908），达文波特提醒我们注意到，除了下达做出牺牲的命令之外，"上帝还命令亚伯拉罕爱以撒并信任他最初做出的应许"[1]。正是这种"特别的复杂性"[2]，将它的重要意义赋予了《创世纪》第22章中的这个故事。

本章还有最后一个任务。包括达文波特与韦斯特法尔在内的许多学者都抵制那些旨在"基督教化"亚伯拉罕的解读。倘若这些学者的意思是，《恐惧与颤栗》仅仅把捆绑以撒视为赎罪（Atonement）的一个先驱（我在下一节中将对此做出更多论述）[3]，那么我会赞同这些学者。但这并不意味着对这个文本的某些与基督教有关的特殊解释不值得人们去考虑，它们构成了格林意义上的另一个解读该文本的"层面"。我们现在就要转向这个解释《恐惧与颤栗》的传统。

---

1 Davenport 2008a: 207.

2 Davenport 2008a: 207.

3 这或许是韦斯特法尔的目标，并且肯定是达文波特的目标。后者反对格林的理由是，格林"不合情理地"补充说，"基督教的救赎是克尔凯郭尔打算纳入其生存信仰概念的唯一一种救世神学"（Davenport 2008a: 222，我为了强调而改变了某些引文的字体）。

《恐惧与颤栗》隐藏的基督性

正如我们已经注意到的，在基督教的传统中，亚伯拉罕具有公义与信仰之典范的特殊地位。再加上克尔凯郭尔自己对基督教的信奉，因此毫不奇怪的是，某些注释者在《恐惧与颤栗》中确定无疑地看到了基督教的信息。他们断定，这本书论述的相关主题是基督教关于罪、恩典与宽恕的教诲。他们不仅以略有不同的方式做出这个论断，而且他们做出论断的详细程度也有所不同。我们在接下来的内容中将考虑三个这样的注释者。

做出这种论断的其中一个注释者是路易斯·麦基（Louis Mackey）。[1]麦基断言，这本书所传达信息的关键部分是，"无论约翰尼斯对亚伯拉罕说了什么，它们都可以通过隐晦的方式为基督教的信徒所理解……亚伯拉罕是'信仰之父'，因为他是一种预示了《新约》信仰的信仰类型或信仰形象"[2]。麦基提醒我们想到，在

1　Mackey 1972.

2　Mackey 1972: 421-422.

基督教存在已久的传统中，圣典可以按照三个不同的层面来做出解释：文学的层面、寓意的层面、神秘解释的层面（凭借着神秘的解释，《旧约》的主题预示了《新约》的主题）。在下一章中，我们将回过头来考察约翰尼斯或许过度强调字面意思的解释层面可能蕴含的重要意义（在这里请回想约翰尼斯对教士的谴责以及他对《路加福音》那段有关一个人憎恨自己父母的文字的讨论）。尽管麦基自己并没有注意到这种批评，但我们可以说，根据麦基的解读，约翰尼斯并没有按照他自己宣扬的方式来对亚伯拉罕做出解释，因为约翰尼斯的焦点实际上是被麦基相当具有误导性地称为"道德维度"的东西。麦基隐含的假设恰恰是，"亚伯拉罕的信仰是基督徒必定会将之作为自己信仰典范的那种模式……亚伯拉罕就是信仰的典范"[1]。麦基做出了如下的论断：

> 亚伯拉罕……确实做出了解释，他作为一个人物解释了他是一个什么样的人物，这个人的困境是，伦理永远为罪所悬置，而凭借着荒谬，这个人被给予了有关宽恕恩典的应许。在这样的信仰骑士——基督教的信徒——之中，当亚伯拉罕试图过一种给予他的崭新生活，而这种生活已经超出了罪过与谴责的尽头时，亚伯拉罕的这种悖论就将重复自身。[2]

这段话究竟意味着什么，麦基如何会想到这样的理解？

---

1 Mackey 1972: 423.

2 Mackey 1972: 426.

为了充实对这个问题的解答，我将进一步转向两位注释者：格林与斯蒂芬·穆尔霍尔（Stephen Mulhall）。这两位注释者分别以不同的方式支持了约翰尼斯处理亚伯拉罕故事时所表现的那种神秘解释的维度。但在详细地考察他们的解读之前，有必要指出克尔凯郭尔的一个核心关切。

克尔凯郭尔对于"基督教世界"（Christendom，他用这个术语指的是基督教的一种混乱形式，在他看来，在他四周到处存在的就是这种形式的基督教）提出的一个基本问题是，它对于自身概念（如罪、启示与救赎）的遗忘。在《哲学片断》中，约翰尼斯·克利马克斯的目标是澄清基督教的启示概念的"语法"，并且表明，一种将罪、救赎和启示作为它的特征的世界观是如何有别于各种被克利马克斯标记为"苏格拉底式的"世界观的。这两种世界观的基本区别如下。根据"苏格拉底式的"世界观，我们需要的真理普遍存在于我们"之中"：无论可以获得的"拯救"是什么，我们都可以独自为了自己而实现这种拯救。然而，根据基督教的观点，我们有罪的状态以一种基本而又彻底的方式，将我们和上帝分开。如此理解的罪是这样一种状态，它的特征可以被描绘为不服从上帝与疏远上帝。由于这种分离的本质，倘若有可能实现救赎，那么上帝必定干预了人类的历史。基督徒声称，当圣父化身为耶稣基督，通过遭受死刑的折磨而拯救这个世界的罪恶，并在死后复活时所发生的就是这种情况（"基督殉难事件"）。

克尔凯郭尔的一个持久主题是，在"基督教世界"中许多假冒基督教（与自认为是基督教）的东西，实际上更接近于某种苏格拉底主义。基督教世界充斥着一种忘记了基督教的诸多基本论断的

198

宗教混乱。[1]此外，克尔凯郭尔所继承的路德宗新教遗产则意味着，他对于"个体如何能从原罪中获得拯救"这个问题的解答，基本上是根据神的恩典做出的。我们已经注意到，在基督教中有一个解读亚伯拉罕故事的古老传统，它的解读方式是将这个故事比拟为基督教的真理。根据这种解读，首先也是最明显的要点是以下这个事实的重要性：以撒是亚伯拉罕的儿子。这预示了基督的救赎，其中圣父准备牺牲圣子（基督）来拯救人类。因此根据这种基督教的解读，《恐惧与颤栗》所传递的核心信息如下。上帝超越了伦理的普通标准（而作为罪人，我们则应当接受这种伦理标准的束缚），上帝通过做出这种"伦理的目的论悬置"，通过牺牲他的儿子（或更确切地说，牺牲作为圣子的自身）来拯救人类。一种"自然的"正义感暗示，倘若人类处于有罪的状态，那么我们就不应当得到救赎。但正如亚伯拉罕做出了对于伦理的目的论悬置，以此类推，上帝为了服务于更高的目的，也能对他的正义（这可以被理解为"伦理"）做出目的论悬置：这个更高的目的就是他对人类的爱。简单

1　当然，这种混乱并不仅仅局限于克尔凯郭尔的时代。英国的一个较为新近的例证是，围绕着英格兰足球经理格伦·霍德尔（Glenn Hoddle）在1999年的辞职而产生的公众骚乱。霍德尔自称为"重生的基督徒"，他实际上是由于自己做出了某些不明智的评论，而在负面公共环境的压力下被迫宣布辞职的，那些评论的大意是，残疾人是在弥补他们前世犯下的罪行。值得注意的是，所有群众都将自己的注意力放到了这个争论的周围环境上，但似乎没有人指出这个"重生"的基督徒明显承认的转世再生的信念中的固有混乱。由于提到了这个与足球有关的宗教混乱，这就让我不可避免地提到大卫·贝克汉姆（David Beckham）在他的儿子布鲁克林（Brooklyn）出生之后做出的评论：他想要为这个男孩洗礼，但"我还不确定要到哪个宗教去施行洗礼"。

地说，基督徒断定，实际发生过这种情况。

根据这种解读，约翰尼斯是一个并没有理解他所传达的信息的信使。请注意，根据这种理解，伦理的目的论悬置恰如达文波特的解读所表明的那样，并不是诸多传统解读所假定的东西（亚伯拉罕想要献祭以撒的意愿）。相反，关键是爱人类的上帝想要"悬置"正义感的意愿，而根据那种正义感，罪人应当由于他们的罪过而接受惩罚。这种基督教的信息是，爱人类的上帝能够超越这种"自然的"正义感。[1]

此外，这对于信徒与伦理要求的关系还有一个重要的影响。恩典以一种微妙而又重要的方式改变了一个人与伦理要求的关系。一个人在何种程度上符合伦理要求，这已经不再成为衡量一个人的自我接纳的最终标准。在恩典中生活需要的是那种被约翰·惠特克（John Whittaker）称为"不顾作为自我价值标准的道德规则"的态度。[2]这并不意味着伦理不再重要——它并没有欣然采纳非道德或无道德的立场——但对于一个人的自我接纳来说，最终的关键是被上帝接纳，而不是将这个人服从道德法则作为最终的接纳标准。正如关于《恐惧与颤栗》的一次新近讨论的某个促成者所声称的，

1　格林暗示，这改变了《恐惧与颤栗》的那种传记性维度的重要性。倘若这种传统基督教有关恩典与宽恕的信息就是这本书真正要传达的信息，那么这种"隐秘信息"意在传达的对象就不是雷吉娜，而是克尔凯郭尔已经死去的父亲的精神，"以及所有那些像他那样为罪的问题所折磨的人"（Green 1993: 203）。对于这种非同寻常的"传记性"解读（我发现其中的某些解读相当独出心裁）的更多论述，参见Green 1992: 198-200。

2　Whittaker 2000: 201.

199

"每当上帝宽恕我们时，或许都存在着一种伦理的目的论悬置。恩典是这样一种可能性，上帝在这种可能性中并非仅仅是用伦理的方式来审视我们"[1]。埃文斯将之描述为"在一种崭新解释中的道德"，其中，一个人的动机并不是"独立自主地去努力实现自己的理想，而是感恩地去表达那种作为被接受馈赠的自我"。[2]

对此的一个显而易见的反对理由是，我们已经看到，约翰尼斯如此热衷于强调亚伯拉罕的"忧惧"，而这种"忧惧"并没有出现于这种解读所呈现的那幅图景之中。但人们或许过于仓促地给出了这样一个反对理由。倘若亚伯拉罕代表的是圣父，亚伯拉罕的忧惧是这个故事的核心内容，那么这实际上揭示了《恐惧与颤栗》的基督教解释的第二个关键特征。亚伯拉罕（可以被解读为圣父）的忧惧让人们注意到了这样一个基督教的论断：圣父与他的受造物一起受苦——许多人认为，任何对"恶的问题"所做的恰当解答都会包含这个见解。[3] 此外，根据这个角度，我们也可以看出约翰尼斯的如下这个论断所隐藏的意思："在亚伯拉罕的生命中，没有什么伦理的表达能比'父亲应当爱儿子'更高。"（FT 88）

除了克尔凯郭尔的基督教信仰与那种按照类比的方式解读亚伯拉罕故事的漫长传统之外，是否还有充分的理由来支持对这个文本所做的这种基督教解读？在这个文本自身之中是否存在任何东西引导我们认为，神的恩典与宽恕是这本书传达的"隐秘信息"？

1　Phillips 2000: 126. 那里并没有指出，那个发出了这种特殊"声音"的人究竟是谁。

2　Evans 1993: 26.

3　就这一点而言，参见Moltmann 1974。

某些人在这本书的那个标题中发现了这样一条线索。人们或
许会自然地将"恐惧与颤栗"理解为亚伯拉罕在被告知要献祭以撒
时发现自己所处的状态。但正如我们在第1章中就已经注意到的，
这种措辞也在保罗致腓立比教会的书信中有所使用："这样看来，
我亲爱的弟兄你们既是常顺服的……就当恐惧颤栗，努力成就你们
得救的事。因为你们立志行事，都是神在你们心里动工，要成就他
的美意。"[1]

格林将他的注意力转向了这段话，但我们有必要比他做出更
多的论述。[2]在新教的传统中，"实现"一个人的救赎通常并不会被
理解为"为了实现救赎而做工"的意思（这种意思似乎倡导的是一
种关于"做工"的教义，而不是一种关于"恩典"的教义），而是
会被理解为对基督徒由于上帝之恩典而拥有的救赎的表现或表达。
在一则著名的日记条目中，克尔凯郭尔提到，基督徒"[在'学会
谦卑'的意义上]"拥有"无限的谦卑与恩典，接下来他才出于
感恩而努力奋斗"（JP 1 993，我为了强调而改变了某些引文的字
体）。这个挑战是，要让自己过一种配得上基督徒这个新"身份"
的生活。渴求并执行上帝的意志是一件让人"恐惧与颤栗"的事，
这部分是因为对于一个开始沿着这条路前进的人来说，他或许会做
出许多必要的牺牲。[3]但在这里的总体相关点是，在"恐惧与颤栗"

1　Philippians 2:12-13.

2　Green 1993: 200-201.

3　在他的后期作品中，克尔凯郭尔继续不遗余力地强调，苦难卷入了基督徒的生活
　　之中。例如，参见《你要自己做出判断！》（*Judge for Yourself!*）以及许多在"模仿"
　　（imitation）名义下的日记条目（JP 2: 1833-1940）。

这个措辞与基督教关于救赎的应许之间的这种明确关系。

正如我们在第5章中就已经提到的，格林也将他的注意力转向了疑问III有关阿格妮特与男人鱼的讨论所明确提到的罪。我们在那里注意到了格林的如下论断："亚伯拉罕［他的沉默是"神圣的"］与男人鱼［他的沉默是"魔性的"］是极其相似的人物，是对同一个问题的正面与反面的表达。这两个人物都悬置了伦理，一个通过服从，另一个则通过罪，两者都只有通过一种对上帝的超越了伦理的直接关系才能获得拯救。"[1]鉴于格林断定，这种"关于罪的探讨并不是偶然发生的离题论述，而是通向《恐惧与颤栗》最深刻关切的一扇窗户"[2]，那就让我们在这里回想约翰尼斯在那个地方真正说了一些什么。

事实上，值得引用的是这整段论述罪的文字。约翰尼斯考虑的这种可能性是，男人鱼通过与阿格妮特结婚而"得到了拯救，因为他在这时变得公开"。

201　　　　然而，他仍然必须要诉诸这个悖论。因为当这个个体通过他自己的过错而到了"普遍事物"之外的时候，他就只有凭借作为特殊者进入与绝对事物的绝对关系，才能够返回普遍的事物。我在这里将插入一个评论，相较于我在前面说过的任何一点，这个评论能让我们走得更远。★罪并不是最初的直接性，罪是一种后来的直接性。在罪中，这个个体已

1　Green 1993: 202.

2　Green 1993: 202.

经依据那魔性的悖论而高于普遍的事物，因为正是普遍事物所表现出的一个矛盾，想要将自身强加于某个缺乏必要条件［conditio sine qua non］的人。倘若哲学在做其他别出心裁的事情时还会想象，某个人或许真正想要在实践中遵循它的命令，那么就会呈现出一幕古怪的喜剧。一种无视罪的伦理是一门完全无效的学科，不过一旦它将罪视为理所当然，它就会因此［eo ipso］而超出了它自身。

★直到这里为止，我都谨慎地避免了所有对于"罪及其现实性"这个问题的思考。一切都以亚伯拉罕为中心，至少在我可以理解他的范围内，他仍然能够触及直接性的范畴。不过一旦罪出现了，伦理就恰恰在懊悔的问题上遭遇失败。懊悔是伦理最高的表现，而正是由于这个原因，懊悔也是伦理最深刻的自相矛盾。

（FT 124）

约翰尼斯在这里说的是什么？格林对于这段文字做出了某些具有启发性的评论。[1]第一，在他看来，这里提到的罪是第二种直接性，而不是第一种直接性，这种直接性批评了黑格尔将罪与特殊性关联起来的做法。根据黑格尔的观点，"罪是'第一种直接性'，因为罪自身显明了与个体性（"孤立的主体性"）有关的事实，它

---

1 格林对这个问题的处理是将之置于这样一个语境之中，他试图在其中证明，康德对克尔凯郭尔的影响要远比人们通常所承认的更为巨大。相关的完整讨论，参见 Green 1992: 190-197。

只有在与伦理的要求相遇时才能得到补救"[1]。而根据克尔凯郭尔的观点，"罪遵循道德法则，它假定了对于道德法则的完整理解并且对道德法则做出了承诺"，正是在这种意义上，罪是"第二种直接性"。[2]第二，为什么哲学会认为，"某个人或许真正想要在实践中遵循它的命令"，而这就导致了"一幕古怪的喜剧"？格林对此的解答是，"这种想法的唯一结果或许是一种对于罪的意识"[3]。换句话说，"对道德原则的严格理解仅仅有助于强调，一个个体完全按照这些原则行动的巨大困难乃至不可能性"[4]。这就可以帮助我们理解上面这段引文中的第三个与第四个要点：在何种意义上，一种忽视罪的伦理是"无效的"——以及倘若它承认罪，这种伦理必定会以何种方式"超出了它自身"。这个双管齐下的论断可以按照如下方式来进行剖析。第一，忽视罪是"无效的"，因为始终遵循道德法则的要求是不可能做到的。[5]（我们可以回想起疑问 I 在某处主张，伦理适用于"一切时间"。）倘若始终遵循这样的要求实际上是不可能做到的，那么我们就"迷失"了。也就是说，只要"道德法则是我们精神命运的最终的和至高的仲裁者"，罪的问题就不可能被克服。[6]不过第二，假定"最终还存在这样一种可能性，道德审判

1　Green 1993: 193.

2　Green 1993: 193.

3　Green 1993: 194.

4　Green 1993: 194.

5　约翰·黑尔（John Hare）在这里谈到了"道德的差距"（1996）。

6　Green 1992: 195.

来自一种比我们更高的权威，他宽恕并暂停了我们应得的惩罚"[1]。也就是说，假定存在一种"超出了它自身"的伦理。正如我们在上文就已经有所暗示的，这就是基督教传递的关于一个富有爱心的上帝的信息，他通过神的恩典悬置了一种"自然的"正义感并宽恕了罪。

格林指出，克利马克斯在他的"当代丹麦文学成果之一瞥"（他在《附言》中对克尔凯郭尔作品的评论）中对《恐惧与颤栗》的评论，对这个文本的重要性所提供的解释，指向了一种与基督教有关的解读。如下这段文字确实具有启发性：

> 伦理的目的论悬置必定拥有一种更为明确的宗教性表达。伦理连同它无限的要求存在于每个瞬间，但个体没有能力实现它。个体的这种无能为力不可被理解为在实现理想的不懈努力中的一种不完美，因为那样的话，这种悬置就无法被设定，就好像某个管理办公室的人行事平庸而被停职一样。这里所说的悬置在于，个体发现自己处于一种恰恰与伦理的要求相对立的状态之中。
>
> （CUP 266-267）

我们已经讨论过的解释与这段文字的共鸣是显而易见的。这种"恰恰与伦理的要求相对立的状态"就是罪，克利马克斯对此做出了这样的论断：罪是"宗教生存的决断性的起点"（CUP 268）。

1　Green 1992: 196.

203

此外，罪"不是在另一种事物秩序之中的一个因素，它本身就是宗教性的事物秩序的开端"（CUP 268）。对此产生回响的观念是，一种将罪（和宽恕）置于自身中心的伦理，就与那些按照其他方式构想的伦理发生了彻底的决裂：这种伦理是一种"超出了它自身的"伦理。

格林的结论是：

> 《恐惧与颤栗》是克尔凯郭尔的所有著述的一个导论或入门。通过在所有的意义层面上对它做出解读，就可以发现，《恐惧与颤栗》包含了基督教信仰与伦理学的诸多重要主题，而这些主题在随后的假名著作与许多宗教讲演中都有所呈现。《恐惧与颤栗》应当拥有克尔凯郭尔预言的那种名望……它是一种深刻的神学论述，这种论述坚定地扎根于圣保罗与路德的传统，而克尔凯郭尔也从属于这个传统。[1]

然而，某些注释者已经对这种基督教的寓意解读表示了怀疑。例如，吉恩·奥特卡（Gene Outka）在对格林做出的回应中提出，格林对于疑问 III 中那段关于罪和懊悔的文字做出了过多的解读，奥特卡认为，格林并没有对以下这些问题给出令人满意的解答：为什么有关罪的主题在疑问 III 之前的内容中都没有被明确提及；根据约翰尼斯的断定，既然这个主题并没有对亚伯拉罕做出解释，那

1　Green 1998: 278.

么为什么要给予这个主题如此重要的地位。[1]初看起来，这似乎是一种合情合理的反对理由。倘若这段简要的文字是人们发现可以用来支持一种基督教解读的仅有文本支持，那么这种基督教的解读就确实是相当薄弱的。尽管如此，正如我们马上就将看到的，斯蒂芬·穆尔霍尔已经对这个文本提供了一种基督教式的解读，这种解读不仅更加复杂详细，而且在我看来更加有趣迷人。[2]

穆尔霍尔也支持这种做出神秘解释的解读，但我认为，他对格林的解释做出了推进，而且他还对这个文本的某些附加内容做出了一种颇有吸引力的解释。首先请考虑穆尔霍尔对亚伯拉罕的某些话语所做的评论：亚伯拉罕曾经说过，"上帝将提供一头羔羊作为燔祭品"，而这种说法"拥有预见性的维度……它表明了亚伯拉罕不知道的东西"。[3]由于上帝实际上提供的是一头公羊，而不是一头羔羊，这个结果就证明，亚伯拉罕的预测在字面的意义上是假的，但在预言的意义上是真的，因为上帝最终提供的是救世主，"上帝的羔羊"。与此相关的是，"以撒毫不犹豫地服从他父亲的意志（他将献祭自己所需的木柴带往实施献祭的那个场所），这预示了基督对圣父的服从——从一种认为上帝要求我们做出牺牲的理解过渡到

204

1　Outka 1993: 212.

2　Mulhall 2001: 354-388.

3　Mulhall 2001: 379.

了一种认为上帝要求牺牲自己的理解"[1]。

（那种与末世的信任有关的解读或许回避了将亚伯拉罕的信仰描述成"积极分子"的信仰，因为在亚伯拉罕的信仰中存在着一种强烈的被动性——善于接纳的信任与希望。）

不过，这种进行神秘解释的解读究竟会以何种方式影响到"伦理的目的论悬置意味着什么"这个问题呢？穆尔霍尔做出了如下这个耐人寻味的暗示：

> 这种寓意的或类比的解读将对亚伯拉罕的这场严酷考验理解为对基督救赎的预示，倘若这种解读是正确的，那么我们就必定会拒斥这样的想法：上帝可以被理解为在要求某种牵扯到了谋杀的崇拜；对于成熟的信仰来说，这场严酷考验象征的恰恰是，从那种认为上帝渴望挥洒他人之血的上帝观，转向那种认为上帝愿意让自己流血的上帝观——与这种转变相关的不仅仅是要超越那种认为以撒这个人的牺牲为那头公羊的牺牲所替代的简单想法，而且还要超越那种认为上帝牺牲了一个人的所有物的想法，以便于支持牺牲自己的想法（通过诸多行动与态度来模仿上帝必定拥有的自我牺牲的

1　Mulhall 2001: 379-380. 关于以撒携带用来献祭自己的木柴的重要性，请比较德尔图良的以下说法："在他父亲为了献祭而交出以撒时，以撒亲自携带着这些木柴……他早在那个时代就已经预示了基督之死，圣父将基督作为牺牲品，交出了基督，而基督携带着由他自己的激情造就的木柴。"（Tertullian 1972: 3.18, 225, 转引自 Lee 2000: 383）

本质，一个人就可以成为上帝的化身）。[1]

因此，信仰所要求的并不是违背伦理义务，而是对伦理义务的转化。（这在某种范围内也符合达文波特的解读，因为他极力强调的是在生存领域中获得的进步的累积性。[2]）穆尔霍尔试图在这个文本中找到这个观点的根源，他注意到，约翰尼斯对"亚伯拉罕爱以撒"的重要性做出了评述。约翰尼斯断定，倘若在献祭的那一刻，亚伯拉罕恨以撒，那么"他就可以肯定，上帝不会要求他那么做；因为该隐与亚伯拉罕并不相同。他必定是用他全部的灵魂来爱着以撒。当上帝要求得到以撒时，亚伯拉罕必定爱着以撒，甚至可能爱得更为强烈，只有在这种情况下他才能够牺牲以撒"（FT 101）。也就是说，亚伯拉罕只能真正地放弃以撒——真正地牺牲以撒——倘若他真正认为这对他来说是最可怕的损失。穆尔霍尔在解读这段文字时说，"只有在一个人对自己儿子的爱是完美的时候，一种在这个人头脑中激励这个人杀死自己儿子的声音，才有可能是上帝的声音"[3]。在"这个人在生活中对以撒的依恋"[4]中若存在任何不纯粹的东西，那就会让这个人成为该隐，而不是亚伯拉罕，"会揭露这个人头脑中的声音来自恶魔"[5]。（我们或许会挑剔这种根据一个人"完美的"爱来描述"用［这个人的］全部灵魂"爱着某

205

1　Mulhall 2001: 383.

2　Davenport 2008a: 209–210.

3　Mulhall 2001: 384.

4　Mulhall 2001: 384.

5　Mulhall 2001: 384.

个人的做法，但穆尔霍尔已经明确指出，他用一个"在伦理上完善的存在者"这个措辞想要表达的意思是，"一个毫无例外地实现了伦理要求的人，他的灵魂不仅已经为伦理所渗透，而且以伦理为根据"，[1]而这表明他已经用同一些术语对在伦理上的完善做出了注释。）

所有这一切都意味着，倘若以撒代表的是伦理的要求，那么"只有一种在伦理上完美的存在者"（正如上文的注释所指的那种人）"才有可能处在这样的位置上做出如下判断：那种悬置伦理要求的冲动或许体现了神的命令"。[2]但谁才能满足这样的标准呢？这个问题让穆尔霍尔亲自讨论了阿格妮特与男人鱼以及那段有关罪的文字。考虑到我们在上面这段文字中已经表述过的见解，穆尔霍尔毫不意外地指出，倘若我们根据罪来思考我们自身，那么我们"就会完全失去'道德完善'这个想法"：我们对罪的懊悔不可能"完全消灭过去犯下的一系列不道德的行为，因为甚至过去最小的不轨行为都揭示了我们与绝对的善的完全不同，因而我们没有能力仅仅凭借我们自己的力量来让自己获得拯救"[3]。对于那种从根本上有可能实现的拯救来说，神的恩典是不可或缺的。能够悬置伦理的"道德完善的存在者"只有上帝本身。

因此根据这个解读与格林的解读，伦理的目的论悬置所传达的"隐秘信息"是，要为一种包含恩典在内的伦理观创造空间："承认我们有罪，这就意味着承认我们没有能力达到伦理领域的诸

1　Mulhall 2001: 384.

2　Mulhall 2001: 384–385.

3　Mulhall 2001: 386.

350

多要求；承认基督，这就意味着承认这些要求无论如何必定会在比我们自身更强大的力量的帮助下得到满足。"[1]

穆尔霍尔的这个版本的基督教解读有一个特别重要的特点，而我们应当让自己的注意力转向这个特点。在本章先前提出的对某些有关"神令伦理学"的解读的批评意见中，我们已经指出，倘若解读的关键在于上帝的话语应当优先于伦理，那么似乎就没有明显的理由来解释，为什么亚伯拉罕不应当完成这次将以撒作为牺牲品的献祭。换句话说，某些这样的解读让人们感到困惑的是上帝用公羊替代以撒并"取消"这次献祭的做法的重要意义。相对于格林的那个解读，穆尔霍尔的这个版本的基督教式解读的一个优势在于，它清晰地解释了这种做法的重要意义。正如我们已经看到的，穆尔霍尔先前已经做出了论断表明，对于这种基督教的视野来说，至关重要的是离开一种关于牺牲的图景，转而走向另一种关于牺牲的图景。那种将被取代的想法是，一个人应当将自己所拥有的财产作为祭品献祭给上帝——而另一个或许特别需要被取代的想法是，一个人可以正当地将另一个人视为这样的财产。取而代之的想法是，上帝要求的牺牲是对一个人的自我的牺牲——"重获新生"的想法。上帝"取消"了那场与以撒有关的"血祭"，正是在这个时候，亚伯拉罕也意识到，他在一种新的评价模式下"重新得到了以撒"——不是把以撒作为自己的财产，而是将以撒作为一种不能被当作财产的"馈赠"——而这就将人们的注意力吸引到了穆尔霍尔的解读所拥有的这个重要的特点之上。

206

1　Mulhall 2001: 386.

结　论

　　我们应当支持哪一种解释？我不想否认《恐惧与颤栗》这个文本包含了一种要传达给雷吉娜的"隐秘信息"。但正如我们已经说过的，它与这对生活在19世纪40年代的恋人的令人悲哀的浪漫爱情的相关性，几乎无法穷尽这个文本的重要意义，也几乎无法解释为什么众多注释者会如此长久地着迷于这个文本。至于哪一种解释更有价值，我自己目前所持有的看法是，在这些范围广泛的概述中，达文波特尝试在先前解读的基础之上形成的那个解读取得了最大的进展，而我试图结合上文对希望的讨论，以此为基础做出进一步的发展。在一则重要的日记条目（部分内容是对"西奥菲勒斯·尼古劳斯"［Theophilus Nicolaus］的回应）中，克尔凯郭尔做出了这样的评论："亚伯拉罕被称为信仰之父，因为他拥有信仰的正式资格，拥有违背认识的信念，尽管基督教会从未想到，亚伯拉罕的信仰拥有基督教信仰的内容，而这种内容与此后的历史事件拥有本质的关联。"（JP 6: 6598［p. 300］）这符合达文波特例示的那种用来简要描述范围更广泛的"生存信仰"（基督教信仰就明确地

207

属于这种信仰）的策略。亚伯拉罕与基督教信仰的核心内容都是这样一种期待：善良者将普遍地对富有爱心的上帝所采纳的诸多行动表示感恩。[1]

无论如何，我都仍然会认为，那种进行神秘解释的基督教解读额外增添了一个重要的"层面"：克尔凯郭尔肯定知道那种按照神秘的方式解释亚伯拉罕故事的解读传统，这似乎可以合情合理地认为，这会给他留下深刻印象，并让他将之作为这个故事最重要的"隐秘信息"。我认为，根据上文有所限定的方式注意到这一点，这并不需要以任何成问题的方式将亚伯拉罕"变成基督徒"。

伟大哲学文本的一个常见特征是，可以从不止一个层面来对它们做出解读。一个文本具有多样的解释，这通常是表明了这个文本的丰富性的迹象。在第1章中，我们就已经注意到，克尔凯郭尔在他的日记中做出了这样的论断："一旦我死去，仅凭《恐惧与颤栗》就足以为我赢得不朽的作家之名。接下来它不仅会被人们阅读，而且还会被翻译成外语。读者几乎都将在这本书所蕴含的可怕不幸面前退缩。"（JP 6: 6491）《恐惧与颤栗》不仅有可能是克尔凯郭尔最著名与最经常被教授的文本，而且它还将继续成为大量解读的主题，就此而言，克尔凯郭尔的这个论断似乎拥有惊人的预见性。

1　就这一点而言，试比较 Carlisle 2010: 167。

第七章

沉默的约翰尼斯究竟有多可靠?

最后还有一个需要我们思考的重要问题。我们在第1章中提到了克尔凯郭尔的以下这个著名的"愿望"和"恳请"：他的读者应当尊重他的假名作者的特殊性。就《恐惧与颤栗》的情况而言，这恰恰导致了这样一个问题：我们应当怎样理解沉默的约翰尼斯的观点？在何种程度上他是信仰主题的可靠向导？在克尔凯郭尔与约翰尼斯之间存在着何种程度上的批判性距离？考虑到《恐惧与颤栗》开头那段哈曼的引文，我们在先前的章节中就已经做出了这样的暗示：约翰尼斯或许是一个信使，他并没有充分理解他传递的信息。因此我提出这个问题并不是想要去推断克尔凯郭尔可能对约翰尼斯持有什么看法。相反，我想要考虑的是对约翰尼斯做出的某些重要的批评路线，而这些批评路线导源于那种认为存在这样的批判性距离的假设。[1]倘若我们可以严肃地对待以下这个事实：《恐惧与颤栗》与其说是一本与亚伯拉罕有关的书，不如说是一本与其假名作者试图将自己关联于亚伯拉罕的尝试有关的书，而亚伯拉罕被理解为一个假定具有典范性的他者——信仰的一个范例与榜样，那么， 我们就能够以最清晰的方式看明白这个问题。因此，这个叙述者的评论与分析的可靠程度是重要的。在本章中，我仔细考虑了三个注

---

1 在当代学术研究中，绝大多数注释者都同意，存在着某些这样的距离，甚至我将在本章中探究的那些较不赞同这种解读的注释者也持有这样的看法。例如，埃文斯注意到，克尔凯郭尔在他的诸多日记中评论了在《恐惧与颤栗》中表达的观点，克尔凯郭尔在评论时"通常会谨慎地将这些观点归于约翰尼斯"，他对这些观点所做的评论表明，"他好像仅仅是一个读者，而没有在创造这部作品的过程中扮演任何角色"（Evans 2004: 65）。埃文斯援引的例证是JP 3: 3030, JP 6: 6434和JP 6: 6598（尽管最后这个例证是以约翰尼斯·克利马克斯的名义撰写的）。

释者，他们根据彼此之间略有不同的相关理由，认为约翰尼斯是不可靠的，而这对我们解读这个文本的方式具有重要的意义。这些注释者是丹尼尔·康威、安德鲁·克罗斯与斯蒂芬·穆尔霍尔。[1]我将得出的结论是，约翰尼斯确实并非一个完全可靠的信仰向导，不过，尽管"我们能够从他那里学到什么，我们不能从他那里学到什么"这个问题确实是重要的，但它无论如何都不像某些人所宣称的那样，是一个具有如此严肃性的关切。事实上，约翰尼斯关于信仰的见解（在第6章结尾处提到的那种"正式"意义上的见解）经得起详细考察。

　　许多注释者已经获悉了克尔凯郭尔与他的假名作者之间的批判性距离，他们的根据是，因为各种假名作者的堕落而在其背后设定的总体理解力。除了以这种方式来解读《非此即彼》中的A之外，注释者最普遍地采纳这种处理方式的假名作品是克利马克斯的《附言》。一个与此相关的相对较早的论述出自亨利·埃里森（Henry Allison）的那篇经典论文，这种解读克利马克斯的方式后来获得了詹姆斯·柯南特（James Conant）的发展。[2]斯蒂芬·穆尔霍尔最近不仅将柯南特的这条解读路线从《附言》拓展到在它之前的论著《哲学片段》之上，而且还拓展到了《恐惧与颤栗》和《重

1　另一个这样的例证是Kosch 2008，Lippitt 2008则对此做出了一个回应。也可参见穆尼的某些最近的作品（如Mooney 2007: 第8章），他在那里对作为"窥视者"的约翰尼斯做出了评述。

2　参见Allison 1967; Conant 1989, 1993, 1995。对于这种解读《附言》的方式的批评，参见Lippitt and Hutto 1998; Lippitt 2000，特别是第4章；Rudd 2000以及Schönbaumsfeld 2007。

复》之上。[1] 一种类似的疑虑似乎让丹尼尔·康威断定，在《恐惧与颤栗》中，克尔凯郭尔将沉默的约翰尼斯设定为失败者——"现代精神危机"的一个代表。[2]

1　Mulhall 2001: 321−414.

2　Conway 2002: 87.

丹尼尔·康威与安德鲁·克罗斯：约翰尼斯的逃避

　　根据康威的观点，我们应当将克尔凯郭尔视为一个批评"热情统计者"的人，而约翰尼斯自己就对这样的人感到满意。[1]康威注意到，约翰尼斯的腔调是"忏悔性的"，而这意味着约翰尼斯需要让他的读者认识到他自己的精神危机。换句话说，这本书最终与约翰尼斯有关："他提供的是他对他那代贫乏的人的诊断，并通过这种手段将我们的注意力引导到他身上。"[2]

222　　康威无疑正确地断言，这本书在以下这种意义上"与约翰尼斯有关"：它讲述的是关于约翰尼斯试图将他自己关联于作为信仰典范的亚伯拉罕的那个尝试。但没有必要得出结论认为，对此必定存在着某种可疑的东西。约翰尼斯承认他自己的局限性，这个事实并不意味着可以或应当忽视约翰尼斯在这个过程中所讲述的话语。

1　Conway 2002: 88.

2　Conway 2002: 89. 康威已经形成了他自己对于约翰尼斯的独特描绘，在他接下来发表的论文中，他将约翰尼斯描绘为一个相当狡黠的叙述者：尤其可参见Conway 2008, 2015。

此外，约翰尼斯的"忏悔"所采纳的第一人称属性远非不同寻常。克尔凯郭尔所设定的许多其他人物也是按照这种方式来发声的。我们已经不止一次地注意到，克利马克斯——在《附言》中激起他思考的问题是："我如何能够成为一位基督徒？"——不断强调如下这种做法的重要性：按照一种参与性的第一人称的方式，而不是以"客观的"抽象方式将伦理的问题与宗教的问题关联起来。而且，这似乎是克尔凯郭尔的核心观点，就此而言，不可能用它来证明在克尔凯郭尔与他的任何假名作者之间存在着批判性的距离。

我认为，康威对约翰尼斯的如下判断抱有过多的怀疑。他断定，约翰尼斯旨在说服我们"尊重他的忏悔，而不是规劝自己不要"比"在亚伯拉罕这个人物面前所表现的'恐惧与颤栗'""走得更远"。[1]但这种解释假定，约翰尼斯对于亚伯拉罕的理解并不是真正的理解，而我马上就会提出，有着充分的理由可以反驳这个结论。进而，康威宣称，约翰尼斯的解释过程显明了一种深刻的精神怠惰：它掩饰了这个"未经供认的弱点……即约翰尼斯没有任何继续前进的欲求、愿望或动机"[2]。尽管在他自己与亚伯拉罕之间存在着巨大的分歧，约翰尼斯想要我们"容许他保留这种满意的态度，并肯定他选择的静止状态"[3]。不过，康威也承认，这依赖于以下这个"基于直觉的理解"：相较于其他任何东西，约翰尼斯最需要的是"不审视他自己"。[4]根据康威的见解，这就是他"将自己的注意

1　Conway 2002: 101.

2　Conway 2002: 99.

3　Conway 2002: 99.

4　Conway 2002: 101.

力转向其他地方——转向亚伯拉罕［……］，转向他的同时代人，转向他的读者"的原因。[1]我还将证明，这是对实际情况的多少有所删减的描述，它实际上依赖于这样一种做法：忽视或否定约翰尼斯将他自己关联于亚伯拉罕的持久努力的本真性。康威宣称，约翰尼斯"缓和了通过忏悔来揭露自我的姿态，因此使我们（与他自己）的注意力都偏离了那个与他自身内在性有关的紧迫问题"[2]。我们由于分散了精力而没有注意到这个事实：约翰尼斯不再渴求亚伯拉罕式的信仰。

223

我想要专注于这个根本的假设。我认为，康威的这个判断并没有公平地对待约翰尼斯，但为了表明我这么认为的原因，更有利的做法是首先考虑我们在上文中提到的第二位批评者，安德鲁·克罗斯。克罗斯根据克尔凯郭尔的作品，提出了某些有趣的理由来支持他对约翰尼斯做出那个在本质上相同的谴责，即在伦理和精神意义上的逃避与怠惰。接下来就让我们转向克罗斯对约翰尼斯的批评。

敬佩与模仿

克罗斯将他的注意力转向了《基督教的实践》中的一段重要文字，其中，作为基督徒的假名作者安提－克利马克斯区分了两种将自身关联于作为典范的他者的方式。（安提－克利马克斯的这个讨论的背景是，仿效基督意味着什么，但正如我在别处已经有所暗

1　Conway 2002: 101.

2　Conway 2002: 101.

示的，[1]这段话还有一个更为一般的旨趣，与此相关的问题是，如何将自身关联于一个典范。）安提－克利马克斯把这两种关联的模式分别称为"敬佩"与"模仿"，并按照如下方式进行了对比：

> 敬佩者……让自己保持一种超然的状态；他忘掉了自己，忘掉了他对别人的敬佩就是对他自己的否定，而这一点恰恰就是美好的，他以这种方式忘掉了自己，这恰恰是为了敬佩别人。在另一种处境中［"模仿"］，我立即就会开始思考我自己，仅仅专一地思考我自己。当我认识了另一个人，这个无私而又坦荡的人，我马上就会开始对自己这么说：你是否就是像他那样的一种人？我在自我专注中完全忘掉了他。当我不幸地发现，我自己根本不与他相似，我自己对自己有那么多有待完成的事情，以至于就目前而言，我已经完全忘掉了他——但我又没有真正忘掉他，对我来说，他已经变成了我人生的一种**要求**，它就像在我灵魂中的那根驱使我前进的刺，就像让我受伤的一根箭。在一种情况下［"敬佩"］，我自身越来越弱化，迷恋于我所敬佩的那个人，因而变得越来越伟大；我敬佩的那个人吞噬了我。在另一种情况下［"模仿"，或将自身关联于一个典范］，另一个人在他被吸收到我之中时变得越来越弱，我对待他的方式就好像他是我服用的药物，我吞噬了他——但请注意，由于他确实是一种对我的要求，我在模仿他的过程中就会反射这个人的光辉，我通过让自己变得

224

1　Lippitt 2000: 第3章。

越来越类似于他而成为了一个越来越伟大的人。

（PC 242-243）

根据这种观点，与一个作为典范的他者的唯一恰当的关系似乎是，对这个人的明确而又直接的仿效。这个典范向我揭示的是某种与"更高的自我"有关的东西，而我有能力成为这样的自我。这就是"敬佩"所缺乏的东西：敬佩一个人，就让我产生了这样一种印象，即我"忘掉了"我自己以及我的伦理使命或宗教使命。因此，这种"敬佩"在伦理上与宗教上是虚弱无力的，因此，这种"敬佩者"在伦理上与宗教上是应受谴责的。

克罗斯对约翰尼斯的批评是，约翰尼斯将自己关联于亚伯拉罕的模式，恰恰就是那种虚弱无力的敬佩的一个实例。根据克罗斯的看法，在"赞颂亚伯拉罕的演讲"的开头就最为清晰地表明了这一点，我们可以回想到，约翰尼斯在那里讨论"诗人或雄辩家"与他的"英雄"之间的关系。我们被告知，诗人"并不具备［他敬佩的英雄的］任何技能，他只能从英雄那里获得乐趣。然而他也是幸福的，并不比英雄少一些幸福；因为可以说，英雄就仿佛是诗人所迷恋的更好本质，尽管这种本质并不是他自己的，他也感到欣喜，而他的爱实际上就可能是一种敬佩"（FT 49，我为了强调而改变了某些引文的字体）。此外，"他带着自己的诗歌和自己的演说在每个人的门前徘徊，以便于让所有人都能像他那样去敬佩英雄，像他那样去为英雄骄傲"（FT 49）。但克罗斯认为，这恰恰就是在我们看来遭到安提－克利马克斯批评的那种对于典范的关系。倘若约翰尼斯就是这样一个旨在鼓舞别人的诗人，那么他恰恰例示了那种虚弱无力的敬佩。这完全是一种不恰当地将自身关联于典范的方式。克罗斯暗示，克尔凯郭尔在这里间接地揭示了"那种用沉默的姿态对待他热爱的亚伯拉罕的顽固错误"。[1]为了支持这个观点，克罗斯不仅向我们指出了安提－克利马克斯在上文提到的那个区分，而且还让我们注意到了在那个区分之前的如下这段文字：

> 敬佩完全是不恰当的，它通常都是一种欺骗，一种寻求逃避与借口的诡计。倘若我知道有一个人具备了无私、自我牺牲与宽宏大度等品质，我就会因此而尊敬他，但接下来我不会敬佩他，而是应该会仿效他；我不会通过欺骗和愚弄的手段来让自己认为，敬佩对我来说是某种有价值的东西，恰恰相反，我已经认识到，敬佩仅仅是我的怠惰与懦弱的产物；我将仿效他，我将**立即开始**仿效他的努力尝试。

225

> （PC 242，我为了强调而改变了某些引文的字体）

　　为了在更为宽泛的范围内看到这种批评思路的重要性，请注意在一种受到维特根斯坦影响的不同伦理学传统中提出的一个类似批评。奥诺拉·奥尼尔（Onora O'Neill）曾经抱怨过"维特根斯坦式的"伦理学所利用的那些例证。她抱怨道，这种伦理学的作品"主要利用的是文学的例证"，而这种做法产生了"诸多重要的可能后果"。[2]（她的讨论在很大程度上围绕的是彼得·温奇［Peter

---

1　Cross 1994: 211.

2　O'Neill 1989: 170.

Winch〕对于麦尔维尔笔下的人物比利·巴德的讨论，在这个讨论中，船长维尔面对的是这样一个两难困境：他是否必须由于比利违背了海军的法律而将他判处死刑。[1]）与我们这里的关切有关的"重要可能后果"是奥尼尔的这个主张：文学的例证"强加了一种旁观者的视角"。[2]她断言，由此形成的一个问题是，这意味着"我们除了决定对这个例证'想要说些什么'〔这是温奇的原话〕并理解这个例证的意义之外，没有必要去做任何事情。我们没有必要去决定是否要告发拉斯柯尔尼科夫或裁决比利·巴德有罪"[3]。因此，在维特根斯坦论述伦理学的作品周围的那种"紧密关联于道德生活的具备道德严肃性的氛围""在某种程度上是虚幻的"。[4]对于奥尼尔来说，伦理学在某种意义上需要对行动有所指导，而文学的例证无法做到这一点。她由此得出的结论是，"维特根斯坦关于道德思想的论断可以被还原为这样一种做法：'审视特殊的例证并看看我们想要对这些例证说些什么'〔这仍然是温奇的原话〕，它排除了一些不可或缺的要素，因为道德思想并不仅仅是旁观者眼中的游戏，而是对行动的指导"[5]。奥尼尔多少类似于克罗斯，她也谴责约翰尼斯强烈地关注亚伯拉罕这个例证，而她谴责的根据大概也与克罗斯相同：这种"旁观者的视角"。

1　参见Winch 1965。

2　O'Neill 1989: 175.

3　O'Neill 1989: 175.

4　O'Neill 1989: 175.

5　O'Neill 1989: 176.

　　那么克罗斯的批评是否公正呢？倘若这是公正的，那么这就会对我们解读《恐惧与颤栗》带来诸多重要的影响。但我想要论证的是，克罗斯明显支持的那种在敬佩与模仿之间的明确而又彻底的区分是站不住脚的；重要的是要承认，在伦理与宗教的意义上存在着一种重要的中间立场；约翰尼斯的很大一部分论述步骤表明，他默认这种中间立场。约翰尼斯在某个地方明确地否认了自己是这样的诗人（FT 116）——他肯定不仅仅是那种一边兜售在伦理上和精神上软弱无力的对亚伯拉罕的敬佩，一边在这个国家里游荡的"诗人与雄辩家"。即便他是一个与亚伯拉罕有关的观察者，他也是一个有所参与的观察者。他所拥有的特征，被克尔凯郭尔在一则论述《恐惧与颤栗》的日记注解中称为"一种热情的专注力"。[1] 我想要提出的是，可以将我们正在寻找的那种中间立场理解为亚里士多德的"知觉"与注意力，而玛莎·努斯鲍姆在她论述文学在伦理上的显著特色的论著中（特别是在《爱的知识》[2]中）就讨论过这个主题。我认为，可以从对典范的持续关注中得到一种类似的知觉与注意力，这就是约翰尼斯在他持续关注亚伯拉罕的过程中默认的东西。进而，我想要表明，约翰尼斯展示了这种知觉的某些关键特征。

　　不过，在做出这个回应之前，让我先追踪另一种可能对克罗

1　参见 JP 3: 3130（洪翻译的《恐惧与颤栗》译本将这部分内容包括在附录之中，可参见这个译本的第 258 页）。

2　Nussbaum 1990.

斯提出的回应。通过关注我们在上文引证的第二段文字的更为宽泛的语境，我们就能表明，安提－克利马克斯批评的是"人类普遍能够或每一个人都能够做到的"那种"敬佩"（PC 242）。对此做出的进一步解释是："这种敬佩与任何条件都没有关系，但它在每个人力所能及的范围之内，*也就是说，人类普遍都拥有这种伦理的力量，这是每一个存在者都会去做的，因而大概也都能做到的一件事*。"（PC 242，我为了强调而改变了某些引文的字体）因此，这个问题在此处的关键是，对亚伯拉罕的信仰是否可以归于这个范畴。至少有三个理由来让我们认为并非如此。第一，只有根据以下这个背景假设：亚伯拉罕的信仰是某种例外的东西，我们才能理解《恐惧与颤栗》的规划。（与此相关的是亚伯拉罕作为信任与希望的典范地位，而我们在第6章讨论埃文斯的时候就已经注意到，在亚伯拉罕的处境与我们当代人的处境之间存在一种显著的区别。）第二，这本书的一个关键主题显然是，*初看起来*，"伦理"与"信仰"能够进入严肃的冲突之中——因此任何试图将信仰吸收到（被"人类普遍"理解的）"伦理"之中的尝试看起来都是可疑的。第三，信仰被认为是神的恩典所赐予的一项馈赠。在心中牢记这些要点之后，我认为，倘若亚伯拉罕的这种例外的信仰是一项馈赠，那么它就远非"人类普遍能够做到或每一个人都能够做到的"某种事情，它也就相当符合如下描述，人们也不会嫉妒羡慕这样的事情。安提－克利马克斯坚持认为："你不应当觊觎那些拒绝给予你的东西；倘若它被给予其他某个人，你就应当因为它被授予这个人而感到欣喜，倘若被给予的事物拥有这样的本质，以至于可以成为敬佩的对象，那么你就应当敬佩它。"（PC 241–242）对于这三个要点还可以做出更多的论述。但我认为，仅仅凭借这三点，显然并不能得出结论认为，约翰尼斯会遭到安提－克利马克斯的严厉斥责。

然而，在对亚伯拉罕形成的纯粹"敬佩"之中是否存在着某种产生争议的东西呢？归根到底，安提－克利马克斯批评了那些"软弱的人们"，他们"仅仅通过想象将自身关联于被敬佩的那个人"，他们"对自己提出的要求就像自己在进入剧院看戏：坐在沙发上让自己冷静下来，并超然于任何真实的危险关系"（PC 244）。显然，倘若敬佩是这样的，难道我们还能赞扬这种与亚伯拉罕的关系吗？

我认为，人们在这里的忧虑是，即便信仰是一项馈赠，即便亚伯拉罕是一个例外，任何将自身恰当地关联于一个典范的做法，都必定在某种意义上需要伦理或宗教作用于自身之上。接下来，或许约翰尼斯就应当旨在通过模仿亚伯拉罕而更为接近亚伯拉罕，而不应当仅仅停留于敬佩之中？我想要表示的是，对这个问题的回答是肯定的：但我想要强调的是这种"更为接近的"关系。

让我通过考虑对克罗斯的第二种回应思路来解释我的这个回答。请考虑努斯鲍姆的这个论断：伦理学需要一种恰当的知觉来作为它的基本要素，我们可以通过持久关注那种"正确的"文学来获取这样的知觉。事实上，努斯鲍姆的观点似乎是，这种（亚里士多德主义的）伦理观要求一种文学的具体化。在这里的基本思想是，在一部小说或戏剧中，我们在情感上与诸多角色形成了密切的关系，我们通过积极地参与到他们的想法、感受与知觉之中，根据他们的观点来看待这个世界。在这里存在着两个相关的要点。第 228
一，这几乎就是约翰尼斯在将自身关联于亚伯拉罕时所试图做到的事情：在一个特殊的叙事中通过想象认同一个（被视为典范的）角色。第二，对于努斯鲍姆来说重要的是，我们的情感能力与想象能力所参与的这种活动，发生于我们实际参与的我们自己的人生范围之外。这一点是重要的，因为这种实际参与的活动有可能是孕育某种"扭曲的主要根源，这种扭曲经常会让我们形成个人的嫉妒或愤怒而妨碍我们……有时则会对我们的爱情所导致的暴力视而不见"[1]。这种扭曲的根源是"通向正确视野的道路上的一种障碍"[2]。让自己卷入一部小说之中，就可以让我们避免这种情况的发生，因此我们就会发现并体验到"无须占有的爱，没有偏见的关注，没有恐慌的情感投入"[3]。这本身就是一种在伦理上有价值的经验形式。

值得注意的是，克尔凯郭尔自己在《两个时代》（*Two Ages*）中也表达过一个类似的观点。他暗示，为了让文学的"规劝"成为可能，就需要"与舒适的内心圣地形成密切的关系，将激昂的情绪、危急的决断与极端的努力从那里驱逐出去，因为在那里不会给对这些事物的宽容留下任何余地"（TA 19）。大卫·葛文斯（David Gouwens）通过援引马丁·瑟斯特（Martin Thust）而补充说："克尔凯郭尔对文学美德的理解是，它的作用首先是让一个人离开自身：审美所产生的距离的积极功能是，作为一面镜子反映诸多可能性……这种客观性为一个人在主观的激情中对于具体现实的可能回

1　Nussbaum 1990: 48.

2　Nussbaum 1990: 162.

3　Nussbaum 1990: 162.

归做好了准备。"[1]

因此，让我再次重复：这意味着在"模仿"与"敬佩"之间还存在着一种重要的中间立场。在这种恰当地与小说角色形成密切关系的过程中，我就能在情感上陷入其中——因此不像在"敬佩"的情况下，我并没有"消失"。然而，我与诸多角色形成关系的首要方式，并不是直接提出这样的问题："这会如何影响我的人生？"所以这并不是被安提－克利马克斯描述为"模仿"的活动。（事实上，这种与小说形成的关系通常被视为某种类似自恋的东西。）因此，这确实是一种中间立场。倘若努斯鲍姆的以下这个观点是正确的：这种中间立场是一种在伦理上有价值的经验形式（我们或许会补充说，它也是一种在宗教上有价值的经验形式），那么根据约翰尼斯没有"直接开始［他的］那个仿效亚伯拉罕的努力"这个事实，并不能推断出，约翰尼斯就应当因此而在伦理上或宗教上遭受谴责。我的观点似乎依赖于以下这两件事。第一，以下这个论断合情合理：某种没有做出模仿的活动可以形成一种在伦理上有价值的经验形式。（克罗斯在他对安提－克利马克斯所做区分的支持中似乎简单地假定，这个论断是错误的。）第二，约翰尼斯对于亚伯拉罕的想象性认同与努斯鲍姆的亚里士多德主义的"道德知觉"有足够多的共同之处，而这让我们能够根据相同的理由来重视这种想象性认同。

229

1　Gouwens 1982: 358-359, 转引自 M. Thust (1931) *Søren Kierkegaard: Der Dichter des Religioesen*, Munich: CH Beckshe Verlagsbuchhandlung。

努斯鲍姆、道德知觉与沉默的约翰尼斯

那么，努斯鲍姆所称赞的道德知觉的显著特征是什么？她或许在《知觉的洞察力：一种亚里士多德主义的私人合理性概念与公共合理性概念》这篇文章中最完整地对这个问题做出了回应。[1]努斯鲍姆旨在解释亚里士多德的如下论断：在实际的推理中，正确选择的"洞察力"在于被他称为"知觉"的东西。这需要"某种复杂的响应能力，它可以对一个人具体处境的显著特征做出回应"[2]。在充实这些观点意义的过程中，努斯鲍姆认为，在亚里士多德的这种描述中，存在三个相互关联的关键维度：第一，"抨击了以下这个论断：一切有价值的事物都是可以公度的"；第二，"论证了特殊判断对于普遍事物的优先性"；第三，"对于那些导向合理选择的情绪与想象进行了辩护"。[3]后面这两个特征在《恐惧与颤栗》中发挥了重要的作用。（正如我们在后文中将看到的，第一个特征发挥了一种更为复杂的作用。）

这些作用是什么呢？约翰尼斯似乎赞同亚里士多德拒斥以下这个观念："合理的选择可以为普遍的规则体系或原则体系所把握，而这些规则与原则可以简单地适用于每一种新的情况。"[4]为了弄明白这个观念，请考虑努斯鲍姆对于亚里士多德的立场所做出的如下这两个论断。"一种伦理处境的微妙之处，必定是在直面这种处境本身时才被把握到的……预先的普遍表述既缺乏所需要的具体性，

1　Nussbaum 1990: 54–105.

2　Nussbaum 1990: 55.

3　Nussbaum 1990: 55.

4　Nussbaum 1990: 66.

230

又缺乏所需要的灵活性。"[1]与此相关的是,"卓越的选择不可能为普遍规则所把握到,因为相关的问题是,通过考虑某个具体处境的所有背景特征,让一个人的选择适应这个具体处境的复杂要求"[2]。这种对于背景的敏感性肯定是重要的,正如我马上就要试图表明的,这看起来反映的是约翰尼斯对于亚伯拉罕的这个故事的看法。

约翰尼斯也没有忽视与情感和想象有关的实践理性的重要性。(在这个问题上与努斯鲍姆持相反意见的人,是那些认为情感和想象对立于理性的人;那些似乎将情感与想象置于灵魂的非理性部分的人。努斯鲍姆正确或错误地做出了这样的指控来反对柏拉图主义者、康德主义者与功利主义者。[3])人们应当已经相当清楚,约翰尼斯几乎没有被归入这个阵营。请回想约翰尼斯对亚伯拉罕的那个经常被忽视的"忧惧"所赋予的重要性,以及约翰尼斯自己在试图与亚伯拉罕建立密切关系并"理解"亚伯拉罕的过程中让想象占据的核心地位。

因此,我想要为如下论断提供某些文本的证据:约翰尼斯对亚伯拉罕的故事的关注涉及一种知觉的恰当形式,涉及对特殊性的应有关切,并让情感与想象发挥了一种恰当的作用。通过这种论证,我就可以严肃地怀疑以下这个论断:约翰尼斯表现的是一种在伦理上软弱无力的敬佩。

正如我们已经看到的,序言清晰地表明,促使约翰尼斯撰写

1　Nussbaum 1990: 69.

2　Nussbaum 1990: 71.

3　Nussbaum 1990: 76.

这本书的动机是他对以下这个想法的热情信奉：应当严肃地对待信仰并给予信仰应得的地位。在"定调"中，我们遇到了这样一个人，他从小到大一直不断地回到亚伯拉罕的这个故事上，随着他的年龄越来越大，他对这个故事的"热情"变得"越来越强烈"（FT 44）。正如我们已经指出的，可以合情合理地假定，这个男人就是约翰尼斯本人。我们看到，约翰尼斯继续在四个附属于亚伯拉罕的故事（这个故事的四个不同的版本，其中的主人公都达不到亚伯拉罕的境界）中理解亚伯拉罕的尝试，而这四个附属于亚伯拉罕的故事则构成了"定调"的大部分内容。这一节是通过如下描述来结束自身的："通过这些类似的方式，我们所谈论的这个人思考着这些事件。每一次在他漫步前往摩利亚山旅行之后回家时，他都会因疲劳而瘫坐下来，他握着自己的手说道：'然而亚伯拉罕的伟大是无与伦比的；又有谁能够理解他呢？'"（FT 48）因此请注意，即便这个人是一个观察者，他也是一个有所参与的观察者：某个试图理解亚伯拉罕的人。

231　　　这一点在"赞颂亚伯拉罕的演讲"中变得更加明确。约翰尼斯试图想象自己在亚伯拉罕的处境之中。（"如今这一切都失去了！……这美妙的宝藏，它就像亚伯拉罕心中的信仰一样老，它要比以撒年长许多，它是亚伯拉罕生命的果实，它在祈祷中神圣化，在斗争中成熟——亚伯拉罕嘴上的祝福，这一果实如今要被过早地摘下来并变得毫无意义；因为倘若以撒要被献祭的话，它又能有什么意义呢！"［FT 53］如此等等。）此外，他旨在让他的读者也专门做出类似的行为，以便于将自身与亚伯拉罕进行比较。（当上帝对亚伯拉罕说话时，亚伯拉罕大胆地回答说："我在这里。"约翰尼斯向我们提出的问题是，我们能否拥有这样的勇气，我们是否会逃跑。"在你远远地看到沉重的天命趋近过来的时候，难道你不对群山说，'把我隐藏起来'，难道你不对丘陵说，'把我遮蔽起来'？或者倘若你更为强大，难道你的脚不会沿着这条道路慢慢地移动？"﹝FT 54-55﹞)

　　此外，约翰尼斯所尝试的这种想象性认同还包括了对于亚伯拉罕处境的特殊性的关注。约翰尼斯所采纳的大部分方法需要将亚伯拉罕在表面上即将失去他儿子的情况与这种损失在表面上类似的情况进行对比（例如，不同于阿伽门农，亚伯拉罕在神的召唤下要亲自做出献祭﹝FT 55﹞)。这是由于约翰尼斯相信，几乎找不到任何人"能够讲述这个故事，并给予这个故事应有的地位"（FT 55）。按照我的理解，"给予这个故事应有的地位"包括了以下这个要求：不要将之混淆于那些在表面上类似的故事。这种对特殊事物的关注贯穿这本书的始终，并且支撑着约翰尼斯不断重复地去更进一步理解亚伯拉罕的尝试，约翰尼斯为了达到这个目的而采纳的方法是，将亚伯拉罕与那些初看起来类似的人物进行对比，而根据约翰尼斯的看法，通过更仔细的考察，结果将证明，以下这些人物并不类似于亚伯拉罕：无限弃绝的骑士（开场白）；悲剧英雄（疑问Ⅰ）以及诸多进行审美而不是进行宗教隐瞒的实际例证（疑问Ⅲ）。恰恰是这种细微的差别，才有可能为那种过度普遍化的研究进路所忽视——这就是约翰尼斯避免采纳这种研究进路的原因。

　　此外，那种认为约翰尼斯的敬佩软弱无力的指控，似乎与约翰尼斯坚持的如下主张相抵触：只有当我们在试图理解亚伯拉罕的这个故事时愿意去"劳作并背上重负"，亚伯拉罕的这个故事才有

可能是"荣耀的"（FT 58）。约翰尼斯暗示，这在某种程度上相当
于要承认这个故事的"忧惧"：那些在精神上"易受惊吓的"人试
图"忘掉的"恰恰就是这种"忧惧"（FT 58）。与此相关的是，在
疑问I中，约翰尼斯批评了人们"用审美的方式与结果调情"，"对
于恐惧、困苦、悖论，人们并不想知道与此相关的任何事情"（FT
92）。此外，约翰尼斯明确地谴责了那种"漫不经心的赞扬"，这
种赞扬实际上所表达的意思是，"因为亚伯拉罕已经获得了伟人头
衔的所有权……他所做的一切都是伟大的，[而]倘若其他任何人
去做这同一件事，这就是罪，滔天的罪"（FT 60）。也就是说，约
翰尼斯批评的恰恰就是那些想要逃避亚伯拉罕的故事所提出的那个
艰难问题的人：亚伯拉罕的这些行动是否可以得到辩护？有什么根
据可以让亚伯拉罕作为典范？等等。约翰尼斯对亚伯拉罕的赞颂不
仅需要被置于这样的背景之中，而且还需要被关联于如下这个论
断："倘若人们没有勇气去实现自己的想法，去说亚伯拉罕是一个
杀人犯，那么去设法获取这一勇气，这肯定要好过把时间浪费在不
恰当的颂词之上……就我个人而言，我并不缺乏在整体上对一种想
法进行思考的勇气。"（FT 60）最重要的是，约翰尼斯进一步强调
了以下这些问题的重要性：亚伯拉罕是否对我们产生了影响，亚伯
拉罕以何种方式对我们产生了影响："因为人们何必操心去记住那
种无法变成当下的过去呢？"（FT 60）

　　因此约翰尼斯似乎远远没有被克尔凯郭尔设定为一种堕落的
象征，约翰尼斯很好地意识到了克罗斯的担忧。在"对亚伯拉罕的
谈论"中，约翰尼斯并没有意在用"漫不经心的方式"来对亚伯拉
罕大加赞赏，他也没有做出这样的赞颂。人们不得不考虑以上这

种关切，但约翰尼斯在这本书中的近四分之一处得出了这样的结论："完全可以……谈论亚伯拉罕"（FT 61），在约翰尼斯得出了这个结论之后，人们就没有必要去考虑这种关切了。之所以完全"可以"谈论亚伯拉罕，是因为约翰尼斯最终说服自己相信，我们能够谈论亚伯拉罕，而不会导致软弱无力的敬佩。

对于这个观点，请考虑以下这个可能提出的反对理由。约翰尼斯确实说过，他由于思考亚伯拉罕而"几乎被毁灭掉"（FT 62）：也就是说，他无法在他与这个范例的关系中"走得更远"。难道这就是那些倡导约翰尼斯仅仅局限于"敬佩"的人所提到的那种在伦理上的回避态度？我没有看出任何仓促得出这个可疑结论的必要。约翰尼斯坚持认为，"那作为亚伯拉罕生命内容的巨大悖论"让他（约翰尼斯）"时常都觉得反感，尽管我的思想拥有全部的激情，但它无法进入这个悖论……我绷紧每一块肌肉来试图看到它，而在同一瞬间我就瘫痪了"（FT 62-63）。也就是说，我并没有看到任何决定性的理由来支持我们认为，约翰尼斯在他与亚伯拉罕的关系之中的局限性，要优先于他将自己与亚伯拉罕进行对比的尝试。这种对比是将自身关联于另一个典范所必需的，倘若约翰尼斯逃避这种做法，那么他确实就应该遭到指责。但根据"约翰尼斯抵达了某一点之后无法'走得更远'"这个事实，我们无法推断出，他没有真正做出努力来试图走得更远。恰恰是由于约翰尼斯将亚伯拉罕视为某种完全无法理解的存在者，约翰尼斯才陷入了自己的问题之中——而不是由于他不情愿试着将自己关联于亚伯拉罕。在这里请考虑约翰尼斯的这个论断：他乐于知道究竟在哪里才能找到这样的信仰骑士，倘若他真的找到了这样一个信仰骑士，他"在每分钟里都会观看信仰骑士如何做出这样的运动"，因为"这种奇迹是我绝对关注的对象"（FT 68）。难道这谈论的是那种进行回避的"敬佩"吗？我仍然认为并非如此。尽管约翰尼斯将他自己描述为"敬佩者"，但他坚持认为，他会"将［他自己的］时间分为两半，一半时间用来观看这种人［他发现的信仰骑士］，另一半则用来亲自践行这种运动"（FT 68，我为了强调而改变了某些引文的字体）。

我猜想，我的反对者可能仅仅在暗示，约翰尼斯在做出所有这些论断时恰恰是在说谎或欺骗自己。正是由于这种与怀疑有关的诠释学本质，产生了一个难以回答的问题（尽管这并不意味着这种怀疑是正确的！）。康威所提出的一个观点，就是这种怀疑的一个更加复杂的版本：恰恰是通过将亚伯拉罕包装成一个费解的典范（恰如约翰尼斯对亚伯拉罕的描述），约翰尼斯摆脱了自己在伦理与宗教上的困境。"与他自己的内在性有关的潜在可解之谜"，不断地因他对"与亚伯拉罕有关的那个无解之谜"的关注而被搁置[1]：与亚伯拉罕费解的内在性有关的那个谜团。我一度认为，我最终会赞同康威的这个结论。多少让我感到意外的是，尽管我在头脑中记住了这个对约翰尼斯的特定谴责，但根据我重新阅读的文本，我发现了大量不利于这个结论的文本证据（其中的某些证据就是我刚刚援引过的文本）。最起码我想要知道，我的反对者会对这些材料说些什么。有必要进行澄清的是，我并不试图否认"模仿"的重要性，也不试图低估那种在伦理与宗教上软弱无力的"敬佩"的潜在危险

234

1　Conway 2002: 102.

性。我想要否认的是人们自动做出的这个假设：约翰尼斯在形成与亚伯拉罕的关系的过程中所进行的"反思"（倘若我们可以这么称呼它的话）是一种绝对的回避姿态。在《两个时代》（它是一个讨论那种在伦理上软弱无力的反思所具备的危险性的文本）中，克尔凯郭尔实际上是以一种赞同的方式谈论了"敬佩"，这进一步暗示，根据约翰尼斯"敬佩"亚伯拉罕这个事实，推断出这种敬佩应当受到谴责的做法是危险的。[1]

我的反对者似乎坚持这样一个立场，它类似于奥尼尔在她批评维特根斯坦主义者时所持有的立场。奥尼尔的抱怨的合理性取决于这样一个假设：在反思或评判其他人的行为（请比较：另一个人的内在性）与决定我们自己应当采纳的行动（请比较：一个人自己的内在性）之间存在着一种清晰的区分。她抱怨说："人们关注的焦点通常是在需要进行道德考虑与道德评价的语境下的诸多做出了完整行动的例证，而不是在一种产生了道德问题或道德困境的处境中的诸多不那么完整的例证，就好像道德判断主要运用于反思或评

---

1 在讨论一个时代"嫉妒地笑话出类拔萃者"时，克尔凯郭尔说："倘若在嘲笑出类拔萃者之后，能够再次用敬佩的方式来审视出类拔萃者，并且能够将出类拔萃者视为不可改变的，那么就没有关系，否则这个时代就会由于笑话他们而有所损失，这种损失的价值要远远多于这些笑话本身所拥有的价值。"（TA 82）在这段文字之后不久，敬佩就被描述为一种"幸福的迷恋"，并以此对立于那种"与嫉妒有关的不幸迷恋"："有一个人告诉阿里斯泰德（Aristides），他投票支持放逐阿里斯泰德，'因为他已经厌倦了每个地方都将阿里斯泰德称为唯一公正的人'，实际上这个人并没有否定阿里斯泰德的出类拔萃，而是坦白了与他自己有关的某种东西，即他与这个出类拔萃者的关系并不是与敬佩有关的幸福的迷恋，而是与嫉妒有关的不幸迷恋，而他又无法贬低出类拔萃者的重要性。"（TA 83）

判已经做完的事情，而不是在诸多可能的行动中做出决断。"[1]换句话说，就像D. Z.菲利普斯所言："[在文学给出的例证中]描绘的问题，并不是我们的问题。"[2]

对这个谴责的最直接回应是由菲利普斯做出的，即"在我们能从中获得教训之前，一个问题就未必是我们的问题"[3]。对于任何试图理解那种需要将自身关联于一个典范的行为的尝试来说，承认这一点都是至关重要的。我想要在这里论证的核心要点是，一种伦理观或宗教观（以及一个人的行动）可能会由于遇到一种文学叙事（或其他叙事）及其包含的诸多典范而发生彻底的改变。（事实上，这肯定是宗教叙事的一个关键环节。）奥尼尔断定，文学的例证强加了一种旁观者的视角，与奥尼尔的这个论断恰恰相反，诺埃尔·卡罗尔（Noel Carroll）认为，"叙事会让观众陷入道德推理与道德审思"[4]。（这似乎类似于努斯鲍姆的路线。）此外，观众这么做所采纳的方式，要比奥尼尔所支持的那些例证所使用的机械方法更为复杂。不同于伦理学所使用的那些直接指导行动的"平凡的"、概要的例证[5]——这是奥尼尔明确推荐的——卡罗尔提出，从一个叙事中学到教训，并不是融入这个叙事的简单结果，而是要"理解这部论著，扩展一个人的道德理解力，而且要在……理解与追随这

235

---

1 O'Neill 1989: 170.

2 Phillips 1992: 72.

3 Phillips 1992: 72.

4 Carroll 1998: 147, 我为了强调而改变了某些引文的字体。

5 O'Neill 1989: 176.

个叙事的同一个过程的诸多不可或缺的部分中都学到教训"[1]。因此，我并不是直接通过某个例证而被告知，我在那个情形下应当做些什么，正是在这种意义上，伦理（与宗教）并非必定会去指导行动。"要看到应当去做什么"所意指的东西——这就是被亚里士多德称为"实践智慧"的东西发展形成的——或许远没有那么清晰，或许恰恰需要我们已经讨论过的那种想象性的关注与认同，而我认为，约翰尼斯恰恰例示了这样的实践智慧。请注意，倘若我们就像埃文斯那样坚持认为，亚伯拉罕在某些方面就是一种"领路星辰"，那么我的这种见解就格外具备真实性，即便在其他方面，亚伯拉罕的处境与我们的处境之间的差距是巨大的。[2]

努斯鲍姆坚持主张道德知觉的重要性，它始终对于某些小说发挥了特殊的作用（特别是亨利·詹姆斯的小说）。然而，尽管一部具有"引人入胜的丰富情节"[3]的小说或许特别适合于我们所讨论的道德关注，但我们似乎并没有先验的理由来假定，需要充分求助于我们的想象能力的更为简要的叙事，就无法发挥这种相同的作用。尽管与奥尼尔相反，我倾向于赞同努斯鲍姆的如下论断："热衷于概括的哲学家所提供的例证几乎总是缺乏特殊的细节，情感的诉求，引人入胜的情节，以及优秀小说所具备的变化多端与不确定性"，[4]但努斯鲍姆实际上承认，比小说篇幅更短的虚构故事，也可以拥有这种在伦理上的卓越之处（例如，她在《爱的知识》那篇论

---

1 Carroll 1998: 145.

2 请再次回想我们在第6章中对此的讨论。

3 Nussbaum 1990: 46.

4 Nussbaum 1990: 46.

文中所讨论的安·贝蒂［Ann Beattie］的那个篇幅没有超过十二页的短篇故事"学习堕落"［*Learning to Fall*］）。这就提出了这样一个问题：为什么约翰尼斯所例示的那种对于亚伯拉罕叙事的想象性参与就不能拥有这种相同的品质呢？康威断言："现代性不会通过理解亚伯拉罕或其他任何古老典范的内在性而获得拯救，而是要通过理解我们自己的内在性才可以获得拯救，尽管我们自己的内在性由于自我轻视而变得千疮百孔。"[1]但为什么要假定这种非此即彼的选择呢？为什么不能同时满足这两方面要求？为什么不假定，我们对于我们自己内在性的理解，可以通过试图将我们自己关联于诸多典范（古老的典范或其他任何典范）而获得巨大的帮助？虽然对于克尔凯郭尔的读者而言，将自身关联于约翰尼斯的亚伯拉罕存在着诸多特殊的问题，但这个事实似乎并没有妨碍他们在这个文本中大量发现有关信仰、达不到真正信仰的宗教生活方式、伦理等事物的重要意义。总之，克罗斯的反对理由（康威似乎也持有这样的反对理由）是，由于约翰尼斯并不直接"模仿"亚伯拉罕，约翰尼斯就必定卷入了一种在道德上与宗教上应当遭受谴责的软弱无力的"敬佩"之中，而克罗斯的这个反对理由，难道不也像奥尼尔那样依赖于以下这个相同的假设：倘若想象性认同要得到辩护，它就不得不直接指导行动？

最后，请回想努斯鲍姆的这个观点：由于那些"阻碍了正确看法"的主要"扭曲根源"，在我们自己实际参与的生活范围之外

1　Conway 2002: 102.

运用我们的情感能力与想象能力，就具有了一种伦理的价值。[1]约翰尼斯在情感与想象上对亚伯拉罕的反思所提供的恰恰就是这种伦理价值，而这正是安提－克利马克斯要求"我们反思自身，简单而又专一地思考自身"的建议所潜在缺乏的东西。当然，过度反思带来的是一种有可能导向回避的潜在风险。但我们不能忽视那种相反的风险。安提－克利马克斯似乎要求的那种直接的充满热情的参与所具备的那种紧迫性忽视了这样一种伦理价值，而这种伦理价值可以在我们自己实际直接参与的生活范围之外，通过运用我们的情感能力与想象能力而显现出来。（这种伦理或宗教的生活是否也体现出了一种"欲速则不达"的道理呢？）

我们想要对约翰尼斯做出的论断，甚至在某种程度上类似于努斯鲍姆对于亚里士多德做出的论断。努斯鲍姆提出，

> 某些形式的道德哲学——尤其是亚里士多德的道德哲学——准备与读者形成一种友谊，以避免……哲学的诱惑[过度的抽象]，并阐明文学的贡献。因为亚里士多德的道德哲学与特殊事物的世界保持着密切的关系，并将读者的注意力引向这些特殊事物与相关的经验（包括与这些经验有关的情感），并将它们作为伦理洞识的来源。与此同时，这种道德哲学拥有辩证的力量来清晰明确地比较诸多可替代的概念，比较它们显著的特征。由于这个缘故，这种道德哲学就能够

1　Nussbaum 1990: 162.

成为文学作品的重要同盟。[1]

237　　我们已经看到，首先，约翰尼斯在他持续聚焦于亚伯拉罕的这个故事的过程中，他也"与特殊事物的世界保持着密切的关系"。其次，约翰尼斯强调了想象性认同对于亚伯拉罕的重要性以及亚伯拉罕的"忧惧"的重要性，而这表明，约翰尼斯承认了"相关的经验（包括与这些经验有关的情感）"是伦理（与宗教）洞识的来源。最后，约翰尼斯并没有在他反思亚伯拉罕的过程中"有所弱化"，这个事实有助于他与亚伯拉罕充分保持一种批判性的距离，以便于"清晰明确地比较诸多可替代的概念，比较它们显著的特征"（将信仰的骑士与无限弃绝的骑士进行比较，将亚伯拉罕与"附属于亚伯拉罕的故事的"诸多主人公进行比较，等等）。敬请克罗斯与康威原谅，我们已经可以看到，约翰尼斯所承认的那种对亚伯拉罕的"敬佩"，没有必要被评判为在伦理上的软弱无力。约翰尼斯并不是他自己所谴责的那种诗人。事实上，我们甚至可以说，约翰尼斯对于我们，对于他的读者所发挥的作用，多少类似于努斯鲍姆高度评价的亚里士多德主义的道德哲学家所发挥的作用。人们并未证明，通过谴责约翰尼斯的敬佩是软弱无力的，就可以提出有根据的理由来反对约翰尼斯。

1　Nussbaum 1990: 238−239.

斯蒂芬·穆尔霍尔：约翰尼斯与字面意义

　　然而，有人提出了另一种反对约翰尼斯的理由。我们在这里要回到我们在第5章对于疑问III的讨论将要结束时所提出的一个问题。我们在那里已经指出，虽然约翰尼斯自始至终都坚持认为，亚伯拉罕没有能力"说话"，但约翰尼斯在快要结束讨论时，不仅承认亚伯拉罕确实说话了，而且断定可以将之理解为亚伯拉罕在他所说的话语之中"完全在场"（FT 142），而这看起来是多么古怪。[1]对于亚伯拉罕所说的"最后一句话"，约翰尼斯的评论是："倘若这句话不存在，这整个事件就会缺少某些东西。倘若这句话有所不同，那一切或许都会消释于困惑之中。"（FT 140）

　　在一定程度上，约翰尼斯似乎意识到了他在这里让自己陷入的困境。他承认需要对此做出解释，鉴于约翰尼斯对于"亚伯拉罕没有能力说话"所做的评述，他如今又能以何种方式承认亚伯拉罕说过某些话语呢?（FT 141–142）但约翰尼斯以如下方式做出

1　参见 Genesis 22: 8。

了解释："首先最重要的是，他什么都没有说，而通过这种方式，他说出了他要说的一切。他对以撒的回答有着反讽的形式，因为在我说着一些什么却又不在说着一些什么的时候，这总是反讽。"（FT 142）

　　约翰尼斯在这里究竟意指的是什么？斯蒂芬·穆尔霍尔将注意力转向了约翰尼斯的这个相关论断："只有［亚伯拉罕的］这句话被保留下来，这是他对于以撒仅有的回复，而这也足以证明，亚伯拉罕在这之前没有说话。"（FT 139）这似乎是一个古怪的论断。根据这种相同的推理，赫拉克利特被保留下来的作品仅仅是某些残篇，根据这个事实就"足以证明"，赫拉克利特从未写过其他任何东西：荒谬的推理导向了错误的结论。此外，正如穆尔霍尔指出的，在《创世纪》的文本中，亚伯拉罕仅仅说过一次话的说法是不真实的。根据这个文本，亚伯拉罕实际上在此之前就在两个场合中说过话。当上帝呼唤他的名字时，他回答说："我在这里。"[1]在这次旅行的第三天，亚伯拉罕对陪伴他的年轻人说："你们和驴在此等候，我与童子往那里去拜一拜，就回到你们这里来。"[2]穆尔霍尔将约翰尼斯在这里的推理描述为"一种对于悖论的模仿，一种自相矛盾的荒谬尝试，他想在这些语句中鱼与熊掌兼得"[3]。

　　然而，约翰尼斯的论证似乎拥有一种意义。亚伯拉罕所说话语既与他献祭以撒的意愿（在这种情况下，献祭的"羔羊"就是以

1　Genesis 22:1. Conway 2008同样极为重视亚伯拉罕所说的"我在这里"这句话。

2　Genesis 22: 5.

3　Mulhall 2001: 360.

撒本人）相一致，又与他相信，"凭借荒谬的力量"，他必定不会牺牲以撒，他将会重新得到以撒（在这种情况下，献祭的"羔羊"就会是并非以撒的某种东西）的信念相一致，就此而言，人们确实可以发现，亚伯拉罕在他自己所说的话语中"完全在场"。然而，穆尔霍尔认为，就此会产生许多问题。穆尔霍尔的第一个异议是，通过将亚伯拉罕的这个回应描述为"反讽的"，约翰尼斯将亚伯拉罕与苏格拉底关联起来，而根据约翰尼斯的描述，苏格拉底被视为一个"智识的悲剧英雄"。但我们还知道，约翰尼斯在悲剧英雄与信仰骑士之间做出的一个主要对比。"因此，通过类比将亚伯拉罕关联于苏格拉底的做法，沉默削弱了约翰尼斯自己的辩证努力的核心要素。"[1]

这个异议并非真正令人信服。为了令人信服，我们就会不得不接受自动从"反讽"到"苏格拉底"的那一步论证。尽管无可否认，苏格拉底通常都是克尔凯郭尔的反讽的典范，但苏格拉底肯定并不是唯一的典范。在他的博士论文《反讽的概念》中，克尔凯郭尔最为持久地论述了反讽这一主题，而他在那里也对"浪漫主义的反讽者"（如弗里德里希·施勒格尔、蒂克、索尔格［Solger］）做出了某些翔实的论述。

不过，穆尔霍尔的第二个异议至少初看起来显得更加令人信服。穆尔霍尔指出，敬请约翰尼斯原谅，亚伯拉罕的话语并不是"什么都没有说"。这些话语远非仅仅是空洞的或没有意义的，它们事实上由于两种对立的可能性而显得模棱两可：其中的一种可能

1　Mulhall 2001: 361.

性是，献祭的羔羊就是以撒（倘若亚伯拉罕必须完成这次献祭），另一种可能性是，上帝会提供真正的羔羊（以撒因此就得以避免被献祭）。[1]然而，一旦我们将自己的注意力聚焦于这两种对立的可能性，我们就有可能注意到其他的某些东西：这两种可能性事实上都没有成为现实。以撒得以避免被献祭，因此他并不是献祭的羔羊。但上帝也没有提供一头真正的羔羊：献祭的动物实际上是一头山羊。因此，无论是就它们想要表达的隐喻意义而言，还是就它们想要表达的字面意义而言，亚伯拉罕的话语都可以被证明是不准确的。

穆尔霍尔预料到了这样一种可能会提出的异议：被献祭的动物是这个物种的成熟成员，而不是幼年成员，这个事实"有点过于缺乏想象力，以至于缺乏说服力"[2]，但穆尔霍尔设法抵制了这种异议。根据一种基督教的视角，亚伯拉罕的话语具有一种他自己所不知晓的预言性维度，而这种可能性具有一种深刻的重要性：上帝所提供的羔羊最终被证明是基督，即"上帝的羔羊"。但甚至是根据约翰尼斯自己的视角，亚伯拉罕无法避免在字面意义上犯错误这个事实应当也是重要的，因为正如我们在约翰尼斯讨论那个逃避的教士与《路加福音》的相关段落时就已经看到的，约翰尼斯坚持主张字面意义的重要性。在我看来，专注于这个事实，恰恰就是穆尔霍

1　Mulhall 2001: 361.

2　Mulhall 2001: 363.

尔的批评的那一个最重要的方面。[1]

约翰尼斯与字面意义

让我们更加详细地分析这一点的重要性。用穆尔霍尔的话来说，约翰尼斯批评那个教士"逃离了……亚伯拉罕处境的具体细节，并用更为一般或普遍的术语所描述的处境，取代了《圣经》文本真正采纳的那种不那么容易接受的处境"[2]。约翰尼斯转而含蓄推240荐的是"一种颠倒了这个过程的解读模式——在这种模式中，教士所使用的那些普遍概述被转化为（被重新转译为）在语言与经验上的特殊事物，而那些普遍概述就导源于这些特殊的事物"[3]。我们不应当仓促地从一段《圣经》的文本中（"始终将最好的事物给予上帝！"）推断出一种抽象的教训，而是应当认真地对待以下这个想法：一段文本的重要性或许在于它的特殊性。它所运用的语词或许"对于其他的语词来说是不可通约的，因而对于其他按照自身的方式来讲述的故事来说也是不可通约的；我们必须使用这个故事给予我们的那些语词，而不是让它们遭受转变"[4]。在穆尔霍尔看来，这

1　然而，在这里有必要提醒读者：穆尔霍尔并没有注意到，在丹麦语的《圣经》中，John 1: 29（我们从那里得到了"上帝的羔羊"这个措辞）所使用的词语是 Lam，而 Genesis 22: 8 使用的词语是 Dyret（"野兽"），因此，这两段文字之间的关联并不像《圣经》的那个熟悉的英译本那么清晰。杰弗瑞·汉森注意到了一个相关的要点，但他认为，这种类型学的解读并不需要关注这种细节（Hanson 2015: 231-232）。我很快就会对汉森贡献的重要性做出更多的论述。

2　Mulhall 2001: 365.

3　Mulhall 2001: 365.

4　Mulhall 2001: 366-367.

就是约翰尼斯为我们提供诸多可替代的人物（悲剧英雄；无限弃绝的骑士；附属于亚伯拉罕的故事的主人公）所要表述的观点，他们在表面上看起来类似于亚伯拉罕，但更加严密的考察就可以证明，他们并不类似于亚伯拉罕。"设计这些无休无止地增加的替代性的叙事可能性，就是为了将一种叙事的现实性带入具有鲜明文学性的生活之中——为了让作为读者和精神生命的我们拒绝用我们自己（与我们自己的文化）想象的故事来取代那个已经给予我们的故事，为了让我们承认，那个故事的重要性无法用其他措辞来表达。"[1]

约翰尼斯坚持主张，《圣经》的文本应当按照字面意义来进行理解，他又断言，当亚伯拉罕说话时，他并没有说出任何东西，亚伯拉罕无法注意到，事实上，他自己所说的东西最终被证明是错误的，在约翰尼斯的这两个主张之间似乎存在着一种矛盾。穆尔霍尔现在提出的问题是，我们应当如何对这种矛盾做出回应？难道约翰尼斯在困惑中没有意识到这种矛盾吗？抑或是说，约翰尼斯的困惑是一个"信号"，是一段间接交流，"约翰尼斯期望他的读者为了他们的精神生活而更努力地工作"？[2]穆尔霍尔在着手重新解读这个文本时，他的头脑中想到的就是后面这种可能性。

我并不打算对穆尔霍尔的这种重新解读给出充分的解释，而是让读者的注意力转向这种重新解读的某些最显著的特征。首先请回想《恐惧与颤栗》的卷首引语。塔克文的儿子能够理解他父亲在罂粟花园的行为所包含的信息，这简直就是在不说话的条件下进行

1　Mulhall 2001: 367.

2　Mulhall 2001: 368.

表述的一个实际例证。此外，塔克文的儿子所理解的是，这个信息并非真正是砍掉罂粟花的花冠，而是对盖比伊城的领头市民判处死刑或将他们放逐（"最高的罂粟花"），这表明塔克文的儿子已经领悟到，不应当按照字面意义来理解这个信息，而是应当按照隐喻的或寓意的方式来理解这个信息。

穆尔霍尔据此提出了两个建议。第一，我们或许可以把亚伯拉罕视为"在上帝与以撒之间的一个无知的信使"，[1]他无法看到自己被迫使用的语词的精确意义，至于上帝自己所提供的羔羊，则有必要按照寓意的方式来进行理解，而不应当按照字面意义来进行理解。也就是说，正如我们在先前就已经提到的，亚伯拉罕的话语拥有一种预言的价值——它们预示了基督的降临——而亚伯拉罕本人并不知晓这种预言的价值。第二，使用这段卷首引语的意图是，这个文本的作者想要人们按照寓意的方式来理解文本："可以把他对字面意思的强调理解为忘却了语言的宗教用法的真正本质的一种典型表现，他打算让自己的读者最终克服这种遗忘状态，恰如亚伯拉罕最终在摩利亚山上克服了他自己的误解一样。"[2]

穆尔霍尔提出这个建议的方式是，他在头脑中想到的这个作者是约翰尼斯，而不是克尔凯郭尔。穆尔霍尔给人们留下的印象是，按照他的理解，约翰尼斯并不是克尔凯郭尔设定来代表堕落的人物，而是用他来鼓励我们进入某种思考方式，接下来倘若我们已经准备足够努力地追求我们的精神养分，那么克尔凯郭尔就会突然

241

1　Mulhall 2001: 371.

2　Mulhall 2001: 371-372.

破坏这个用来支持和帮助我们的人物。但我们无法肯定的是，应当将这个卷首的引语归于约翰尼斯还是克尔凯郭尔。因此仍然可以保留下来的一种可能性是，约翰尼斯并没有注意到他自己犯下的错误、混淆与错误强调的东西。倘若实际情况就是这样的，那么我们就不得不将卷首引语视为克尔凯郭尔发出的声音：他通过这种方式所表示的意思是，约翰尼斯本身是一个没有注意到他所传递信息的关键方面的信使。

通过转向序言与尾声中的那些与经济有关的比喻，穆尔霍尔援引了我们已经看到的在约翰尼斯的描述中荷兰商人的"必要欺骗"手段，即将某些香料沉入海底，以便于抬高剩余香料的价格。在第5章的结尾处，约翰尼斯似乎通过暗示他的策略已经抬高了信仰的价格来结束他的这本书。但穆尔霍尔提出了如下这个更为复杂而又有趣的可能性：

> 这种欺骗存在于如下这个事实之中：通过用廉价的概念换取奢华的概念，沉默者几乎无法回避经济交换的隐喻：奢侈的商品仍然是一种商品，它们仍然是可以买到的，因此对于这个制度中的其他商品来说仍然是可以公度的。对于一种精神商品的恰当评价，或许需要完全回避这种经济交换的比喻，并因此需要避免这样一种想法：语言用法的一切形式始终都可以根据意义的单一维度（比方说，字面意义）来加以评价。[1]

242

---

1 Mulhall 2001: 372.

有趣的是，这种观点明显类似于我们看到的努斯鲍姆用来充实她对亚里士多德的道德知觉的描述的三要点之中的第一个要点。在本章先前的内容中，我们已经触及了第二点与第三点：特殊判断对于普遍事物的优先性，以及情感与想象在伦理选择中的中心地位。我们还没有讨论过的第一个要点是亚里士多德对于如下论断的抨击：所有有价值的事物都是可以公度的。而亚里士多德的观点是，任何单一的尺度都无法比较所有的事物并为所有的事物设定等级。在对克罗斯做出回应的过程中，我们已经断言，约翰尼斯使用了这种描述亚里士多德的图景所包含的第二个与第三个要点。倘若穆尔霍尔是正确的，那么约翰尼斯也间接使用了第一个要点，约翰尼斯（故意）不去考虑这一点，并通过这种失败让我们看到问题所在。另一方面，倘若约翰尼斯是克尔凯郭尔的堕落"兄弟"，那么约翰尼斯无法承认第一个要点，这就是克尔凯郭尔为了让我们看到这一点的重要性而使用的手段。无论通过哪种方式，我们都会看到，所有有价值的事物并非都是可以公度的，因此没有任何根据来断言，严肃对待一个文本，就必定意味着要按照字面意义来理解它。

在某种程度上说，在第6章中讨论的基督教寓意解读是合理的，穆尔霍尔所提供解读的这个方面或许给我们留下了令人信服的印象。但是，当穆尔霍尔根据"定调"的内容来试图进一步怀疑约翰尼斯时，就产生了一个问题。穆尔霍尔对于那个迷恋于亚伯拉罕故事的人（几乎可以肯定，这个人就是约翰尼斯本人）产生了两方面的担忧。第一，穆尔霍尔注意到，虽然约翰尼斯提出，这个人的部分问题是，"他不会希伯来语；倘若他会希伯来语，那么他或许就会很容易理解亚伯拉罕的这个故事"（FT 44），但约翰尼斯在这里"反讽挖苦的是学者，而不是虔诚的质朴者"。[1]穆尔霍尔对此提出的问题是，约翰尼斯在这里的讽刺或嘲笑是否并没有包含真正的真相："倘若我们的目标是按照它所有的具体特征来理解《圣经》的文本，那么我们又怎么可能认为，理解最初撰写《圣经》时所使用的诸多话语的意义是无关紧要的呢？翻译问题又怎么能被当作分散精力的问题而被简单抛弃呢？"[2]第二，穆尔霍尔批评这个迷恋于亚伯拉罕的人，他将自己的注意力专一地聚焦于他与亚伯拉罕的关系，并将这种关系对立于他自己与上帝的关系。这必定是一种"根本的错误。试图将自己献给另一个人与上帝的关系之中的一段巅峰经历，这并不相当于将自身献给上帝；相反，这种做法有可能无休无止地让自己偏离这个使命，这不仅暗示了一种错误的优先权，而且对于解读《圣经》的唯一真正要点完全缺乏清晰的认识。难道我们真的能够期待这种解读模式可以阐明宗教信仰的真实本质吗"？[3]

我在这里对穆尔霍尔的路线有两个异议。第一个异议是内在的不融贯性，因为在我看来，这两个论断彼此之间存在着严重的冲突。倘若聚焦于亚伯拉罕的做法导致了一个人"可能无休无止地让自己偏离"这个人与上帝的关系，那么这种相同的说法为什么就不能适用于以下这个想法：一个人为了理解《圣经》，就需要让自己

1　Mulhall 2001: 373.

2　Mulhall 2001: 373.

3　Mulhall 2001: 373. 请注意康威的解读与克罗斯的解读在这里的相似之处。

学习希伯来语（希腊语或阿拉伯语）？在所有其他条件都相同的情况下，能够理解这些语言确实显得具有一种优势，尽管如此，克尔凯郭尔还是经常坚持认为，基督教传递的信息以及与上帝的恰当关系，对于所有人来说都是可以实现的，无论他们的教育水平是高是低。[1]（事实上克尔凯郭尔甚至就像克利马克斯那样不时暗示，受过良好教育的知识分子有时会处于一种不利的处境之中，因为学者模棱两可与回避的态度轻易就能妨碍一个人在自己的生活中获取基督教传递的信息，这个见解似乎也符合约翰尼斯对于学习希伯来语的需求的讽刺挖苦。）而我的第二个异议或许更为重要。我们可以利用我们在对克罗斯的回应中已经做出的评述来质疑穆尔霍尔的如下假设：聚焦于亚伯拉罕的做法必定会让一个人逃避自己与上帝的关系。尽管我接受认为这种情况有可能发生的一般观点——恰如一个人在思考自己与上帝的关系之前，就有可能觉得自己有必要学习不止一门古代语言一样——但没有理由假定，这就是必定会发生或有可能会发生的不测事件。这种假设忽视了我们通过努斯鲍姆看到的一个特征：可以更好地理解自己的途径，通常都包含着可以更好地理解他人（特别是像亚伯拉罕那样被视为典范的人）的途径。倘若约翰尼斯的目标是理解需要做些什么才能拥有信仰，倘若亚伯拉罕是信仰的典范，那么尽管存在着逃避的风险，但约翰尼斯倾注大量的精力试图理解亚伯拉罕，这并不是什么罪过。考虑到对自我的理解（包括对于自己与上帝的关系来说不可或缺的那种自我理解）与对作为典范的他人的理解之间的相互关系，穆尔霍尔就没有任何根

244

1　例如，参见 JP 1: 69, 106。

据来支持他的这个假定：约翰尼斯聚焦于亚伯拉罕的做法，就相当于"专一地"聚焦于他自己与亚伯拉罕的关系，而这种关系是对立于他自己与上帝的关系的。前者或许是通向后者的一个阶梯。实际上，倘若实际情况并非如此，那么《圣经》又为什么会由诸多有关亚伯拉罕这样的宗教典范的故事组成呢？例如，对于作为反面人物的宗教典范——如在善良的撒玛利亚人的寓言中从道路的另一边走过，不理睬受害者的那个祭司[1]——的讨论，克尔凯郭尔就坚持认为："倘若你读到'偶然有一个祭司，从这条路下来，看见他就从那边过去了'，那么你就会对自己说：'这恰恰就是我……这个祭司就是我自己。令人遗憾的是，我会由此意识到，我自己有可能如此冷酷无情……'"（FSE 40）在克尔凯郭尔看来，一个人通过想象让自己与《圣经》的典范形成密切的关系——无论这些典范是正面人物还是反面人物——这是让自己与上帝的关系得到发展与深化的关键。

不过，还是让我们回到穆尔霍尔的这个总体观点：约翰尼斯错误地对字面意义赋予了这么大的重要性。请考虑约翰尼斯做出的如下评论：

> 这个世界上并不缺乏机敏的头脑与可靠的学者，他们已经找到了各种［亚伯拉罕的这个故事的］类似者。他们的智

1　参见 Luke 10: 25–37。

慧就相当于在支持这个极其令人满意的原则：一切事物在根本上都是相同的。倘若人们要略微凑近一点去审视，那么我会非常怀疑，人们在整个世界里能否找到哪怕一个类似者，除非后来的类似者是一个什么也证明不了的类似者。

（FT 85）

考虑到我们在第6章中已经做出的评论，后来的类似者似乎就是基督。但倘若是这样，我们就会怀疑，这个类似者是否真的"什么也证明不了"——约翰尼斯用这个措辞坚持主张字面意义的重要性。事实上，正如穆尔霍尔指出的，基督对话的标准模式并不是与字面意义有关，而是与寓意有关。"根据定义，寓意就不应当按照字面的意义来理解；它们只能通过类比，通过解释它们在字面上描述的事件的象征意义来获得理解。"[1]这就将我们带回到我们在第6章中就已经提出的一个问题上：需要根据其象征的神秘意义来审视亚伯拉罕的这个故事。

245

约翰尼斯的错误转向

穆尔霍尔断言，存在着两个关键要点，通过这两点我们就能看到，约翰尼斯已经"脱离了正确的轨道"[2]。第一个要点当然是与约翰尼斯过度强调字面意义的做法有关。约翰尼斯"合理地想要"

---

1   Mulhall 2001: 379.

2   Mulhall 2001: 380.

将信仰者的注意力引导到诸如亚伯拉罕的故事这样的《圣经》叙事的具体细节之上，但随着他的这个做法逐渐转变成了"这样一个原则：理解这些文本的唯一正当模式是，根据它们的字面意义做出解释"[1]，就产生了一个问题。这种转变最终导致的一个结果是，在约翰尼斯"谈论亚伯拉罕时认为他无法说话的见解与约翰尼斯承认亚伯拉罕对于自己的故事与人生的重要意义确实说过的话语的中心地位的见解"之间，存在着一种"几乎不可能被忽视的矛盾"[2]。通过回到在上文中援引的最后一段出自《恐惧与颤栗》的引文，就可以清晰地阐明，约翰尼斯据说是以何种方式在这里走上了错误的道路的。不同于约翰尼斯在这段文字中做出的论断，没有任何充分的理由来将类似者等同于那种认为"一切事物在根本上都相同"的原则。恰恰相反，对于一个文本的任何正当解释，都必须要回应"这个文本本身的诸多细节。通过类比的解释……坚决主张，一个文本的特殊性，它的独特性及其与其他文本的差异的整个深度，只有当我们已经从字面意义的层面转向了喻义的层面时才能显现出来"。[3]于是，约翰尼斯最显眼的错误，最终导源于他对字面意义的痴迷态度，穆尔霍尔认为，约翰尼斯的这种痴迷态度表明，他对宗教语言的本质持有一种严重的误解。

这是一个相当有趣的异议。然而，它最近遭到了杰弗瑞·汉

1　Mulhall 2001: 381.

2　Mulhall 2001: 381.

3　Mulhall 2001: 381.

森（Jeffrey Hanson）的反击，汉森也因此对这场论辩做出了重要的贡献。尽管汉森并没有直接提到末世的信任或希望，但他的整体论证支持的是我们在第6章中论证的那条路线。亚伯拉罕在《创世纪》第22章第8节中所说的话语是，上帝将亲自为这次燔祭提供一只羔羊，亚伯拉罕由此"表达了这样一种信任，即上帝将提供祭品，却仍然完全不确定，上帝将如何提供这样的祭品"[1]。对于汉森来说，在这种意义上，这些话语"完全是一种关于信仰的交流模式"[2]。这是因为这些话语"既是真实的，又是美好的"，但它们"指向的是一种无法为亚伯拉罕的理解力所把握到的真理"。[3]

汉森证明这个见解的方式是，专注于在穆尔霍尔看来让约翰尼斯脱离了正确轨道的第二个要点。穆尔霍尔在这里提出的异议是，约翰尼斯为了保留宗教与伦理的独特性，"将黑格尔的辩证法适用于亚伯拉罕的严酷考验"[4]。正如我们已经看到的，这些疑问对于黑格尔的宗教信仰观提出了诸多彼此关联的问题（例如，疑问I提出的论证是，倘若伦理是普遍的事物，那么黑格尔就应当将亚伯拉罕谴责为一个杀人凶手）。穆尔霍尔在接下来的这段文字中解释了约翰尼斯的整体策略：

---

1 Hanson 2015: 229.

2 Hanson 2015: 229.

3 Hanson 2015: 229.

4 Mulhall 2001: 381.

他想要否定黑格尔将宗教与伦理等同起来的做法，沉默的约翰尼斯通过简单否定黑格尔的三个关于伦理的论断来构造出对于亚伯拉罕的描述（因而也就构造出了对于信仰的描述）。但他在那里并没有质疑这三个论断是否准确地符合黑格尔原本的意思；他拒斥了黑格尔对于信仰领域的论断，并且想当然地认定了以下这个真理：黑格尔关于伦理的论断无法适用于信仰——信仰是对伦理（黑格尔所理解的那个领域）的否定……沉默的约翰尼斯公然宣称，他对黑格尔的一切都感到憎恶，这导致了他将宗教领域描绘成了一种黑格尔伦理观的镜像。他从来也没有停止认为，黑格尔不正当地将伦理领域与宗教领域等同起来，但这或许是由于他既误解了伦理的领域，又误解了宗教的领域——这种等同依赖于对这两个被关联起来的领域的误解。[1]

我对此提出的异议类似于我先前在第6章中提出的一个异议。穆尔霍尔断定，约翰尼斯"从来也没有停止认为"，黑格尔对伦理的特征描绘或许存在一个问题，但穆尔霍尔的这个论断是极其可疑的。正如我们在第6章中提出的那个支持穆尼而又反对格林的主张所表明的，"伦理是普遍的事物"恰恰可以被视为那种经过了仔细考察的观点，而不是约翰尼斯做出的论断或他想当然持有的观点。

1　Mulhall 2001: 382.

汉森为这个异议添加了某种重要的东西。他认为，穆尔霍尔同样向我们提供了一种虚假的对立：字面的意义与比喻的意义之间的对立。相反，对于亚伯拉罕"最后的话语"的解读，"既应当根据字面意义来进行，又应当根据比喻意义来进行，而且应当同时按照这两种方式来进行"。[1]汉森想要表达的意思是什么呢？

对于汉森来说，亚伯拉罕的"预言式的话语"展示了"一种灵活性，而这种灵活性是亚伯拉罕信仰的重要组成部分"。[2]亚伯拉罕的预言确实成为了现实，但并不是按照"他的话语有意表达的"意思而成为现实的。[3]但我们不应当将之仅仅解读为"比喻的意义"。通过运用大卫·康阿斯（David Kangas）撰写的一篇文章的观点（康阿斯在这篇文章中根据《雅各书》第1章第17节的内容，论述了克尔凯郭尔对于"这种馈赠"的沉思[4]），汉森谴责穆尔霍尔让自己停留在了"黑格尔的这个原则的基石之上，即在字面的或概念的意义与比喻的或隐喻的意义之间存在着一种不可克服的异质性与优先顺序，而在这个过程中，概念的意义始终高于隐喻的意义"[5]。穆

1　Hanson 2015: 229.

2　Hanson 2015: 232. 这就是他会同意，这种关于比喻意义和字面意义的讨论是穆尔霍尔的批判的最重要组成部分的原因（Hanson 2015: 232）。

3　Hanson 2015: 232.

4　Kangas 2001. 请注意，James 1: 17–22（这是克尔凯郭尔特别喜爱的一个文本）激发了克尔凯郭尔创作"各种美善和各种全备的恩赐都是从上头来的"这篇讲演（EUD 31–48）——伴随着这篇讲演的是"信仰的期待"与其他的后期讲演。

5　Hanson 2015: 232.

尔霍尔简单地颠倒了这个对立，却没有从根本上去质疑这个对立。

必须承认，汉森是通过对克尔凯郭尔以真名发表的一段讲演的讨论来抵达这个立场的，因此，穆尔霍尔或许会诉诸《恐惧与颤栗》的假名作者的地位（以及这个假名的所谓的局限性）来捍卫他自己的立场。尽管如此，即便汉森的策略并没有阻挡他的反对者做出这种反击，但汉森转而提出的那个对于比喻的意义和字面的意义的替代性见解，则会给我们带来启发。汉森提议，亚伯拉罕在《创世纪》第22章第8节中做出的评论，既不应当仅仅根据寓意来进行解读，也不应当仅仅根据字面意义来进行解读，而是应当被解读为"揭示了这样一种真理的见解，这种真理只有作为一种馈赠，才可以为内在的个体所获得，而只有通过与这种不可还原为对话的诸多具体命令的真理相遇，这种个体才会被改变"[1]。通过讨论疑问III，通过讨论约翰尼斯对亚伯拉罕的做法与自己克制说出"反抗伦理责任"或"顺从审美恰当性"[2]的话语的做法所进行的比较，汉森认为，亚伯拉罕的话语设法既保留审美的恰当性，又保留一种讲述真理的伦理要求（无论这种做法有多么难以捉摸）：亚伯拉罕"最后的话语"是"简练的、节制的、难懂的，并且预示了每一个读者所渴望的美好结局"。[3]请注意，这种解读在一种重要的意义上保

1　Hanson 2015: 232；也可参见pp. 234–235。

2　Hanson 2015: 237；相关的细节，可参见pp. 237–243。

3　Hanson 2015: 242.

留了如下观念：生存领域具有累积性的特征。[1]通过继续将这些话语——无论是仅仅具有字面意义的话语，还是仅仅具有比喻意义的248话语——与对爱的宣告加以比较，[2]汉森得出的结论似乎相当明显地支持我们在第6章中所持有的立场：

> 为了大声说出一种既不是字面意义上，又不是比喻意义上的真理，就要采纳一种全新的说话模式，一种重新肯定了信心与信任的表达模式——"上帝将提供祭品"——尽管与此同时也会承认，甚至说话者自身也不知道上帝将**如何**提供祭品。[3]

汉森补充说，

> 亚伯拉罕的话语在形式与内容上都是有关信仰的经典言说。信仰信任上帝将会提供祭品，尽管信仰者仍然不知道上帝将用哪种出乎意料的方式来发送祭品：亚伯拉罕**所说的东西**与亚伯拉罕**说话的方式**都体现了这一点。亚伯拉罕的智慧**真实而又优美地**说出了一种真理，说话者不可能断定自己占

---

1 此外，这种解读也与我们先前提出的那个建议相一致，即约翰尼斯说出的主张"伦理"是"普遍事物"的话语与其说是一种规定，不如说是"一种有待挑战的假定"（这是汉森提出的说法，他明确支持本书第一版对于这个想法的论述［2015: 233n14］），因为"伦理"可以根据信仰而有所改观。

2 Hanson 2015: 243–244.

3 Hanson 2015: 244.

有这种真理，他只能为这种真理所占有。[1]

倘若以上这条反驳路线是中肯的，那么穆尔霍尔关于《恐惧与颤栗》所采纳策略的论断即便是有趣的，也是无法令人信服的。[2]穆

1　Hanson 2015: 244-245. 这就让我们能够看到，蒂莫西·达尔林普尔（Timothy Dalrymple）对于本书第一版的某一方面论断（2010: 66-67）提出的反对理由存在什么问题。在某种意义上，达尔林普尔正确地表示，"一种特定的期待"并不等同于信仰（尤其可以回想我们在第6章中对于"信仰的期待"的讨论）。但我们需要更加谨慎地思考，将"一种特定的期待"归于亚伯拉罕，这种做法究竟意味着什么。达尔林普尔似乎反对我坚持这样一种可能性：亚伯拉罕或许期望自己最终可以避免去杀死以撒（这就是所谓的"特定的期待"）。达尔林普尔注意到，根据《希伯来书》第11章，"亚伯拉罕相信以撒在必要的情况下会复活"，他断言，"约翰尼斯想要表达的意思必定是，亚伯拉罕相信上帝最终不会带走以撒"（Dalrymple 2010: 66）。相信"以撒将通过某种方式而获得拯救……这并不意味着，亚伯拉罕相信以撒不会死"，按照约翰尼斯的描述，亚伯拉罕对于上帝的干预感到"惊讶"，这个事实可以被理解为相当于在表示，约翰尼斯"清楚这一点"（Dalrymple 2010: 66）。反对达尔林普尔的这个异议的关键是内在的不融贯，因为可以肯定的是，"相较于'上帝将会提供某种东西'（或者通过取消这次献祭，或者通过复活以撒，或者通过某种超出我的理解范围的方式），'上帝让我杀死以撒，接下来再以不可思议的方式来复活以撒'更像'一种特定的期待'"。在解读这段被达尔林普尔认为如此"清晰"的文字（参见FT 65）时，以完全对立于他建议的方式来进行解读，这似乎是更为合情合理的做法。约翰尼斯提出了两种不同的可能性，一种是"上帝并没有向亚伯拉罕索要以撒"，另一种可能性则是以撒确实被杀死了（"让我们继续前进，我们将让以撒被献祭"）。（请比较疑问III，约翰尼斯在那里让亚伯拉罕如此说道："然而这种情况并不会发生，即便发生了这样的情况，上帝也会给予我一个新的以撒。"［FT 139，我为了强调而改变了某些引文的字体］）达尔林普尔似乎仅仅注意到了第二种可能性。

2　请注意，这还给了我们进一步的理由来抵制韦斯特法尔对于圣经信仰的"确定内容"的论断，我们在第6章中就已经考虑过韦斯特法尔的这个论断。

尔霍尔的论断是，由于约翰尼斯

> 谨慎地确保这两个在解释上具有基本误导性的假定［恰如前文概述］，会聚于他在高潮状态论述亚伯拉罕沉默的言说时所产生的那些显眼的前后不一致，由于我们拒斥这些假定并勾勒了一种替代性的解释，这种解释根据沉默的约翰尼斯自己所提供的素材构造而成，它似乎可以对《创世纪》的叙事形成更为积极的回应，我认为我们可以正当地得出这样的结论：约翰尼斯强硬地倡导这些假定，但这不是为了设法证明它们是正确的，而是设法鼓励他的读者来体验这些假定所拥有的诱惑力，让他们起初接受它们的真实性，但这仅仅是为了让他们随后发现这些假定是无效的，并开始揭示出那些处理亚伯拉罕的这个故事的更加积极与更加具有责任感的回应方式。[1]

这个解读或许会让我们在文本中察觉到一些新的可疑之处，但我认为，这种解读终究是过于复杂的，我们在上文中已经给出了某些理由来表明我们可以拒斥这种解读。尽管如此，我确实赞同穆尔霍尔的观点是，约翰尼斯能够向我们讲述的关于信仰的话语存在着诸多局限性。但这个结论并不令人惊奇，因为约翰尼斯自始至终都承认，他自己是信仰的局外人。他对于信仰的看法还远不够完备。[2]

249

1　Mulhall 2001: 382-383.

2　关于这一点的例证，可参见 Evans 1993: 22 与 Westphal 2014: 60-61。

然而，并非任何对于约翰尼斯的这个论证步骤提出的反对理由，都可以被当成一个借口来认为，在这里存在着一种用来影响我们这些读者的精致诡计。例如，某些人已经提出，约翰尼斯对亚伯拉罕的这个故事的描述存在一个问题：事实上，让约翰尼斯感到困扰的是在摩利亚山上发生的事件，相较而言，对于这件事前后的背景，他就几乎没有什么兴趣。在这些批评家看来，约翰尼斯在其他地方的论述，也表现出了一种聚焦于故事梗概的类似倾向。在我们讨论疑问III的过程中，我们就已经注意到，在约翰尼斯对于"四个诗性人物"的描述中，他的评述只需要用到每个故事的梗概。但那些批评家或许会断言，为了恰当地理解一个故事，人们就需要用更为完整与更为丰富的细节来把它讲述出来。而在约翰尼斯那里存在的这种倾向，是否就可能是克尔凯郭尔给出的一个线索，他的目的是以此来帮助我们得出这样的结论：约翰尼斯对于亚伯拉罕的这个故事的论述没有充分关注它周围的语境与细节，因而无法成为可靠的论述？

实际上，我并不这么认为。在克尔凯郭尔的日记中存在着证据来表明，《恐惧与颤栗》会拥有这种焦点的原因。在一则1840—1841年间撰写的笔记中，克尔凯郭尔对人们过于熟悉亚伯拉罕的这个故事的危险性做出了评论："或许这个故事已经不再让我们感到惊奇，因为我们在自己童年的早期就已经知道了这个故事，但这种缺陷并不真正在于这个故事的真实性，而在于我们自身，因为我们过于冷漠，以至于无法与亚伯拉罕感同身受，也无法与亚伯拉罕共同经历苦难。"（JP 5: 5485）不难看出，为什么有些人会认为，约翰尼斯会想要把焦点放到亚伯拉罕的这个故事中捆绑以撒的要素上，会在这个过程中强调亚伯拉罕的忧惧。对于那些已经相当了解这个故事的观众来说，完全没有必要去完整讲述这个故事在《创世纪》中的诸多背景细节。

结　论

　　在结论中我们又能说些什么呢？约翰尼斯是不可靠的，他不
应当被直接当作克尔凯郭尔自己对于信仰的见解的代言人。在让读
者更加心甘情愿地接受这个观点之前，就有必要去研究诸如《致死
的疾病》《爱的作为》这样在此之后发表的文本以及许多其他的文
本。[1]但我并不认为，约翰尼斯的不可靠就像穆尔霍尔所断言的那
样是一种经过精心计算的策略，它也并不像某些批评家所宣称的那
样是一个重大的问题。约翰尼斯或许是有缺陷的，但他在论述中是

1　蒂特延提出："沉默的约翰尼斯的信仰观从来都没有被完全抛弃或废除，克利马
　　克斯的信仰观也是如此。相反，每一个假名作者都根据困扰着克尔凯郭尔的同时
　　代人的诸多特定误解而提出了各自的信仰观。然而，这就是'原创作者所掀起
　　的整个运动'的一个组成部分，这个运动'特别针对的是某些基督徒的范畴'。"
　　(Tietjen 2013: 116)倘若蒂特延对此做出了正确的判断（而我的推测是，他应当
　　是正确的），那么这就对某些解读克尔凯郭尔的工作（或许其中就包括Krishek
　　2009）提出了诸多问题，《恐惧与颤栗》的信仰观似乎就会在某种意义上被描述为
　　克尔凯郭尔思想的最精彩部分。

真诚的。[1]克尔凯郭尔的哲学研究进路的核心是这样一个观念：相较于一种旁观的、"纯粹的"或"抽象的"合理性，它更青睐于一种拥有旨趣的、"主观的"合理性。推理与探究是为像我们这样的有限受造物所贯彻执行的：我们不仅是一种拥有人格和旨趣的受造物，而且还是一种拥有缺陷的受造物。克尔凯郭尔的许多假名作者都符合这种描述——沉默的约翰尼斯也不例外。[2]约翰尼斯试图通过想象来认同他如此敬佩的亚伯拉罕，而这是一次试图将他自己关联于作为典范的他者的真正尝试——那些以负面的方式来将约翰尼斯评判为失败者的人，或许完全忽略了要在这方面获得成功的难度。不应当以约翰尼斯的缺陷去贬损他具备的诸多正面特征。这些正面特征包括：他在多次重复的故事中感受到新鲜生命的能力；他持续强调了那种必定会伴随亚伯拉罕考验的忧惧与痛苦；而且他还承认，倘若伦理叙事和宗教叙事从根本上可以发挥作用，那么它们必定会对它们的读者或聆听者产生某种影响。尤其是沉默的约翰尼斯对亚伯拉罕拥有如此强烈的兴趣，对于那些曾经与亚伯拉罕相遇的人来说，任何人都不可能忘记约翰尼斯。

---

1 将诚实作为约翰尼斯的"主要美德"，参见 Tietjen 2013: 96。

2 安东尼·鲁德建议将《恐惧与颤栗》解读为一种"苏格拉底式的演练……它意在让我们意识到自己对于信仰的无知（在某种意义上，我们对于信仰是无知的），而在这个过程中，它或许有助于让我们对'信仰生活究竟是什么'这个问题形成一种更为深刻的存在主义的理解"（Rudd 2015: 193）。

参考书目

主要参考资料

参见克尔凯郭尔文本的检索表。

研究《恐惧与颤栗》（以及克尔凯郭尔的其他文本）的二手资料

Adams, R. M. (1990) 'The Knight of Faith', *Faith and Philosophy*, 7 (4): 383–395.

Agacinski, S. (1998) 'We Are Not Sublime: Love and Sacrifice, Abraham and Ourselves', in J. Rée and J. Chamberlain (eds.), *Kierkegaard: A Critical Reader*, Oxford: Blackwell, pp. 129–150.

Allison, H. E. (1967) 'Christianity and Nonsense', *Review of Metaphysics*, 20 (3): 432–60.

Blanshard, B. (1969) 'Kierkegaard on Faith', in J. H. Gill (ed.), *Essays on Kierkegaard*, Minneapolis, Minn.: Burgess, pp. 113–126.

Buber, M. (1975) 'The Suspension of Ethics', in W. Heiberg (ed.), *Four Existentialist Theologians*, Westport, Conn.: Greenwood Press.

Carlisle, C. (2010) *Kierkegaard's Fear and Trembling: A Reader's Guide*, London: Continuum.

——(2015) 'Johannes De Silentio's Dilemma', in D. W. Conway (ed.), *Kierkegaard's Fear and Trembling: A Critical Guide*, Cambridge: Cambridge UniversityPress, pp. 44–60.

Conant, J. (1989) 'Must We Show What We Cannot Say?', in R. Fleming and M. Payne (eds.), *The Senses of Stanley Cavell*, Lewisburg, Pa.: Bucknell University Press, pp. 242–283.

——(1993) 'Kierkegaard, Wittgenstein and Nonsense', in T. Cohen, P. Guyer and H. Putnam (eds.), *Pursuits of Reason*, Lubbock, Tex.: Texas Tech University Press, pp. 195–224.

——(1995) 'Putting Two and Two Together: Kierkegaard, Wittgenstein and the Point of View for Their Work as Authors', in T. Tessin and M. Von Der Ruhr (eds.), *Philosophy and the Grammar of Religious Belief*, London and New York: Macmillan and St Martin's Press, pp.

248–331.

Conway, D. W. (2002) 'The Confessional Drama of Fear and Trembling', in D. W. Conway(ed.), *Søren Kierkegaard: Critical Assessments*, vol. III, London: Routledge, pp. 87–103.

——(2008) 'Abraham's Final Word', in E. F. Mooney (ed.), *Ethics, Love and Faith in Kierkegaard: Philosophical Engagements*, Bloomington, Ind.: Indiana University Press, pp. 175–195.

——(ed.) (2015a) *Kierkegaard's Fear and Trembling: A Critical Guide*, Cambridge: Cambridge University Press.

——(2015b) 'Particularity and Ethical Attunement: Situating Problema III', in D. W. Conway (ed.), *Kierkegaard's Fear and Trembling: A Critical Guide*, Cambridge: Cambridge University Press, pp. 205–228.

Cross, A. (1994) 'Moral Exemplars and Commitment in Kierkegaard's *Fear and Trembling*', Ph.D. Thesis, University of California, Berkeley, California.

——(1999) 'Fear and Trembling's Unorthodox Ideal', *Philosophical Topics*, 27 (2): 227–253.

Dalrymple, T. (2010) 'Abraham: Framing *Fear and Trembling*', in L. C. Barrett and J. Stewart (eds.), *Kierkegaard Research: Sources, Reception and Resources,* vol. I, tome I: *The Old Testament*, London: Ashgate, pp. 43–88.

Danta, C. (2011) *Literature Suspends Death: Sacrifice and Storytelling in Kierkegaard, Kafka and Blanchot*, London: Bloomsbury.

Davenport, J. J. (2008a) 'Faith as Eschatological Trust in *Fear and Trembling*', in E. F. Mooney (ed.), *Ethics, Love and Faith in Kierkegaard: Philosophical Engagements*, Bloomington, Ind.: Indiana University Press, pp. 196–233.

——(2008b) 'What Kierkegaardian Faith Adds to Alterity Ethics: How Levinas and Derrida Miss the Eschatological Dimension', in J. A. Simmons and D. Wood(eds.), *Kierkegaard and Levinas: Ethics, Politics and Religion*, Bloomington, Ind.: Indiana University Press, pp. 169–196.

——(2008c) 'Kierkegaard's *Postscript* in Light of *Fear and Trembling*', *RevistaPortuguesa de Filosofia*, 64 (2–4): 879–908.

——(2012) *Narrative Identity, Autonomy and Mortality: From Frankfurt and Macintyre to Kierkegaard*, London and New York: Routledge.

——(2015) 'Eschatological Faith and Repetition: Kierkegaard's Abraham and Job', in D. W.

Conway (ed.), *Kierkegaard's Fear and Trembling: A Critical Guide*, Cambridge: Cambridge University Press, pp. 79–105.

Derrida, J. (1995) *The Gift of Death*, trans. D. Wills, Chicago, Ill.: University of Chicago Press.

Dietrichson, P. (1965) 'Kierkegaard's Concept of the Self', *Inquiry*, 8 (1): 1–31.

Duncan, E. H. (1963) 'Kierkegaard's Teleological Suspension of the Ethical: A Study of Exception Cases', *The Southern Journal of Philosophy*, 1 (4): 9–18.

Evans, C. S. (1981) 'Is the Concept of an Absolute Duty toward God Morally Unintelligible?', in R. L. Perkins (ed.), *Kierkegaard's Fear and Trembling: Critical Appraisals*, University, Ala.: University of Alabama Press, pp. 141–151.

——(1992) *Passionate Reason: Making Sense of Kierkegaard's Philosophical Fragments*, Bloomington, Ind.: Indiana University Press.

——(1993) 'Faith as the *Telos* of Morality: A Reading of *Fear and Trembling*', in R. L. Perkins (ed.), *International Kierkegaard Commentary: Fear and Trembling and Repetition*, Macon, Ga.: Mercer University Press, pp. 9–27.

——(2004) *Kierkegaard's Ethic of Love: Divine Commands and Moral Obligations*, Oxford: Oxford University Press.

——(2006) 'Introduction', in S. Kierkegaard, *Fear and Trembling*, trans. S. Walsh, Cambridge: Cambridge University Press.

——(2015) 'Can an Admirer of Silentio's Abraham Consistently Believe that Child Sacrifice Is Forbidden?', in D. W. Conway (ed.), *Kierkegaard's Fear and Trembling: A Critical Guide*, Cambridge: Cambridge University Press, pp. 61–78.

Furtak, R. A. (2015) 'On Being Moved and Hearing Voices: Passion and Religious Experience in *Fear and Trembling*', in D. W. Conway (ed.), *Kierkegaard's Fear and Trembling: A Critical Guide*, Cambridge: Cambridge University Press, pp. 142–165.

Gellman, J. I. (1990) 'Kierkegaard's *Fear and Trembling*', *Man and World*, 23 (3): 295–304.

——(2003) *Abraham! Abraham! Kierkegaard and the Hasidim on the Binding of Isaac*, London: Ashgate.

Gill, J. H. (2000) 'Faith Not Without Reason: Kant, Kierkegaard and Religious Belief', in D. Z. Phillips and T. Tessin (eds.), *Kant and Kierkegaard on Religion*, London and New York: Macmillan and St Martin's Press, pp. 55–72.

Goulet, D. A. (1957) 'Kierkegaard, Aquinas and the Dilemma of Abraham', *Thought*, 32 (2):

165–88.

Gouwens, D. J. (1982) *Kierkegaard's Dialectic of the Imagination*, Ph.D. thesis, Yale University, Connecticut.

Green, R. M. (1992) *Kierkegaard and Kant: The Hidden Debt*, Albany, NY: State University of New York Press.

——(1993) 'Enough Is Enough! *Fear and Trembling* Is Not about Ethics', *Journal of Religious Ethics*, 21 (2): 191–209.

——(1998) '"Developing"*Fear and Trembling*', in A. Hannay, A. and G. D. Marino(eds.), *The Cambridge Companion to Kierkegaard*, Cambridge: Cambridge University Press, pp. 257–281.

Green, R. M. and M. J. Green (2011) 'Simone de Beauvoir: A Founding Feminist's Appreciation of Kierkegaard', in J. Stewart (ed.), *Kierkegaard Research: Sources, Reception and Resources*, vol. 9: *Kierkegaard and Existentialism*, London: Ashgate, pp. 1–21.

Grelland, H. H. (2013) 'Edvard Munch: The Painter of *The Scream* and His Relationto Kierkegaard', in J. Stewart (ed.), *Kierkegaard Research: Sources, Reception and Resources*, vol. 12: *Kierkegaard's Influence on Literature, Criticism and Art*, tome III: *Sweden and Norway*, London: Ashgate.

Hackel, M. (2011) 'Jean–Paul Sartre: Kierkegaard's Influence on His Theory of Nothingness', in J. Stewart (ed.), *Kierkegaard Research: Sources, Reception and Resources*, vol. 9: *Kierkegaard and Existentialism*, London: Ashgate, pp. 323–354.

Hall, R. L. (2000) *The Human Embrace: The Love of Philosophy and the Philosophy of Love: Kierkegaard, Cavell, Nussbaum*, University Park, Pa.: Pennsylvania State University Press.

Hampson, D. (2013) *Kierkegaard: Exposition and Critique*, Oxford: Oxford University Press.

Hannay, A. (2001) *Kierkegaard: A Biography*, Cambridge: Cambridge University Press.

——(2008) 'Silence and Entering the Circle of Faith', in E. F. Mooney (ed.), *Ethics, Love and Faith in Kierkegaard: Philosophical Engagements*, Bloomington, Ind.: Indiana University Press, pp. 234–243.

——(2015) 'Homing in on *Fear and Trembling*', in D. W. Conway (ed.), *Kierkegaard's Fear and Trembling: A Critical Guide*, Cambridge: Cambridge University Press, pp. 6–25.

Hannay, A. and G. D. Marino (eds.) (1998) *The Cambridge Companion to Kierkegaard*, Cambridge: Cambridge University Press.

Hanson, J. (2012) 'Emmanuel Levinas: An Ambivalent but Decisive Reception', inJ. Stewart (ed.), *Kierkegaard Research: Sources, Reception and Resources*, Vol. 11: *Kierkegaard's Influence on Philosophy*, tome II: *Francophone Philosophy*, London: Ashgate, pp. 173–205.

——(2015) '"He Speaks in Tongues": Hearing the Truth of Abraham's Words of Faith', in D. W. Conway (ed.), *Kierkegaard's Fear and Trembling: A Critical Guide*, Cambridge: Cambridge University Press, pp. 229–246.

Hartman, D. (1999) *A Heart of Many Rooms: Celebrating the Many Voices Within Judaism*, Woodstock, Vt.: Jewish Lights.

Hatton, N. (2011) 'Martin Luther King, Jr.: Kierkegaard's *Works of Love*, King's Strength to Love', in J. Stewart (ed.), *Kierkegaard Research: Sources, Reception and Resources*, vol. 14: *Kierkegaard's Influence on Social–Political Thought*, London: Ashgate, pp. 89–106.

Howland, J. (2015) '*Fear and Trembling*'s "Attunement" as Midrash', in D. W. Conway(ed.), *Kierkegaard's Fear and Trembling: A Critical Guide*, Cambridge: Cambridge University Press, pp. 26–43.

Irina, N. (2013) 'Franz Kafka: Reading Kierkegaard', in J. Stewart (ed.), *Kierkegaard Research: Sources, Reception and Resources*, vol. 12: *Kierkegaard's Influence on Literature, Criticism and Art*, tome I: *The Germanophone World*, London: Ashgate, pp. 115–140.

Jacobs, L. (1981) 'The Problem of the Akedah in Jewish Thought', in R. L. Perkins(ed.), *Kierkegaard's Fear and Trembling: Critical Appraisals*, University, Ala.: University of Alabama Press, pp. 1–9.

Kangas, D. (2001) 'The Logic of Gift in Kierkegaard's *Four Upbuilding Discourses*(1843)', *Kierkegaard Studies Yearbook 2001*, Berlin: De Gruyter.

Keeley, L. C. (1993) 'The Parables of Problem III in Kierkegaard's *Fear and Trembling*', in R. L. Perkins (ed.), *International Kierkegaard Commentary: Fear and Trembling and Repetition*, Macon, Ga.: Mercer University Press, pp. 127–154.

Kellenberger, J. (1997) *Kierkegaard and Nietzsche: Faith and Eternal Acceptance*, London and New York: Macmillan and St Martin's Press.

Kirmmse, B. H. (1996) *Encounters with Kierkegaard: A Life as Seen by His Contemporaries*, Princeton, NJ: Princeton University Press.

Kosch, M. (2008) 'What Abraham Couldn't Say', *Proceedings of the Aristotelian Society*, supplementary vol. LXXXII: 59–78.

Krishek, S. (2009) *Kierkegaard on Faith and Love*, Cambridge: Cambridge University Press.

Lee, J. H. (2000) 'Abraham in a Different Voice: Rereading *Fear and Trembling* With Care', *Religious Studies*, 36 (4): 377–400.

Lévinas, E. (1998) 'Existence and Ethics', in J. Rée and J. Chamberlain (eds.), *Kierkegaard: A Critical Reader*, Oxford: Blackwell, pp. 26–38. First published in1963.

Lippitt, J. (2000) *Humour and Irony in Kierkegaard's Thought*, London and New York: Macmillan and St Martin's Press.

——(2008) 'What Neither Abraham Nor Johannes de Silentio Could Say', *Proceedings of the Aristotelian Society*, supplementary vol. LXXXII: 79–99.

——(2013) *Kierkegaard and the Problem of Self–Love*, Cambridge: Cambridge University Press.

——(2015a) 'Learning to Hope: The Role of Hope in *Fear and Trembling*', in D. W. Conway (ed.), *Kierkegaard's Fear and Trembling: A Critical Guide*, Cambridge: Cambridge University Press, pp. 122–141.

——(2015b) 'What Can Therapists Learn from Kierkegaard?', in M. Bazzano and J. Webb (eds.), *Psychotherapy and the Counter–Tradition*, London and New York: Routledge.

——(2015c) 'Forgiveness and the Rat Man: Kierkegaard, "Narrative Unity" and "Wholeheartedness" Revisited', in J. Lippitt and P. Stokes (eds.), *Narrative, Identity and the Kierkegaardian Self*, Edinburgh: Edinburgh University Press, pp. 126–143.

——(in press) 'Kierkegaard's Virtues: Humility and Gratitude as the Grounds of Contentment, Patience and Hope in Kierkegaard's Moral Psychology', inS. Minister, J. A. Simmons and M. Strawser (eds.), *Kierkegaard's God and the Good Life*, Bloomington: Indiana University Press

Lippitt, J. and D. Hutto (1998) 'Making Sense of Nonsense: Kierkegaard and Wittgenstein', *Proceedings of the Aristotelian Society*, 158 (3): 263–286.

Loungina, D. (2009) 'Russia: Kierkegaard's Reception through Tsarism, Communism, and Liberation', in J. Stewart (ed.), *Kierkegaard Research: Sources, Reception and Resources*, vol. 8: *Kierkegaard's International Reception*, tome II: *Southern, Centraland Eastern Europe*, London: Ashgate, pp. 247–283.

Mackey, L. (1972) 'The View from Pisgah: A Reading of *Fear and Trembling*', in J. Thompson (ed.), *Kierkegaard: A Collection of Critical Essays*, Garden City, NY: Doubleday, pp. 266–288.

Malantschuk, G. (1971) *Kierkegaard's Thought*, trans. H. V. and E. H. Hong, Princeton, NJ: Princeton University Press.

Malesic, J. (2013) 'The Paralyzing Instant: Shifting Vocabularies about Time and Ethics in *Fear and Trembling*', *Journal of Religious Ethics*, 41 (2): 209–232.

Malik, H. C. (1997) *Receiving Søren Kierkegaard: The Early Impact and Transmission of His Thought*, Washington, DC: Catholic University of America Press.

Miles, T. (2011) 'Friedrich Nietzsche: Rival Visions of the Best Way of Life', in J. Stewart (ed.), *Kierkegaard Research: Sources, Reception and Resources*, vol. 9: *Kierkegaard and Existentialism*, London: Ashgate, pp. 266–298.

Mjaaland, M. T. (2012) 'Jacques Derrida: Faithful Heretics', in J. Stewart (ed.), *Kierkegaard Research: Sources, Reception and Resources*, vol. 11: *Kierkegaard's Influence on Philosophy*, tome II: *Francophone Philosophy*, London: Ashgate, pp. 111–138.

Mooney, E. F. (1991) *Knights of Faith and Resignation: Reading Kierkegaard's Fear and Trembling*, Albany, NY: State University of New York Press.

——(1996) *Selves in Discord and Resolve*, London and New York: Routledge.

——(2007) *On Søren Kierkegaard: Dialogue, Polemics, Lost Intimacy and Time*, London: Ashgate.

Mooney, E. F. and D. Lloyd (2015) 'Birth, Love and Hybridity: *Fear and Trembling* and the Symposium', in D. W. Conway (ed.), *Kierkegaard's Fear and Trembling: ACritical Guide*, Cambridge: Cambridge University Press, pp. 166–87.

Mulhall, S. (2001) *Inheritance and Originality: Wittgenstein, Heidegger, Kierkegaard*, Oxford: Oxford University Press.

Nagy, A. (1998) 'Abraham the Communist', in G. Pattison and S. Shakespeare(eds.), *Kierkegaard: The Self in Society*, Basingstoke: Macmillan, pp. 196–220.

——(2009) 'Hungary: The Hungarian Patient', in J. Stewart (ed.), *Kierkegaard Research: Sources, Reception and Resources*, vol. 8: *Kierkegaard's International Reception*, tome II: *Southern, Central and Eastern Europe*, London: Ashgate.

——(2011) 'György Lukács: From a Tragic Love Story to a Tragic Life Story', in J. Stewart (ed.), *Kierkegaard Research: Sources, Reception and Resources*, vol. 14: *Kierkegaard's Influence on Social–Political Thought*, London: Ashgate, pp. 107–135.

Nørager, T. (2008) *Taking Leave of Abraham: An Essay in Religion and Democracy*, Aarhus:

Aarhus University Press.

Outka, G. (1993) 'God as the Unique Subject of Veneration: A Response to Ronald M. Green', *Journal of Religious Ethics*, 21 (2): 211–215.

Pattison, G. (1999) *'Poor Paris!' Kierkegaard's Critique of the Spectacular City*, Berlinand New York: Walter de Gruyter.

——(2002) *Kierkegaard's Upbuilding Discourses: Philosophy, Literature and Theology*, London and New York: Routledge.

Pattison, G. and H. M. Jensen (2012) *Kierkegaard's Pastoral Dialogues*, Eugene, Oreg.: Wipf& Stock.

Perkins, R. L. (ed.) (1981) *Kierkegaard's Fear and Trembling: Critical Appraisals*, University, Ala.: University of Alabama Press.

——(ed.) (1993) *International Kierkegaard Commentary: Fear and Trembling and Repetition*, Macon, Ga.: Mercer University Press.

Phillips, D. Z. (2000) 'Voices in Discussion', in D. Z. Phillips and T. Tessin (eds.), *Kant and Kierkegaard on Religion*, London and New York: Macmillan and St Martin's Press, pp. 122–128.

Phillips, D. Z. and T. Tessin (eds.) (2000) *Kant and Kierkegaard on Religion*, London and New York: Macmillan and St Martin's Press.

Qi, W. (2009) 'China: The Chinese Reception of Kierkegaard', in J. Stewart (ed.), *Kierkegaard Research: Sources, Reception and Resources*, vol. 8: *Kierkegaard's International Reception*, tome III: *The Near East, Asia, Australasia and the Americas*, London: Ashgate, pp. 103–123.

Quinn, P. (1990) 'Agamemnon and Abraham: The Tragic Dilemma of Kierkegaard's Knight of Faith', *Journal of Literature and Theology*, 4 (2): 181–193.

Rée, J. and J. Chamberlain (eds.) (1998) *Kierkegaard: A Critical Reader*, Oxford: Blackwell.

Roberts, R. C. (2003) 'The Virtue of Hope in *Eighteen Upbuilding Discourses*', in R. L. Perkins (ed.), *International Kierkegaard Commentary: Eighteen Upbuilding Discourses*, Macon, Ga.: Mercer University Press, pp. 181–203.

Rose, G. (1992) *The Broken Middle: Out of Our Ancient Society*, Oxford: Blackwell.

Rudd, A. (2000) 'On Straight and Crooked Readings: Why the *Postscript* Does Not Self–Destruct', in P. Houe, G. D. Marino and S. H. Rossel (eds.), *Authority and Anthropology: Essays on Søren Kierkegaard*, Amsterdam and Atlanta, Ga.: Rodopi, pp. 119–127.

——(2015) 'Narrative Unity and the Moment of Crisis in *Fear and Trembling*', in D. W. Conway (ed.), *Kierkegaard's Fear and Trembling: A Critical Guide*, Cambridge: Cambridge University Press, pp. 188–204.

Rumble, V. (2015) 'Why Moriah? Weaning and the Trauma of Transcendence in Kierkegaard's *Fear and Trembling*', in D. W. Conway (ed.), *Kierkegaard's Fearand Trembling: A Critical Guide*, Cambridge: Cambridge University Press, pp. 247–262.

Schönbaumsfeld, G. (2007) *A Confusion of the Spheres: Kierkegaard and Wittgenstein on Philosophy and Religion*, Oxford: Oxford University Press.

Schulz, H. (2009) 'Germany and Austria: A Modest Head Start – The German Reception of Kierkegaard', in J. Stewart (ed.), *Kierkegaard Research: Sources, Reception and Resources*, vol. 8: *Kierkegaard's International Reception*, tome I: *Northern and Western Europe*, London: Ashgate, pp. 307–419.

Sheil, P. (2010) *Kierkegaard and Levinas: The Subjunctive Mood*, London: Ashgate.

Simmons, J. A. and D. Wood (eds.) (2008) *Kierkegaard and Levinas: Ethics, Politics and Religion*, Bloomington, Ind.: Indiana University Press.

Stewart, J. (2003) *Kierkegaard's Relations to Hegel Reconsidered*, Cambridge: Cambridge University Press.

——(2009a) (ed.) *Kierkegaard Research: Sources, Reception and Resources*, vol. 8: *Kierkegaard's International Reception*, London: Ashgate.

——(2009b) 'France: Kierkegaard as Forerunner of Existentialism and Poststructuralism', in J. Stewart (ed.), *Kierkegaard Research: Sources, Reception and Resources*, vol. 8: *Kierkegaard's International Reception*, tome I: *Northern and Western Europe*, London: Ashgate, pp. 421–474.

——(ed.) (2011a) *Kierkegaard Research: Sources, Reception and Resources*, vol. 9: *Kierkegaard and Existentialism*, London: Ashgate.

——(ed.) (2011b) *Kierkegaard Research: Sources, Reception and Resources*, vol. 14: *Kierkegaard's Influence on Social–Political Thought*, London: Ashgate.

——(ed.) (2012) *Kierkegaard Research: Sources, Reception and Resources*, vol. 11: *Kierkegaard's Influence on Philosophy*, London: Ashgate.

——(ed.) (2013) *Kierkegaard Research: Sources, Reception and Resources*, vol. 12: *Kierkegaard's Influence on Literature, Criticism and Art*, London: Ashgate.

Taylor, M. C. (1981) 'Sounds of Silence', in R. L. Perkins (ed.), *Kierkegaard's Fear and Trembling: Critical Appraisals*, University, Ala.: University of Alabama Press, pp. 165–188.

Thompson, J. (ed.) (1972) *Kierkegaard: A Collection of Critical Essays*, Garden City, NY: Doubleday.

Tietjen, M. A. (2013) *Kierkegaard, Communication and Virtue: Authorship as Edification*, Bloomington, Ind.: Indiana University Press.

Tilley, J. M. (2012) 'Rereading the Teleological Suspension: Resignation, Faith, and Teleology', *Kierkegaard Studies Yearbook 2012*, Berlin: De Gruyter, pp. 145–169.

Töpfer–Stoyanova, D. (2009) 'Bulgaria: The Long Way from Indirect Acquaintance to Original Translation', in J. Stewart (ed.), *Kierkegaard Research: Sources, Reception and Resources*, vol. 8: *Kierkegaard's International Reception*, tome II: *Southern, Central and Eastern Europe*, London: Ashgate, pp. 285–299.

Villar, E. F. (2013) 'Jorge Luis Borges: The Fear without Trembling', in J. Stewart(ed.), *Kierkegaard Research: Sources, Reception and Resources*, vol. 12: *Kierkegaard's Influence on Literature, Criticism and Art*, tome V: *The Romance Languagesand Central and Eastern Europe*, London: Ashgate, pp. 21–32.

Walsh, S. (2009) *Kierkegaard: Thinking Christianly in an Existential Mode*, Oxford: Oxford University Press.

Westphal, M. (2008) *Levinas and Kierkegaard in Dialogue*, Bloomington, Ind.: Indiana University Press.

——(2014) *Kierkegaard's Concept of Faith*, Grand Rapids, Mich.: Eerdmans.

Whittaker, J. H. (2000) 'Kant and Kierkegaard on Eternal Life', in D. Z. Phillips and T. Tessin (eds.), *Kant and Kierkegaard on Religion*, London and New York: Macmillan and St Martin's Press, pp. 187–206.

Williams, L. (1998) 'Kierkegaard's Weanings', *Philosophy Today*, 42 (3): 310–318.

本文引证的其他参考资料

Baier, A. C. (1994) 'Trust and Antitrust', in *Moral Prejudices: Essays on Ethics*, Cambridge, Mass.: Harvard University Press, pp. 231–260.

Beiser, F. (ed.) (1993) *The Cambridge Companion to Hegel*, Cambridge: Cambridge University

Press.

Blanchot, M. (1982) *The Space of Literature*, trans. A. Smock, Lincoln, Nebr.: University of Nebraska Press.

Caputo, J. D. (1993) *Against Ethics: Contributions to a Poetics of Obligation with Constant Reference to Deconstruction*, Bloomington, Ind.: Indiana University Press.

Carroll, N. (1998) 'Art, Narrative and Moral Understanding', in J. Levinson (ed.), *Aesthetics and Ethics: Essays at the Intersection*, Cambridge: Cambridge University Press, pp. 126–160.

Cavell, S. (1981) *Pursuits of Happiness: The Hollywood Comedy of Remarriage*, Cambridge, Mass.: Harvard University Press.

Delaney, C. (1998) *Abraham on Trial: The Social Legacy of Biblical Myth*, Princeton, NJ: Princeton University Press.

Deleuze, G. and F. Guattari (1987) *A Thousand Plateaus: Capitalism and Schizophrenia*, trans. B. Massumi, Minneapolis, Minn.: University of Minnesota Press.

Descartes, R. (1973) *The Philosophical Works of Descartes*, 2 vols., trans. E. S. Haldane and G. R. T. Ross, Cambridge: Cambridge University Press.

Dickey, L. (1993) 'Hegel on Religion and Philosophy', in F. Beiser (ed.), *The Cambridge Companion to Hegel*, Cambridge: Cambridge University Press, pp. 301–347.

Engstrom, S. and J. Whiting (eds.) (1996) *Aristotle, Kant and the Stoics*, Cambridge: Cambridge University Press.

Fekete, É. and É. Karádi (eds.) (1981) *Lukács Gyorgy Levelezése 1902–1917*, Budapest: Magvető Kiadó.

Hare, J. (1996) *The Moral Gap: Kantian Ethics and God's Assistance*, Oxford: Oxford University Press.

Hegel, G. W. F. (1971) *Early Theological Writings*, trans. T. M. Knox, Philadelphia, Pa.: University of Pennsylvania Press.

——(1977) *Phenomenology of Spirit*, trans. A. V. Miller, Oxford: Oxford University Press.

——(1996) *Philosophy of Right*, trans. S. W. Dyde, Amherst, NY: Prometheus.

Heidegger, M. (1962) *Being and Time*, trans. J. Macquarrie and E. Robinson, Oxford: Basil Blackwell.

Inwood, M. (1992) *A Hegel Dictionary*, Oxford: Blackwell.

Julian of Norwich (1996) *A Revelation of Divine Love*, trans. J. Skinner, Leominster:

Gracewing.

Kafka, F. (1977) *Letters to Friends, Family and Editors*, trans. R. and C. Winston, New York: Schocken.

Kant, I. (1993) *Grounding for the Metaphysics of Morals*, trans. J. W. Ellington, Indianapolis, Ind.: Hackett.

——(1996a) *The Conflict of the Faculties in Religion and Rational Theology*, trans. and ed. A. W. Wood, Cambridge: Cambridge University Press.

——(1996b) *The Metaphysics of Morals*, trans. and ed. M. Gregor, Cambridge: Cambridge University Press.

——(1998) *Religion within the Boundaries of Mere Reason and Other Writings*, trans. and ed. A. Wood and G. Di Giovanni, Cambridge: Cambridge University Press.

Lear, J. (2006) *Radical Hope: Ethics in the Face of Cultural Devastation*, Cambridge, Mass.: Harvard University Press.

Levenson, J. (2012) *Inheriting Abraham: The Legacy of the Patriarch in Judaism, Christianity and Islam*, Princeton, NJ: Princeton University Press.

Løgstrup, K. E. (1997) *The Ethical Demand*, ed. H. Fink and A. Macintyre, trans. T. I. Jensen and G. Puckering, Notre Dame, Ind.: University of Notre Dame Press.

Lukács, G. (1982) *Curriculum Vitae*, ed. J. Ambrus, Budapest: Magvető Kiadó.

Luther, M. (1959) *The Book of Concord*, ed. T. Tappert, Philadelphia, Pa.: Mühlenberg Press.

——(1964) *Lectures on Genesis*, Chapters 21 to 25, in J. Pelikan (ed.), Luther's Works, vol. IV, St Louis: Concordia.

Macquarrie, J. (1978) *Christian Hope*, Oxford: Mowbray.

Moltmann, J. (1974) *The Crucified God*, trans. R. A. Wilson and J. Bowden, London: SCM Press.

Nussbaum, M. C. (1986) *The Fragility of Goodness: Luck and Ethics in Greek Tragedy and Philosophy*, Cambridge: Cambridge University Press.

——(1990) *Love's Knowledge: Essays on Philosophy and Literature*, Oxford: Oxford University Press.

O'Neill, O. (1989) *Constructions of Reason: Explorations of Kant's Practical Philosophy*, Cambridge: Cambridge University Press.

Phillips, D. Z. (1992) 'The Presumption of Theory', in *Interventions in Ethics*, London and

New York: Macmillan and St Martin's Press, pp. 61–85.

Plato (1974) *The Republic*, trans. D. Lee, Harmondsworth: Penguin.

Roberts, R. C. (2007) *Spiritual Emotions: A Psychology of Christian Virtues*, Grand Rapids, Mich.: Eerdmans.

Sartre, J.–P. (1948) *Existentialism and Humanism*, trans. P. Mairet, London: Methuen.

Tertullian (1972) *Adversus Marcionem*, trans. and ed. E. Evans, Oxford: Clarendon Press.

Thust, M. (1931) *Søren Kierkegaard: Der Dichter des Religiösen*, Munich: CH Becksche Verlagsbuchhandlung.

Vlastos, G. (1991) *Socrates: Ironist and Moral Philosopher*, Cambridge: Cambridge University Press.

Williams, B. (1981) *Moral Luck*, Cambridge: Cambridge University Press.

Winch, P. (1972) 'The Universalizability of Moral Judgments', in *Ethics and Action*, London: Routledge & Kegan Paul, pp. 151–170. First published 1965.

Wood, A. (1993) 'Hegel's Ethics', in F. Beiser (ed.), *The Cambridge Companion to Hegel*, Cambridge: Cambridge University Press, pp. 211–233.

索　引

（索引页码为原文页码，即本书边码）

译后记

　　《恐惧与颤栗》在克尔凯郭尔的作品中占据了一个颇为重要的地位，克尔凯郭尔生前在日记中预言，仅凭这本书就足以让他"赢得不朽的作家之名"。而这本书在正式出版之后所产生的广泛影响，有力地印证了克尔凯郭尔的这个预言的正确性。卡夫卡、维特根斯坦、萨特、卢卡奇、德里达等众多著名的文学家、哲学家和神学家从这个文本中获得了大量发展自身思想理论的重要灵感，并分别基于多个维度、多个视角与多个层面，对这个文本做出了丰富的解读。诠释文本的解读的丰富性，恰恰证明了这个文本本身的思想与内容的丰富性。在这部论著发表近200年的时间里，众多思想家与注释者持续不断地对这个文本保持着浓厚的兴趣，并对以下这些蕴含于该文本的问题不断进行着探索与争辩：亚伯拉罕究竟由于什么缘故才称得上"信仰的典范"？亚伯拉罕为了献祭以撒而做出的一系列行为，在何种意义上不同于以宗教信仰的名义实施谋杀的恐怖分子与连环杀手？通过亚伯拉罕的这个故事，克尔凯郭尔想要表明信仰的何种本质特征？沉默的约翰尼斯这个假名作者是否是一个"完全可靠的信仰向导",他有关信仰的言说与论述究竟有多可靠?抑或是说,约翰尼斯也只不过是一个不理解自己传递的信息的"信使",对于《恐惧与颤栗》这个文本的诠释,不应仅仅停留于字面意义,而是有必要以"寓意的"或"神秘的"方式来进行更为深入的解读?约翰·利皮特教授所撰写的这部针对《恐惧与颤栗》的研究性导读,就致力于根据学界最新发展动态与他自身的严谨研究,为有兴趣的读者理解这些重要问题给出一些颇为耐人寻味的启发。

对于亚伯拉罕献祭以撒的故事,人们通常会以两种方式来做出回应,一种是"敬佩",一种则是"模仿"或"仿效",而这两种方式都有可能让人们误入歧途。敬佩者会极力推崇亚伯拉罕作为"信仰典范"或"信仰之父"的身份,认为仅凭这个身份就可以让亚伯拉罕的所有行为都变得正当,但这种态度实际上无限拉开了亚伯拉罕与读者之间的距离,以客观超然的第三人称的方式,回避了亚伯拉罕在献祭中杀死自己儿子这种行为让人们在道德上产生的困惑和疑虑,它显然与克尔凯郭尔所倡导的以第一人称的方式,参与亚伯拉罕的处境的做法相抵牾。不难发现,这种回避的态度只会让这些敬佩者离真正的信仰越来越远。另一方面,仿效者倘若仓促地模仿亚伯拉罕的行为,就可能成为一个打着宗教的旗号进行杀戮的杀人犯或恐怖分子。尽管这些宗教极端分子想要用鲜血来扩大他们的社会影响力,证明他们信仰的极端学说的正当性,但正如尼采以多少有些嘲讽的口吻指出的,

他们在前进的道路上写下了血的标记,他们的愚蠢也教

导说：真理必须用鲜血来证明。但鲜血是证明真理的最糟糕的证据：鲜血毒害了最纯洁的学说，把它变成心灵的疯狂和仇恨。假如一个人为他的学说赴汤蹈火——这能证明什么！真的，从自己的烈火中演化出自己的学说，这才是更重要的。[1]

这些宗教狂热分子所选择的充满暴力的极端行径只会让他们越来越远离现代文明社会。利皮特则力图避免这两种颇成问题的立场和态度，他结合基督教的神学背景与《圣经》背景，根据克尔凯郭尔对于信仰和人性的洞识，以及当代哲学和神学的前沿理论（如达文波特的"末世的信任"与乔纳森·利尔的"极端的希望"），细致梳理了克尔凯郭尔假借"沉默的约翰尼斯"之名对亚伯拉罕献祭以撒的故事所做的各种理解与评论，展示了克尔凯郭尔对信仰的独到理解，以及亚伯拉罕与当代人在生存处境上的微妙相似性。尽管在亚伯拉罕与当代人之间存在着巨大的差距，尽管亚伯拉罕与上帝有着一种与众不同的关系，但利比特相信，那种完全无法变成当下的过去是不可能让人们产生持久兴趣的。通过缜密而审慎的诠释与剖析，当代读者就会发现，亚伯拉罕在面对献祭以撒时的忧惧心境与艰难抉择，仍然可以为那些在当代的精神沙漠中苦苦追寻信仰与精神自由的单独个体带来大量可贵的经验与启示。

利比特的这部对于《恐惧与颤栗》的精彩导读不仅有助于读者理清克尔凯郭尔在撰写这本书时的复杂思路，而且也有助于读者

1　尼采：《敌基督者》，吴增定、李猛译，北京：生活·读书·新知三联书店，2017年，第78—79页。

加深对于信仰的本真理解。在一个充满了怀疑精神的时代里，批评基督教信仰的一个盛行观点是，基督教信仰促使人们追求来世的救赎，忽视了对此生的关切，结果却是帮助了追求世俗权力的政治野心家利用宗教信仰来愚弄民众和操控民众。尼采就此特别提出了如下这段尖锐的批评意见，

> 在神之类型的蜕化过程中，基督教的神或许代表了最低的水平。神蜕化为与生命的对立，而不是对生命的美化（Verklärung）和永恒肯定（Ja）！在神之中所表达的，是对生命、自然、生命意志的敌视。神作为程式，代表了一切对"此岸"的诽谤，一切"彼岸"的谎言！在神之中，虚无被神圣化，追求虚无的意志被说成是神圣的！……[1]

马基雅维里在他的作品中也将现代共和国在尚武精神和自由精神方面的衰败部分地归咎于基督教的信仰，

> 除了现世荣耀等身者，例如军队的将帅和共和国的君主，古代的信仰从不美化其他人。我们的信仰所推崇的，却是卑恭好思之徒，而不是实干家，它把谦卑矜持、沉思冥想之人视为圣贤，古代信仰则权力推崇威猛的勇气与体魄，以及能够使人强大的一切。如果我们的信仰要求你从自身获取力量，

1　尼采:《敌基督者》，吴增定、李猛译，北京：生活·读书·新知三联书店，2017年，第23页。

他是想让你具备更大的能力忍辱负重，而不是要你去做什么大事。这种生活方式让世界变得羸弱不堪，使其成为恶棍的盘中餐；看到那些一心想要上天堂的民众，只想忍辱负重，从来不思报复，他可以放心地玩弄世界于股掌。这个世界被搞得看上去女人气十足，天堂也被解除了武装，但这种局面无疑是一些人的懦弱造成的，他们在解释我们的信仰时，只图安逸，不讲德行……这些荒谬的解释，使我们今天再也看不到古代那样众多的共和国了，从而再也看不到人民中间有着像当时那样多的对自由的热爱了。[1]

应当说，以上这些批评意见在当代智识生活中颇有影响。根据利皮特对克尔凯郭尔思想的解读，尤其是他对《恐惧与颤栗》中的"无限弃绝的骑士"和"信仰的骑士"之间的细致区分，不难发现，克尔凯郭尔或许也会同意尼采与马基雅维里对于某些基督教会组织与某些基督徒的批评意见，这些人正是在"基督教世界"中的那些志得意满地自称自己拥有信仰，但很少在现实生活中践行信仰，或热衷于在现实生活中假借信仰之名攫取权力和利益的人，这些人也正是克尔凯郭尔在后期思想中极力攻击与批判的对象。但在克尔凯郭尔看来，真正的信仰并非完全弃绝对此生的关切，让自己完全离弃现实世界，而是在通过信仰放弃了对特定的有限事物与有限目标的执念之后，仍然怀着在此生中信仰必定得胜的信念，保持

1　尼科洛·马基雅维里：《论李维》，冯克利译，上海：上海人民出版社，2005年，第214—215页。

着对于现实生活与他人的无私关爱，牵挂于有限性，牵挂于历史的特质，牵挂于这个现实世界。要成为一个合格的基督徒，就不能放弃与回避道德的斗争与对精神的严酷考验，否则就会让一个人"失去深度、尊严，以及个人品性的那种即便有缺陷但仍然精致的美与力量"。因此，从根本上来说，"宁静地做真正的基督徒，将像安静地发射炮弹一样不可能"[1]，真正的基督教信仰倡导的绝不是一味回避斗争和考验的纯粹避世态度，而是在保持宗教的终极关切的条件下，积极通过精神的斗争来表现出"对此生的信仰"。

对于《恐惧与颤栗》，还有这样一个普遍存在的误读：克尔凯郭尔通过解读亚伯拉罕的这个故事，想要倡导的是一种对上帝的无条件顺从，即便上帝下达的命令是一种违背了伦理要求的命令。利皮特正确地指出，这并非克尔凯郭尔的真实意图，通过对附属于亚伯拉罕故事的四个主人公的细致剖析，利皮特发现，这些人物的一个共同之处在于，他们都服从了上帝要求献祭以撒的命令，然而克尔凯郭尔坚持主张，他们无法成为像亚伯拉罕这样的"信仰典范"，由此就可以看出，"无条件的服从态度"并不是成为"信仰典范"的根本条件。利皮特结合神学背景与哲学思想资源，对于亚伯拉罕的顺从态度进行了深刻而又透彻的审视与反思。首先，不同于残酷的异教传统，基督教－犹太教传统通过普遍的启示与特殊的启示清楚地表明，上帝谴责将孩子作为祭品的做法，基督教的上帝不会要求活人献祭。其次，亚伯拉罕并非毫无根据地顺从上帝的这

1　尤金姆·加尔夫:《克尔凯郭尔传》，周一云译，杭州：浙江大学出版社，2019年，第483页。

个命令，而是根据他的那种亚里士多德式的道德知觉对以往经验的观审，相信上帝是一位对人类充满爱心的神明，他不会做出完全违背自身先前应许的命令。即便以撒会在这次献祭中牺牲性命，但亚伯拉罕相信自己终将在此生中重新得到以撒，并亲眼见证上帝做出的种种应许的实现。只不过作为有限存在者的人类，亚伯拉罕并不清楚上帝实现应许的具体方式究竟是什么。利皮特特别指出，亚伯拉罕的难能可贵之处在于，即便在大量违背先前预期的对立证据面前，亚伯拉罕也丝毫没有放弃自己对于上帝的信任与希望，他凭借着"信仰的荒谬之力"，坚信上帝的爱与善意，坚信上帝的应许终究会以某种方式得以实现。尽管这种信任与希望初看起来是"荒谬的"，但实际上这绝对不是亚伯拉罕盲从上帝的结果，而是亚伯拉罕根据自己的道德知觉与实践智慧审视自己与上帝打交道的经验而得出的成熟考虑与艰辛抉择的结果。

《恐惧与颤栗》引起人们的种种争论与困惑的一大根源在于，它触及了信仰与伦理之间的关系问题。柏拉图在《游叙弗伦》中，就借助苏格拉底提出了一个著名的问题：善的事物之所以为善，是由于上帝指定它们为善，抑或是说，上帝规定某些事物为善，这是由于那些事物本身就是善的。说到底，这就是信仰与伦理究竟哪一个地位更高的问题。约翰尼斯在《恐惧与颤栗》的开篇就表示，他所处的时代正是信仰严重贬值的时代，以马滕森为代表的黑格尔主义者主张要比信仰"走得更远"，具体到信仰与伦理的关系问题，他们根据伦理的普遍性，主张信仰应当接受伦理的规范与约束，因而亚伯拉罕杀死以撒是一件应当遭受谴责的事情。然而，这些用伦理的普遍性来贬抑和约束信仰的现代伦理学家有意无意回避的一个问题是，伦理本身在历史的发展过程中经常会发生各种变化，对于那些头脑机敏而又充满冒险精神的个体来说，当他们发现原先的伦理规范与伦理价值已经不再适用于自己的生活，已经对自己生命的茁壮成长构成了威胁与束缚时，他们就会尝试选择新的伦理规范与伦理价值，并通过自己获得的种种影响与功绩在伦理领域中开创新的世界，成为这种新伦理生活的典范和楷模。然而，对于那些由于头脑僵死和心智封闭而恪守原先的伦理教条和道德教条的群氓来说，这些在价值领域中开辟新天地的孤独个体也就成为了罪人，这些富有开创精神的个体无法仅仅根据原有的伦理教条来向周围人为自己的行为辩护，而只能在这些群氓的责难、谩骂、诅咒乃至迫害面前保持沉默。陀思妥耶夫斯基在他的名作《罪与罚》中就对这种生存处境做出了如下生动描绘：

> 人类的立法者和新制度的创始人，从远古的直到吕库古、梭伦、穆罕默德、拿破仑，等等，个个都是罪犯，单凭一条就是罪犯：他们在立法的同时，也就违反了祖传的，为社会所信奉的古训。……根据自然规律，人一般可以分成两类：一类是常人，另一类是真正有天赋或者才华的人，能在自己所处的环境里说出新见解。这两类人的区别相当明显：第一类保守、安分、顺从地日子，也乐意当顺民。第二类人人违法，不是破坏者，便是倾向于破坏。他们大多在形形色色的声明里，要求为美好的未来破坏现有秩序。……群众几乎从不承认他们有这种权利，处决他们，绞死他们，完成自己保守的使命，但过了几代，也是这样的群众，又会替处决的

人建造铜像，向他们行礼致敬。第一类人永远是现在的主人，第二类人则是未来的主人。[1]

　　不难看出，恰恰在以上这种意义上，克尔凯郭尔笔下的亚伯拉罕也是和吕库古、梭伦与拿破仑类似的英雄人物，他们都凭借自身强大的信仰（即便他们各自的信仰极为不同）重塑了伦理生活，成为了"未来的主人"。对于他们这些单独的个体而言，他们的信仰远远高于群氓所信奉的庸常伦理。当然，对于普通的读者来说，他们的能力与这些伟人相距甚远，但他们同样有可能遇到自己的信仰违背流行的伦理规范的生存处境，尤其是在当代社会的伦理价值和道德规范日趋多元化和相对化的时代里，一个人想要根据自己的信仰筹划真正适合自己的人生时，总是会面对各种彼此之间有所抵牾的伦理要求，这个人的亲朋好友们常常会不顾这个人具体处境的特殊性，仅仅根据自己接受或信奉的那套伦理教条来对这个人的生活方式和诸多选择妄加评论。如果一个人不想从众流俗，不想软弱地为周围亲友的僵化教条所操控，既不想成为或许已经陈旧过时的伦理规范的奴隶，又不想屈从于鼓吹放纵颓废的相对主义与虚无主义，那么这个人就应当像克尔凯郭尔所倡导的那样，仿效"航海者通过向上仰视群星来确定自身方位的策略"，通过关注永恒的信仰来让自己的生活扎根与确定方向，以便于自己在与恪守伦理教条的周围世界作斗争的过程中有力地摆脱束缚，战胜各种变幻不定的东

1　费奥多尔·陀思妥耶夫斯基:《罪与罚》（学术评论版），曹国维译，桂林：广西师范大学出版社，2019年，第280—283页。

西。克尔凯郭尔相信，信仰作为"唯一能够战胜未来的力量"，能让单独的个体"亲自战胜未来"并成为"未来的主人"，而正是在这种意义上，亚伯拉罕这个信仰的典范，向每个个体展示了在生存领域中信仰高于伦理，特殊性高于普遍性的重要意义。即便当代人的宗教处境与亚伯拉罕的宗教处境存在着许多重大的差异，但《恐惧与颤栗》中描绘的那个亚伯拉罕仍然能够成为寻求灵魂的当代人在信仰领域中的"领路星辰"。

《恐惧与颤栗》是我阅读的第一本克尔凯郭尔的作品，在初次阅读时，克尔凯郭尔精巧多变的思路与对人性的敏锐洞识就给我留下了深刻的印象，然而由于当时缺乏对相关的宗教背景与哲学背景的了解，我在很长一段时间里也像沉默的约翰尼斯那样对亚伯拉罕的故事产生了许多困惑与疑问。经典的哲学论著不仅可以孕育丰富的解读，而且也可以持久地激发一个人去追问那些足以改变自己生活方式并重塑自我的重大人生问题，而我在心底一直深深地相信，克尔凯郭尔的《恐惧与颤栗》就是这样一部经典的哲学论著。感谢王齐老师的推荐，让我有机会承担翻译这部导读《恐惧与颤栗》的精彩作品的工作，在翻译这本导读的过程中我不仅加深了对这部经典作品的理解，而且也在心中进行了许多关于信仰和人性的反思，纠正了我原先持有的不少偏见与误解。感谢广西师范大学出版社的编辑梁鑫磊先生的信任与支持，在翻译期间我的姥姥不幸身患重病，我需要花费大量时间来陪伴她治疗与照顾她的生活，因此延误了翻译进度，让我无法按时交稿。梁鑫磊先生宽厚体谅地并没有在截稿时间上给予我任何压力，这让我能够在时间较为宽裕的状态下保证质量地完成这本书的翻译工作。我还要感谢我的家人对我研究工作和翻译工作的支持，尤其是我的妻子姜妍女士，没有她在生活上给予我的照顾与关切，没有我们多年来在共同的信仰与期望中的彼此扶持，没有她对于某些重要局势与关键问题的明智判断，我很可能走不到今天这一步。最后我希望这本书所蕴含的信仰与智慧的火种能够播撒到众多读者的内心之中，在那里不断激发他们对这个世界的爱、希望与勇气，鼓舞他们不管面对多么艰难的困境都能顽强地坚守自己的底线，并为赢得一种真正适合自己的个性，真正充满了自由和尊严的生活而不懈努力奋斗！

郝苑

2021年8月21日